工业和信息化高职高专
“十三五”规划教材立项项目

高等职业教育『十三五』土建类技能型人才培养规划教材

建筑结构与识图

高娟/主编

人民邮电出版社
北京

图书在版编目（CIP）数据

建筑结构与识图 / 高娟主编. -- 北京 : 人民邮电出版社, 2016.8(2023.2重印)
高等职业教育“十三五”土建类技能型人才培养规划教材
ISBN 978-7-115-42038-1

Ⅰ. ①建… Ⅱ. ①高… Ⅲ. ①建筑结构－高等职业教育－教材②建筑结构－建筑制图－识别－高等职业教育－教材 Ⅳ. ①TU3②TU204

中国版本图书馆CIP数据核字(2016)第115290号

内 容 提 要

本书以培养学生的结构识图与钢筋计算能力为核心，采用任务驱动、项目式教学的方式详细介绍建筑力学基本知识及框架、剪力墙、砌体结构及结构构件构造要求、施工图识读及钢筋计算等内容。

本书以工作过程为导向，每个项目均来源于企业的典型案例。主要内容包括建筑力学、结构识图基本知识、框架结构、剪力墙结构、砌体结构共 5 个项目，每个项目均采用教、学、做一体化的教学模式，由相关知识、工程案例、课内练习 3 部分组成。通过学习和训练，学生不仅能掌握建筑力学及结构的相关知识，而且能识读常见工程结构施工图，并利用国标图集解决工程问题。

本书可作为高职高专土建类专业结构识图课程的教材，也可以作为土建类从业人员自学的参考资料。

◆ 主　　编　高　娟
　责任编辑　刘盛平
　执行编辑　刘　佳
　责任印制　焦志炜

◆ 人民邮电出版社出版发行　　北京市丰台区成寿寺路 11 号
　邮编　100164　　电子邮件　315@ptpress.com.cn
　网址　https://www.ptpress.com.cn
　涿州市京南印刷厂印刷

◆ 开本：787×1092　1/16　　插页：14
　印张：12.25　　2016 年 8 月第 1 版
　字数：319 千字　　2023 年 2 月河北第 7 次印刷

定价：39.80 元

读者服务热线：(010)81055256　印装质量热线：(010)81055316
反盗版热线：(010)81055315
广告经营许可证：京东市监广登字 20170147 号

前言

建筑类高等职业教育以培养面向建设行业一线的高技能专门人才为己任，职业院校的学生不仅需要一定的专业知识，更应具有一定的职业水平。这就要求职业院校在人才培养方案、知识技能结构、课程体系和教学内容等方面下功夫，落实“教、学、做”一体化的教学模式改革，把提高学生职业技能的培养放在教与学的突出位置上，强化能力的培养。

本书根据汶川地震后修订的最新规范和图集编写，详细讲解构件构造要求、如何识图、如何绘制详图及计算钢筋。钢筋计算是难点，本书与其他教材最大的不同之处在于，构件钢筋计算前增加详图绘制环节，这使学生从钢筋计算的套公式模式中解脱出来，从公式的使用者变为公式的创造者。此外，本书还有以下特点。

本书在内容选择方面遵循两个原则：一是以图纸图集为中心；二是以施工、预算、管理岗位为方向。传统建筑结构课程以结构设计为主线，内容抽象，且计算量大。随着形势的变化，传统教学内容显然已不适合现在的高职学生。以图纸图集为导向，凡是工程图纸、制图规则和标准构造详图中需要的知识一定讲解；以施工、预算、管理岗位为方向，凡是岗位工作与本课程相关的知识一定讲解。

本书在项目选取上结合区域经济。虽然国家推行平法识图已经很多年，但是某些构件如板、基础、楼梯施工图等，采用传统平面图、剖面图加详图的表达方法更直观，应用更广泛。本书在编排过程中结合了区域经济，把当地实际工程图纸引进课堂。

本书充分展示“项目导向”“任务驱动”的特点。教学内容按照项目展开，对各种构件均安排实操训练，即针对平法图，画出钢筋排布图，并计算钢筋工程量，让学生完成工作任务以达到训练的目的。

本书习题量大，重点知识配有“课内练习”和“综合复习题”，方便教师上课和学生学习。

本书由淄博职业学院高娟主编，参加本书编写的有王美英、张统华、孙飞、韩金、董喻、朱诗济等。

由于编者水平有限，书中不足之处在所难免，恳请广大读者批评指正。

编　者

2016 年 1 月

目 录

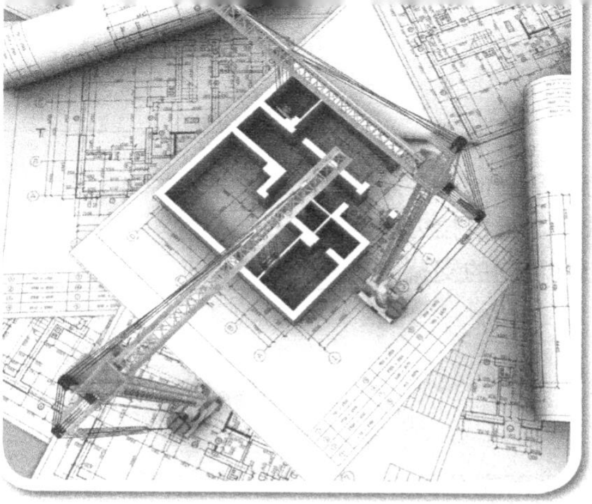

项目一

建筑力学

1.1 建筑力学基础知识

一、力的概念

力的概念和力偶的概念是人们在长期的生活实践中逐步建立起来的，如人们用手推小推车，小推车由静止开始运动，如图 1.1.1 所示；用手拉弹簧，弹簧会伸长等，如图 1.1.2 所示。人们正是从这些现象认识到力是物体之间的相互机械作用。

图 1.1.1　手推小车

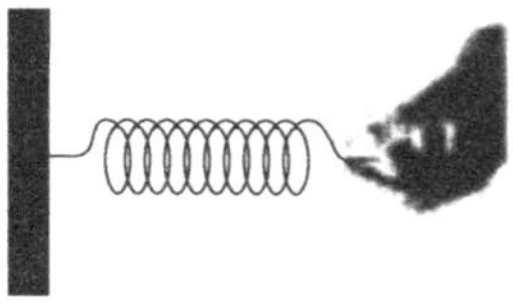

图 1.1.2　手拉弹簧

力的作用效果有两个，一是改变物体的运动状态，二是改变物体的形状和大小。力对物体的运动效应又可以分为移动效应和转动效应，本教材在描述力对物体的移动效应时，同一平面内移动效应分为 X 向和 Y 向。

实践证明，力对物体的作用效应完全取决于力的三要素：力的大小、力的方向和力的作用点。

力是矢量，既有大小，又有方向。

二、静力学公理

静力学公理是人们根据长期的生产和生活实践中积累起来的经验，加以抽象、归纳而建立起来的，又经过实践的反复检验，是无需证明就为大家所公认的最普遍、最一般的客观规律，是静力学的基础。

1. 二力平衡公理

公理内容：作用在同一物体上的两个力平衡的必要与充分条件是这两个力大小相等，方向相反，并作用在同一直线上。

二力平衡公理揭示了作用在刚体上的最简单力系平衡时所必须满足的条件。比如，用绳索悬吊小球，小球所受重力与绳索拉力满足二力平衡公理。水平地面上重物所受重力与地面对重物的支持力满足二力平衡公理，如图 1.1.3 所示。

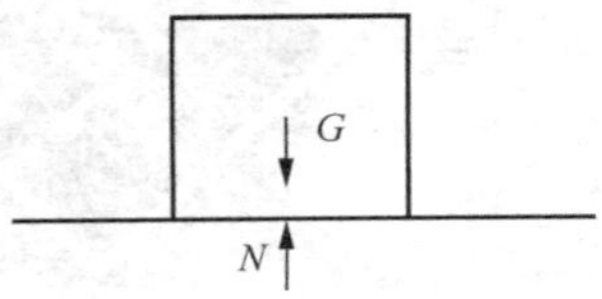

图 1.1.3　二力平衡

课内练习

找出生活中满足二力平衡公理的物体。

必须指出，二力平衡公理，对于刚体而言是必要而充分的，但对于变形体并不充分。例如，绳索在两端受到等值、反向、共线的拉力作用时可以平衡；反之，当受到压力时，则不平衡。

工程结构中的构件受到两个力作用处于平衡的情形是很多的。如图 1.1.4 所示的支架，若不计杆件自身的重量，当支架受力处于平衡时，每根杆在两端所受的力必然等值、反向、共线，且沿杆两端连线的方向。

仅在两个力的作用下处于平衡的构件称为二力构件或二力杆件，简称二力杆。二力杆与其本身的形状无关，它可以是直杆、曲杆或折杆。

课内练习

不计杆件自重，找出图 1.1.4 中的二力杆。

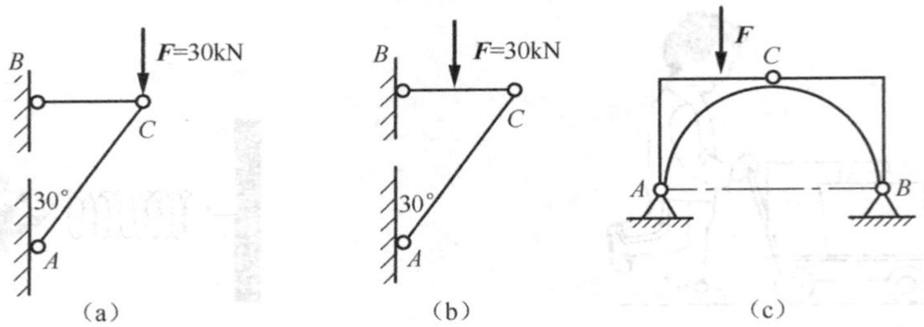

图 1.1.4　二力杆

2. 力的平行四边形法则

作用于物体同一点的两个力，可以合成为作用于该点的一个力。合力的大小和方向由这两个力为邻边所构成的平行四边形的对角线表示。如图 1.1.5 所示。

二力既然能合成为一个力，则一个力也可以分解为两个力。为便于列方程，解决问题，分析中常将一个力分解为互相垂直的两个分力，如图 1.1.6 所示。如果力 F 与水平方向的夹角为 α，则

$$F_x = F \cdot \cos\alpha$$
$$F_y = F \cdot \sin\alpha$$

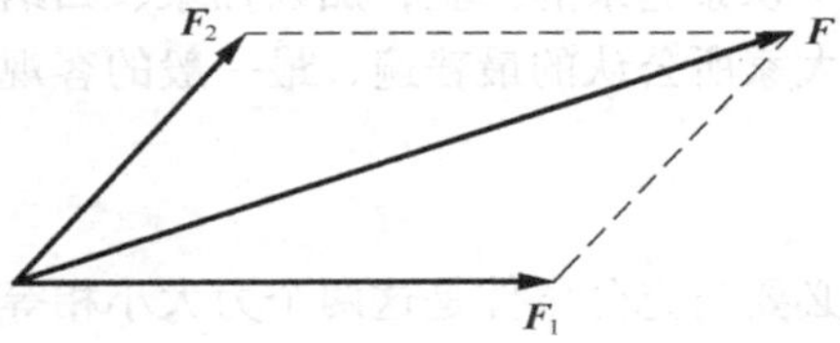

图 1.1.5　力的平行四边形法则

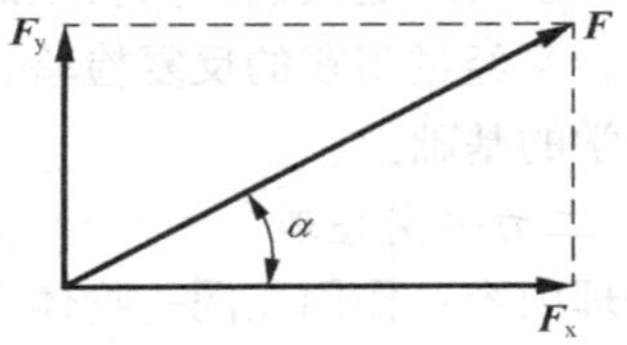

图 1.1.6　力的分解

3. 作用与反作用定律

力是物体间的相互机械作用，两个物体间的相互作用力总是同时存在，二力大小相等，方向相反，沿着同一直线，分别作用在两个物体上。

课内练习

请在图 1.1.7 中分别绘出人对小车的水平推力和小车对人的作用力，绳子对小球的拉力及小球对绳子的拉力。

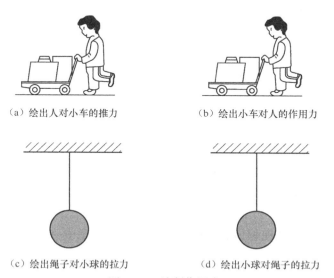

（a）绘出人对小车的推力

（b）绘出小车对人的作用力

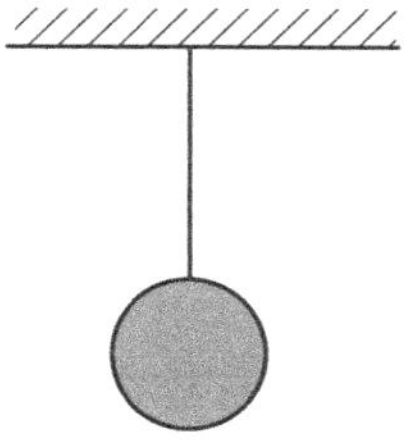

（c）绘出绳子对小球的拉力

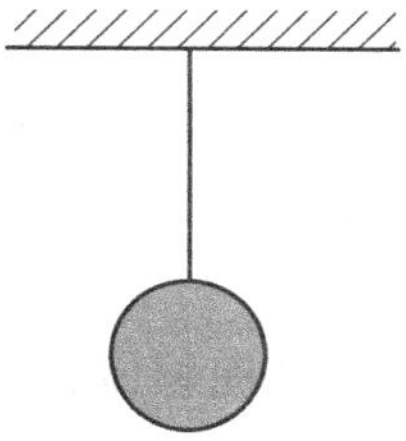

（d）绘出小球对绳子的拉力

图 1.1.7 绘制作用力

4. 加减平衡力系公理

作用于刚体上的力，加上或减去任一平衡力系，并不改变原力对物体的作用效应。

该公理的正确性是显而易见的，因为平衡力系中的各力对刚体的运动效应抵消，从而使刚体保持平衡。加减平衡力系公理只适用于刚体，不适用于变形体。如图 1.1.8 所示。

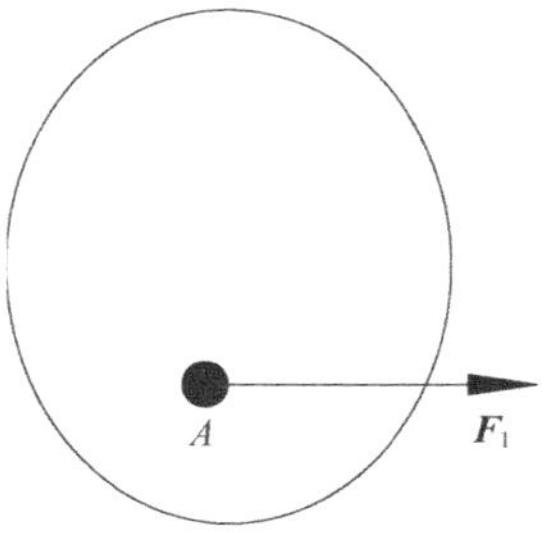

（a）

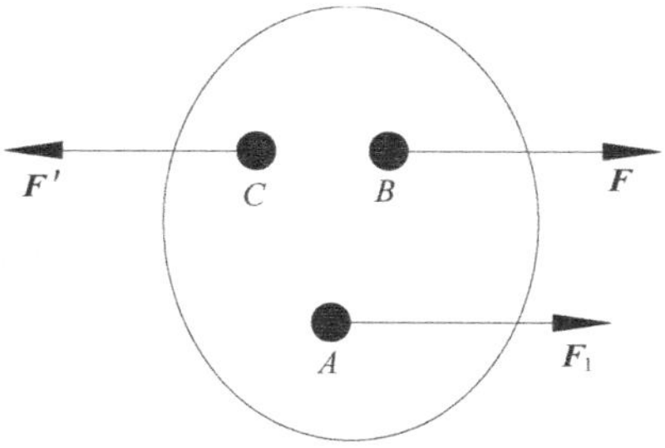

（b）

图 1.1.8 加减平衡力系公理

三、力偶

1. 力偶的概念

在生产实践中，常常可以看到同一物体同时受到大小相等、方向相反、作用线互相平行的两个力的作用。如图 1.1.9 所示，拧水龙头时，人们作用在开关上的两个力 F 和 F' 就是这样；

汽车司机用两只手操控方向盘驾驶汽车前进也是如此。

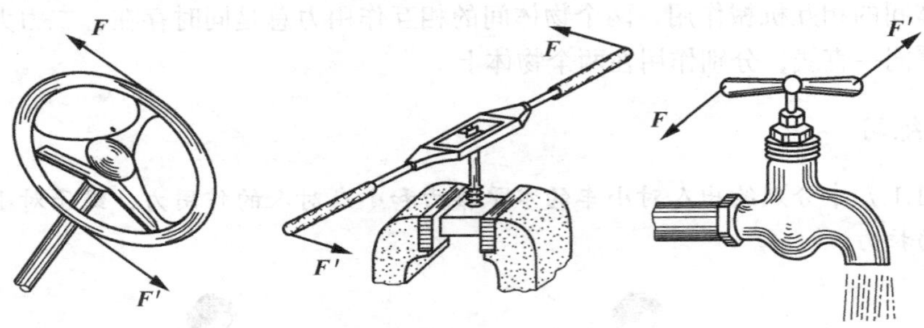

图 1.1.9　力偶

上述各例中的一对力，由于不满足二力平衡定理，显然不会使物体平衡，它对物体的运动效应是使物体转动。在力学中，把一对大小相等，方向相反，不在同一直线上的两个力称为力偶。力偶所在平面称为力偶的作用面。作用面不同，力偶对物体的作用效果也不同。组成力偶二力的作用线之间的垂直距离称为力偶臂。

2. 力偶矩

力偶对物体的作用效应是只能使物体转动。这种转动效应是用力偶中一个力与力偶臂的乘积来衡量的，称为力偶矩，如图 1.1.10 所示。力偶矩用符号 *m* 表示，即

$$m=\pm Fd$$

式中的正负号表示力偶使物体转动的方向，在平面问题中一般规定：逆时针为正，顺时针为负。

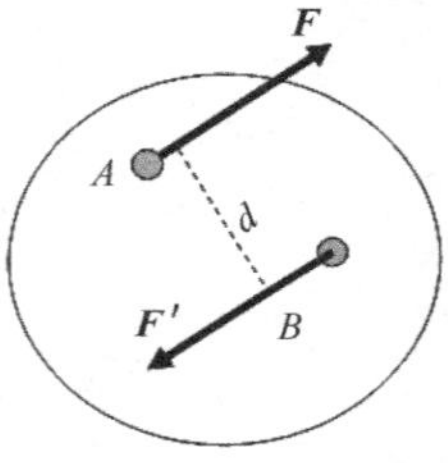

图 1.1.10　力偶矩

3. 力的平移定理

根据加减平衡力系公理，可以推出力的平移定理，即作用在刚体上的力可以平移到刚体上任意一点，但必须附加一个力偶，此力偶之矩等于原力对平移点之矩，如图 1.1.11 所示。

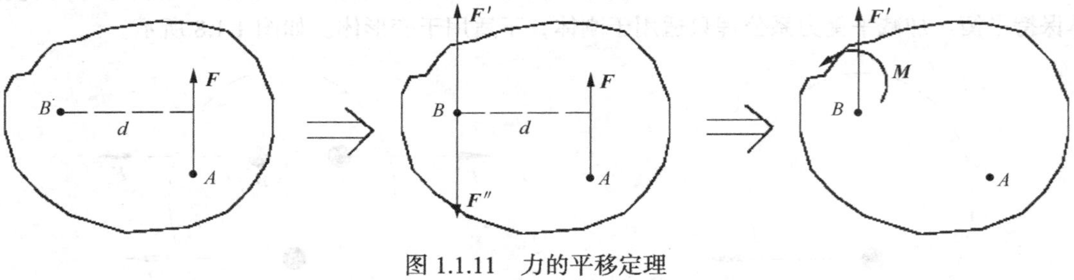

图 1.1.11　力的平移定理

力平移后虽然不改变物体的运动状态，但会改变物体的内力。

四、力对点之矩

在生活实践中，人们发现力对物体的作用，除能使物体产生移动外，还可以使物体转动，例如用手推门，用扳手拧螺帽等。实践证明，力对物体的转动效应大小取决于两个因素：一是力的大小，二是力臂的长短。力臂指转动中心点到力的作用线的垂直距离。如图 1.1.12 所示。

力对点之矩的公式为

$$M_0(F)=\pm F \cdot d$$

力矩正负号的规定：逆时针为正，顺时针为负。

常用力矩的单位是牛顿·米（N·m）或千牛顿·米（kN·m）。

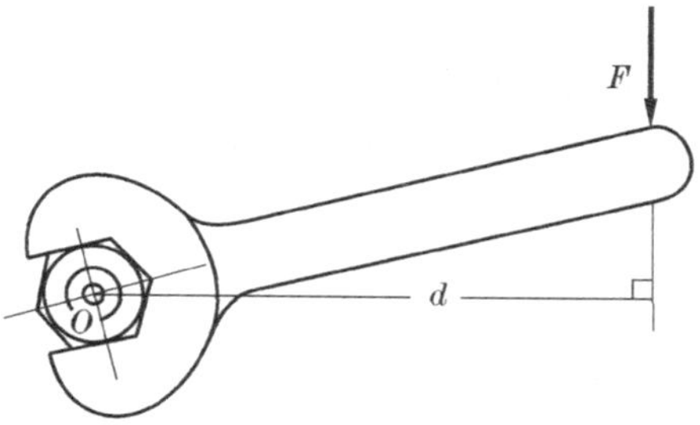

图 1.1.12　力对点之矩

课内练习

1. 受力图如图 1.1.13 所示，分别求力 F 对 A 点之矩。

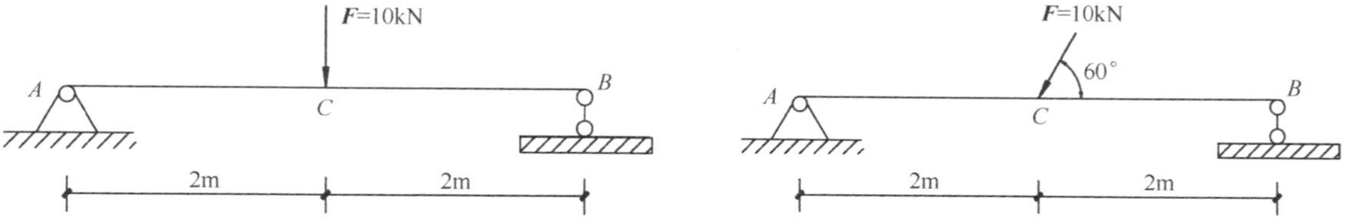

（a）　　（b）

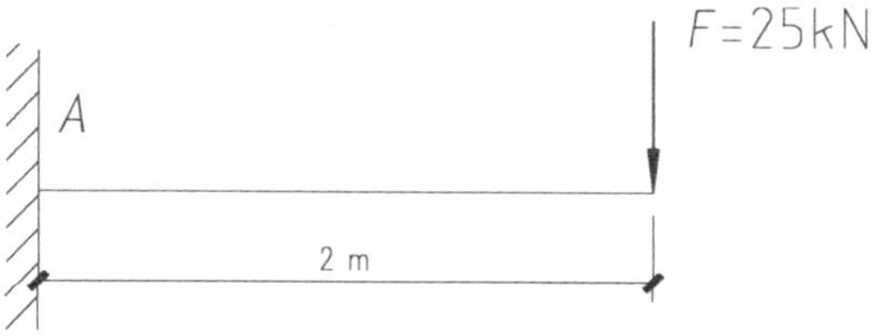

（c）

图 1.1.13

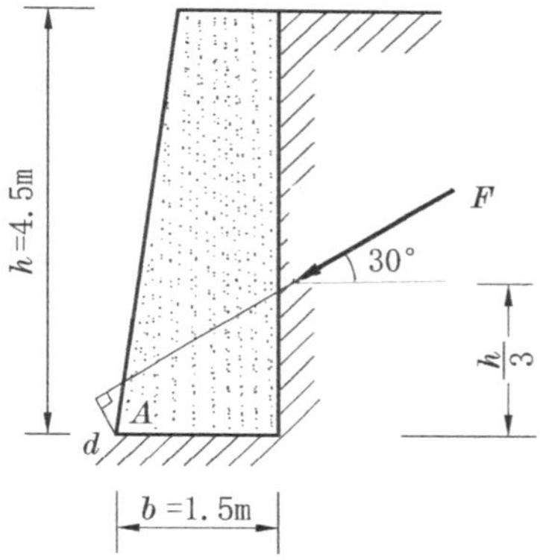

图 1.1.14

2. 受力图如图 1.1.14 所示，每 1m 长挡土墙所受的压力的合力为 F，它的大小为 160kN，求土压力 F 使墙倾覆的力矩。提示：将力 F 按作用点不变的原则分解为水平方向和竖直方向分力。

五、约束

力学中通常把物体分为两类，即自由体和非自由体。运动不受任何限制的物体称为自由体。例如断了线的风筝、飞翔的纸飞机等。运动受到某些条件的限制，不能自由运动的物体称为非自由体。例如建筑工程中的楼板、梁、柱、基础等。

限制物体运动的周围物体称为约束体，例如，梁是板的约束，墙是梁的约束，基础是墙和柱的约束等。

与约束力相对应，凡是能主动引起物体运动或使物体有运动趋势的力，称为主动力，如物体的重力。主动力在工程上称为荷载。

主动力是已知的，约束力是未知的。约束的类型不同，约束反力的作用方式也不同。工程中约束的构成方式多种多样，为了确定约束反力的作用方式，必须对约束的构造特点及性质有充分的认识，正确的分析，并结合具体工程，进行抽象简化，得到合理准确的约束模型。

1. 柔体约束

由拉紧的绳索、链条或皮带等柔性物体构成的约束叫柔体约束。柔体约束只能提供拉力。柔体约束的反力通过接触点，沿着柔体的中心线背离物体。通常用 T 表示柔体约束反力，如图 1.1.15 所示。

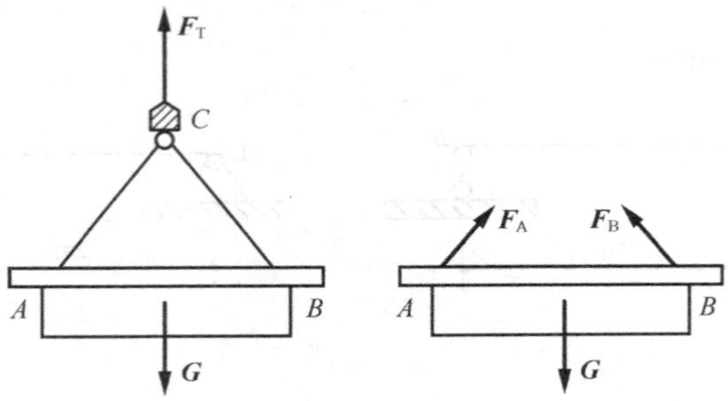

图 1.1.15　柔体约束及约束反力

2. 光滑接触面约束

两物体直接接触，当接触面光滑，摩擦力很小可以忽略不计时，形成的约束就是光滑接触面约束。这种约束只能限制物体沿着接触面的公法线方向指向接触面的运动，而不能阻碍物体沿着接触面切线方向的运动趋势。所以，光滑接触面对物体的约束反力通过接触点，沿接触面的公法线，指向被约束的物体。光滑接触面的约束反力通常用 N 表示，如图 1.1.16 所示。

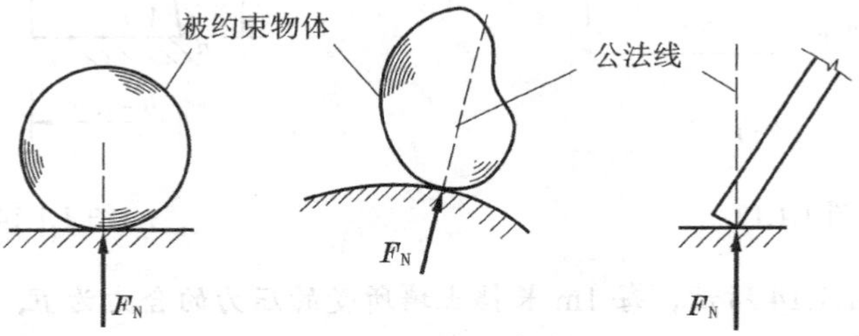

图 1.1.16　光滑接触面约束

☼**注意**

当两个物体的接触面光滑，但沿着接触面的公法线没有指向接触面的运动趋势时，没有约束反力。

3. 圆柱铰链约束

门、窗用的合页就是圆柱铰链。理想的圆柱铰链是由一个圆形销钉插入两个物体的圆孔中构成的，且认为销钉和圆孔的表面都是完全光滑的。圆柱铰链不能限制两物体的相对转动，只能限制物体在垂直于销钉轴线的平面内沿任意方向的相对移动。

圆柱铰链的简图如图 1.1.17 所示，反力可以用一个力 F_8 表示，因为接触点不确定，所以常常用两个相互垂直的分力来表示，如图 1.1.18 所示。

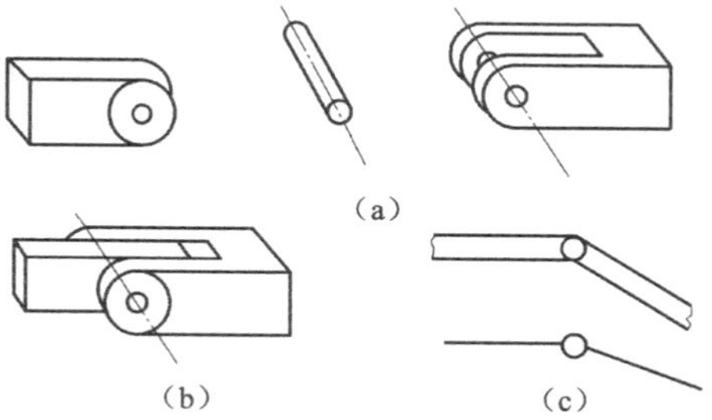

图 1.1.17　圆柱铰链约束

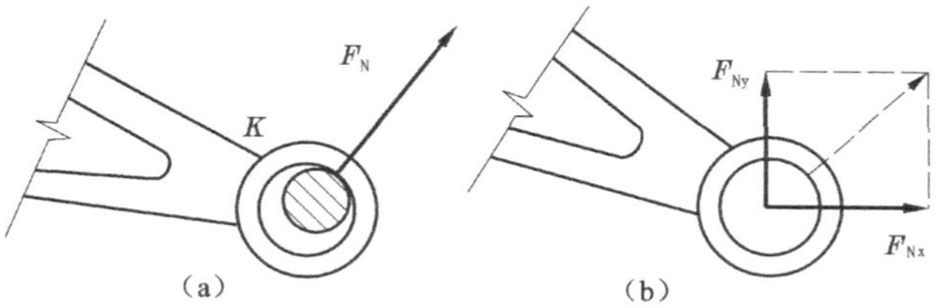

图 1.1.18　圆柱铰链约束反力

4. 链杆约束

两端用圆柱铰链与其他物体相连，中间不受其他力作用的直杆称为链杆。链杆只能限制物体沿链杆轴线方向的运动。所以链杆约束反力是沿着链杆中心线，指向待定。链杆约束简图及约束反力如图 1.1.19 所示。

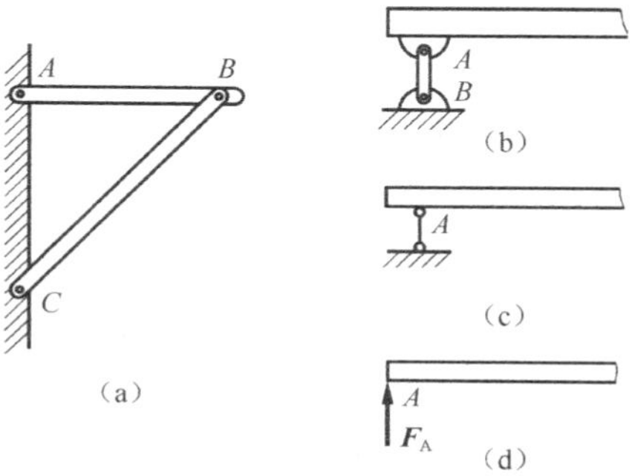

图 1.1.19　链杆约束及约束反力

5. 固定铰支座

圆柱形铰链所连接的两个构件中如果有一个被固定，便构成了固定铰支座。这种支座不能限制构件绕销钉轴线的转动，只能限制构件在垂直于销钉轴线的平面内的任意方向的移动。所以固定铰支座的支座反力通过铰心，方向未定。因为构件既不能沿 X 方向任意平动，也不能沿 Y 方向任意平动，常用 R_x 和 R_y 两个方向表示。固定铰支座简图及约束反力如图 1.1.20 所示。

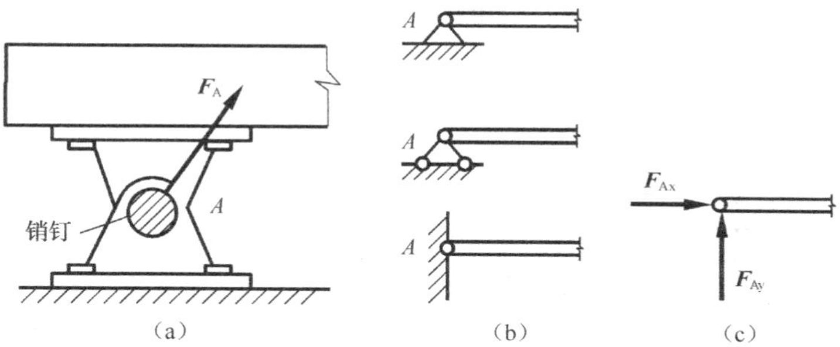

图 1.1.20　固定铰支座及约束反力

6. 可动铰支座

在固定铰支座下面加滚轴支承于平面上，但支座的连接使它不能离开支承面，就构成了可动铰支座，这种支座只能限制构件在垂直于支承面方向上的移动（即 Y 方向平动），而不能限制构件绕销钉轴线的转动和沿支承面方向上的移动（X 方向平动），可用符号 F 表示。可动铰支座简图及约束反力如图 1.1.21 所示。

7. 固定端支座

构件与支座固定在一起，构件在固定端既不能沿任何方向移动，也不能转动，这种支座叫固定端支座。

房屋建筑中的雨篷，其嵌入墙身的雨篷梁就是典型的固定端支座。工程中框架梁与框架柱整体浇筑在一起，框架柱就是框架梁的固定端支座。框架柱与基础整体浇筑在一起，基础就是框架柱的固定端支座。这种支座对构件除产生水平反力和竖向反力外，还有一个阻止构件转动的反力偶。如图 1.1.22 所示。

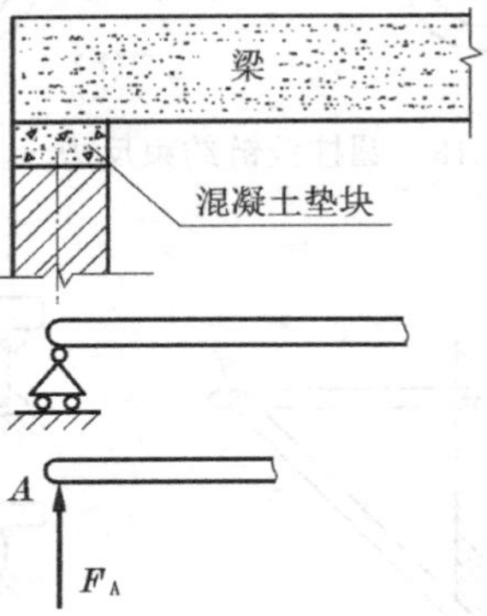

图 1.1.21　可动铰支座及约束反力

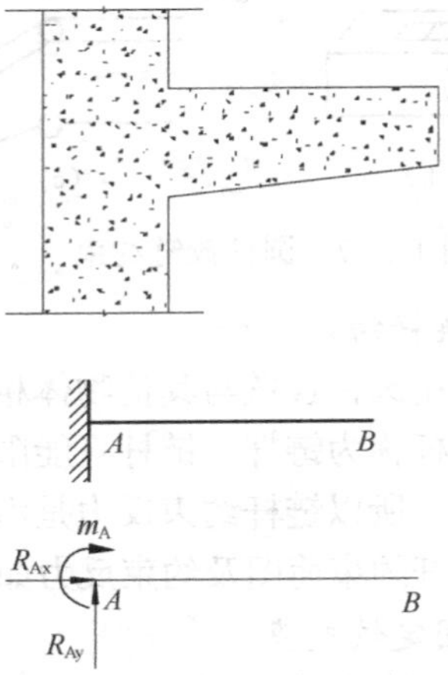

图 1.1.22　固定端支座及约束反力

六、结构的计算简图

工程中的实际结构很复杂，完全按照结构的实际情况进行力学分析是不可能的，也没有必要。因此在进行力学分析之前，应首先将实际结构进行抽象和简化，使之既能反应实际的主要受力特征，又能使计算简化。这种经合理抽象和简化，用来代替实际结构的力学模型叫作结构的计算简图。例如砌体结构中，钢筋混凝土梁支撑在砌体墙上，梁除了承受自重外，还要承受上部墙体传来的均布荷载，梁在墙上的支撑长度很小，墙体不能限制梁的转动，支座可简化为固定铰支座，在设计时应简化为图 1.1.23 所示。

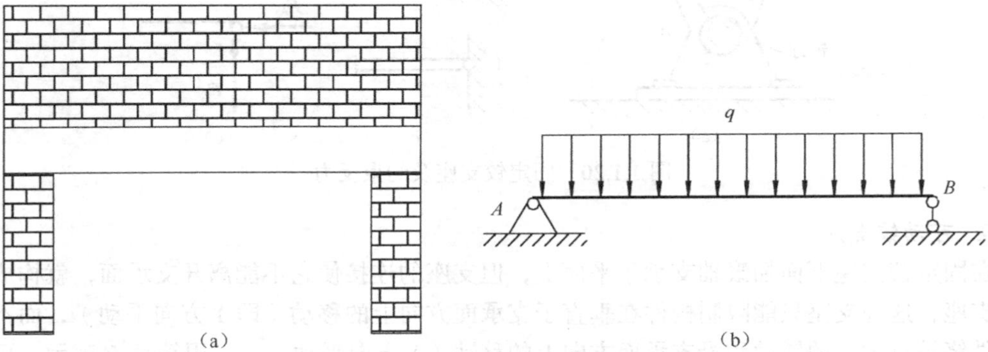

图 1.1.23　砌体结构简支梁及计算简图

在钢筋混凝土结构中，框架梁和框架柱整体浇筑在一起，框架梁和柱的节点应简化为刚节点，如图 1.1.24 所示。

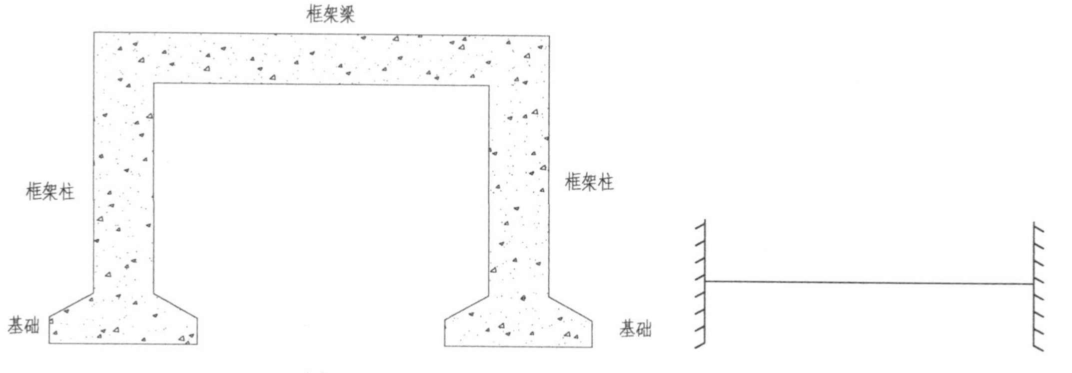

(a) (b)

图 1.1.24 框架梁及计算简图

七、物体的受力分析和受力图

建筑力学研究结构和构件的力学问题，首先需分析结构或构件的受力情况，分析受到哪些力的作用。其中，哪些是已知的，哪些是未知的，这个过程称为受力分析。受力分析时，将结构或构件所受的各力画在结构或构件的简图上，即为受力图。要解决结构和构件的力学问题，首先必须正确画出它们的受力图，并以此作为计算的依据。

进行受力分析时，首先选择研究对象，然后在研究对象的简图上正确画出其所受的主动力，最后根据约束类型绘出约束反力。一般步骤如下。

（1）取研究对象。

（2）画主动力。

（3）画约束反力。

案例 1：绘出悬臂梁的受力分析图。

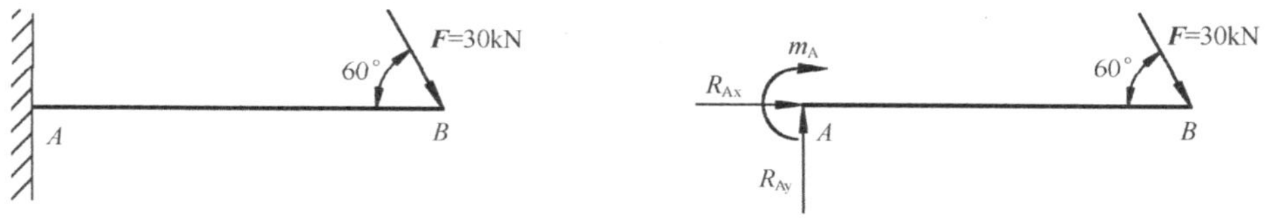

（a）原图 （b）受力图

图 1.1.25

案例 2：绘出简支梁受力分析图。

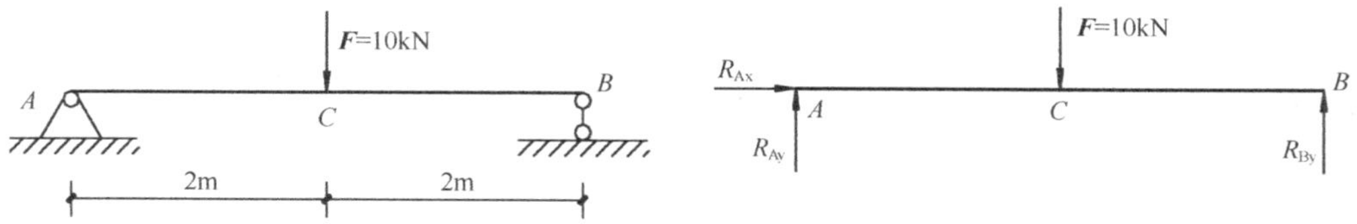

（a）原图 （b）受力图

图 1.1.26

课内练习

绘出下列物体的受力分析图。

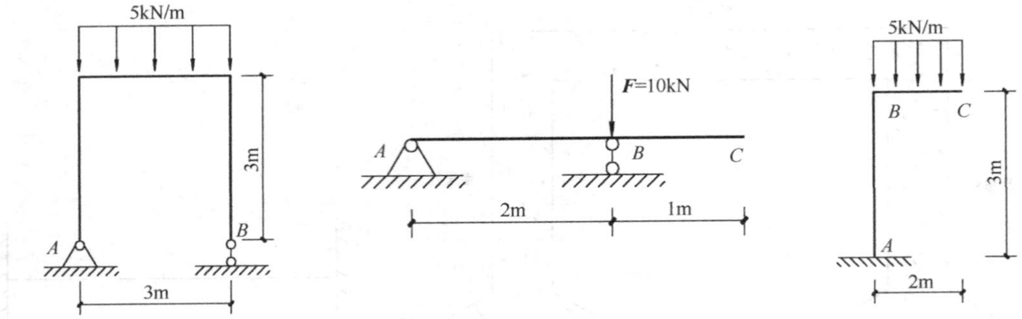

（a）（b）（c）

图 1.1.27

八、平面一般力系的平衡条件

一般情况下，一个物体总是同时受到若干个力的作用。我们把同时作用于一个物体上的一群力称为力系。

平衡是指物体相对于地球保持静止或匀速直线运动的状态，例如房屋、桥梁相对于地球保持静止。建筑力学研究的平衡主要是物体处于静止状态。

力对物体的运动效应又可以分为移动效应和转动效应，本教材只研究同一平面内物体的平衡。因为物体保持平衡，所以物体既不移动也不转动，移动分为 X 向移动和 Y 向移动，即物体受到的所有力在 X 方向代数和等于零，在 Y 方向代数和等于零，对平面内任意一点之矩代数和等于零。用公式表达为

$$\sum X=0$$

$$\sum Y=0$$

$$\sum M=0$$

平面力系的平衡方程除了基本形式外，还有二力矩方程式和三力矩方程式。

$\sum X=0$（或 $\sum Y=0$）	$\sum M_A=0$
$\sum M_A=0$	$\sum M_B=0$
$\sum M_B=0$	$\sum M_C=0$

计算时可认为在 Y 轴投影向上为正，在 X 轴投影向右为正，力矩和力偶取逆时针为正。

案例 3：某简友梁受力如图 1.1.28（a）所示，求解支座反力。

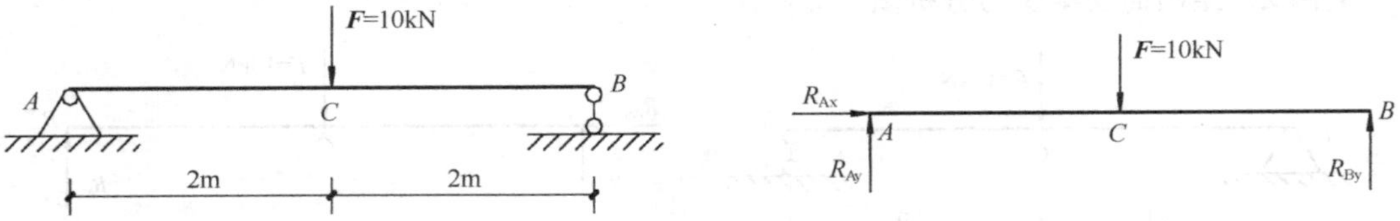

（a）（b）

图 1.1.28

第一步：取研究对象并绘制研究对象的受力分析图，如图 1.1.28（b）所示。

第二步：利用平面一般力系平衡条件求解支座反力。

$$\sum X=0 \qquad R_{Ax}=0$$

$$\sum Y=0 \quad R_{Ay}+R_{By}-10=0$$

$$\sum M_A=0 \quad R_{By} \cdot 4-10\times 2=0$$

解得　R_{By} =5kN　（↑）　R_{Ay} =5kN　（↑）

结果为正，说明力的方向与假定的方向相同；结果为负，说明力的方向与假定的方向相反。

课内练习

1. 一物体受力如图 1.1.29 所示，求各绳子拉力。
2. 一支架受力如图 1.1.30 所示，求各杆受力，并注明是拉力还是压力（不计杆件自重）。

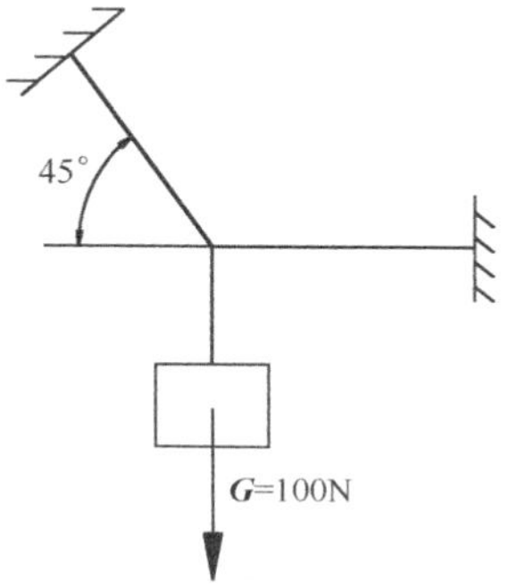

图 1.1.29

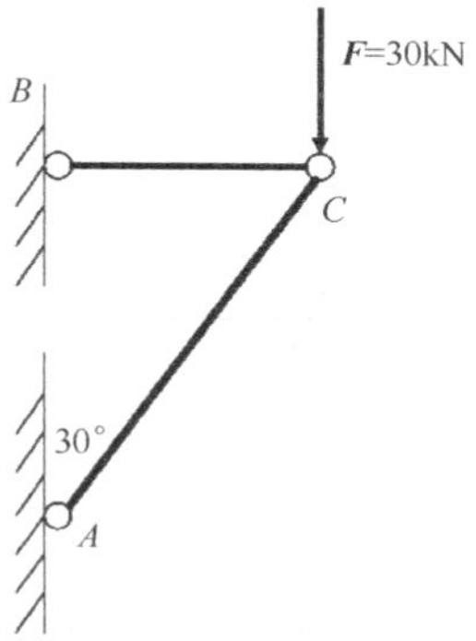

图 1.1.30

3. 物体受力如图 1.1.31 所示，求解支座反力。

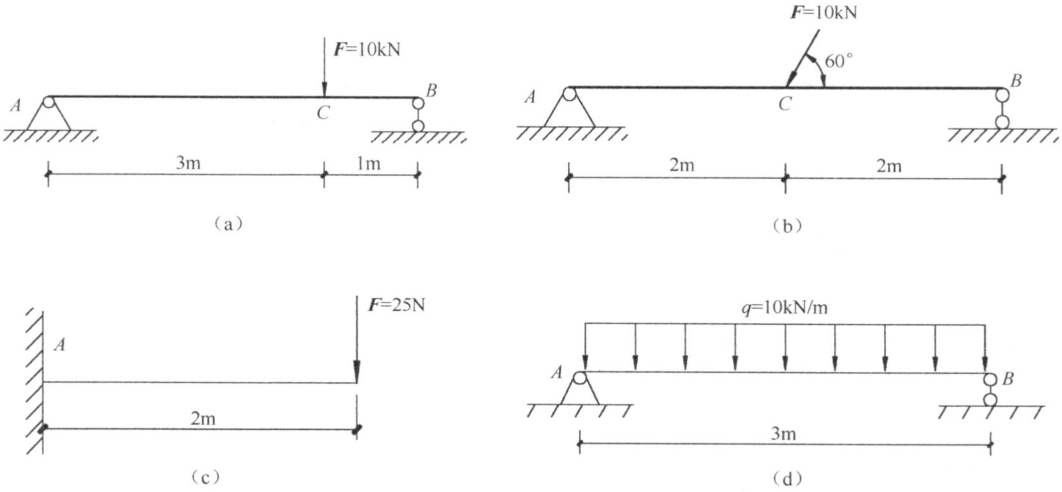

图 1.1.31

1.2　轴向拉伸和压缩

在工程结构中，构件在各种形式的外力作用下会产生各种各样的变形，这些变形不外乎以下 5 种基本变形之一，或是几种变形的组合。

（1）轴向拉伸。

（2）轴向压缩。
（3）弯曲变形。
（4）剪切变形。
（5）扭转变形。

一、拉、压构件的受力特点和变形特点

轴向拉伸与压缩是杆件受力的一种最简单、最基本的变形形式。在工程结构中，承受轴向拉伸或压缩的杆件很多，如图 1.2.1 所示，桁架中杆件有拉杆也有压杆；起吊重物的绳索只能提供拉力；桥梁中的桥墩以承受轴向压力为主。

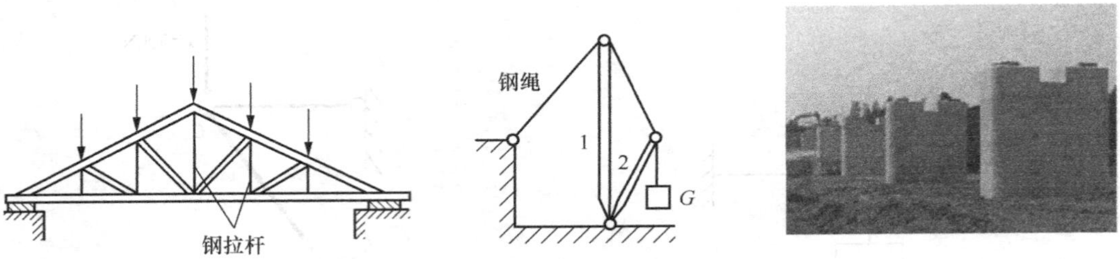

（a）桁架　（b）起重机起吊重物　（c）桥墩

图 1.2.1　拉压构件

当杆件受到与轴线重合的拉力或压力作用时，杆件产生沿杆轴线的伸长或缩短，这种变形称为轴向拉伸或压缩变形，如图 1.2.2 所示。如用手拉皮筋，皮筋会伸长；手压某一杆件，杆件会缩短。

（a）拉伸　（b）压缩

图 1.2.2　轴向拉伸和压缩

二、内力、截面法

1. 内力的概念

构件在外力的作用下，随着变形产生的同时会产生内力。内力是由外力引起的，随着外力的增大而增大，外力撤销后，内力也随之消失。对于确定的材料来说，内力是有一定限度的，超过这个限度，构件将发生破坏。建筑力学的主要任务之一是研究内力，它与材料的强度和刚度有着密切的关系。

2. 截面法

为了确定构件的内力，可假想用一截面将构件截开分为两部分，取其中的一部分为隔离体，并以内力代替截去部分对留下部分的作用力。截面上的内力是连续分布的，我们所说的内力是这些分布力的合力或合力偶。因为构件在外力作用下处于平衡状态，所以截开后的各个部分也应处于平衡状态。列出隔离体的平衡方程，即可由已知的外力求出作用在截面上的内力。

这种假想的用一截面将构件截开分为两部分，并取其中一部分为研究对象，建立平衡方程，从而求出截面上内力的方法称为截面法。

截面法求内力的步骤可归纳如下。

（1）截开。在欲求内力的位置用一假想的截面将构件截开。

（2）替代。取其中一部分为研究对象，用相应的内力替代弃去部分对留下部分的作用力。

（3）平衡。对研究对象建立静力学平衡方程，求出截面上的内力。

三、拉压构件的内力

拉压构件截面上分布内力称为轴力。求内力的基本方法是截面法。习惯上把垂直于截面向外的内力称为拉力、垂直于截面向内的内力称为压力，如图 1.2.3 所示。

（a）拉力　　（b）压力

图 1.2.3　拉力和压力

案例： 某轴向构件受力如图 1.2.4 所示，求任意截面内力，绘制轴力图。

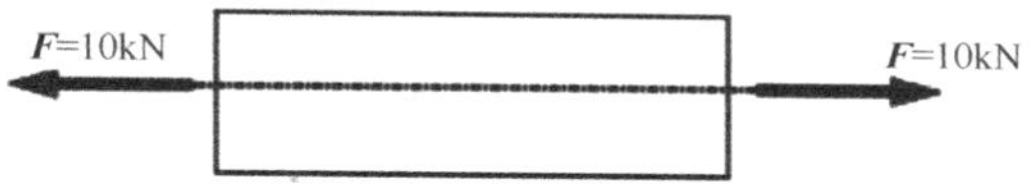

图 1.2.4

（1）截开。取左半部分为研究对象，如图 1.2.5（a）所示。

（2）替代。用内力来代替右半部分对左半部分的作用，假定内力为拉力，如图 1.2.5（b）所示。

（3）平衡。由共线力系的平衡条件

$$\Sigma X=0 \qquad N-F=0$$

得 $N=F=10\text{kN}$

所得结果为正，说明轴力 N 与假设方向一致，为拉力。为了在选取不同的研究对象时所得的结果一致，把轴力正负号规定为拉力为正，压力为负。

（4）绘轴力图。当杆件上有多个轴向外力作用时，拉压杆截面上的内力一般不同，为了直观地表示轴力随截面位置的变化规律，选取与杆轴线平行的 X 轴表示各截面的位置，取纵坐标 N 表示截面轴力的大小，从而绘出轴力与截面位置的关系图形，称为轴力图。画轴力图时。正值的轴力画在基线的上侧，负值的轴力画在基线的下侧，并标明正负号。轴力图结果如图 1.2.5（c）所示。

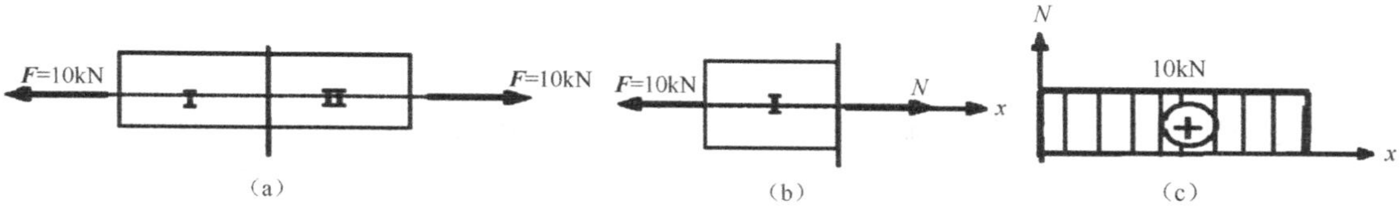

图 1.2.5

课内练习

1. 拔河比赛时的绳子可近似看作受拉构件，在双方平衡状态，请绘出绳子受力模型，并绘出绳子轴力图，说出哪个位置受到的内力最大。假定每人能提供的拉力为100N，共8人拔河（见图1.2.6）。

图 1.2.6

2. 绘出构件的轴力图（见图1.2.7）。

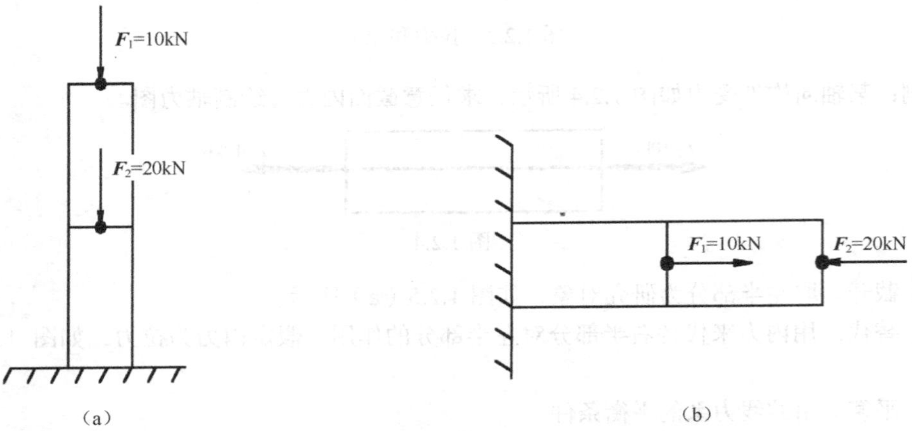

图 1.2.7

四、应力的概念、强度理论

内力是截面上分布内力的合力，只求出内力还不能解决构件的强度问题。例如，两根材料相同、粗细不同的直杆，在相同的拉力作用下，随着拉力的增加，细杆先被拉断，这说明杆件的强度不仅和内力有关，而且和截面尺寸有关。为了研究构件的强度问题，必须研究内力在截面上的分布规律，为此引入应力的概念。内力在截面上某点处的分布集度，称为该点的应力。

设在某一受力构件的截面上，取一点A，如图1.2.8所示，在A点周围取一微面积ΔA，ΔA上的内力合力为ΔF，这样，在A点的应力为

$$p=\lim_{\Delta A\to 0}\frac{\Delta F}{\Delta A}=\frac{\mathrm{d}F}{\mathrm{d}A}$$

P是一个矢量，通常把它分解成垂直于截面的分量σ和相切于截面的分量τ，如图1.2.9所示。σ称为正应力，τ称为剪应力。在国际单位制中，应力的单位是帕斯卡，用Pa表示，1Pa=1N/m^2。由于帕斯卡的单位很小，工程中常用kPa、MPa、GPa。

$$1\text{kPa}=10^3\text{Pa},\ 1\text{MPa}=10^6\text{Pa},\ 1\text{GPa}=10^9\text{Pa}$$

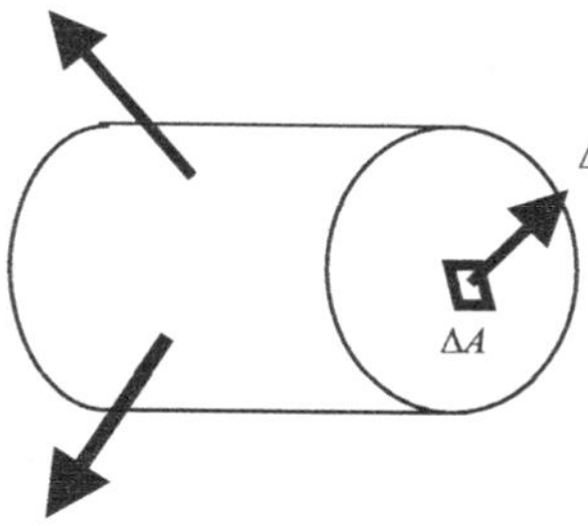

图 1.2.8　应力

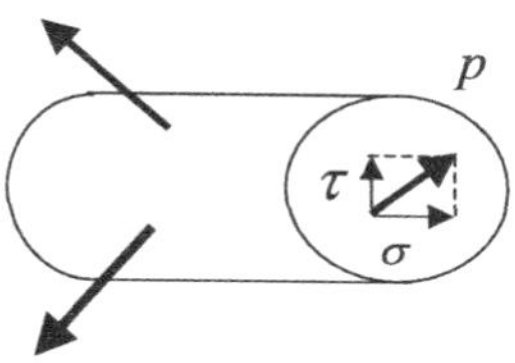

图 1.2.9　正应力与切应力

根据平截面假定及材料均匀连续假定，可以证明轴向拉压杆件横截面上的内力是均匀分布的，即横截面上各点的内力相等，即

$$\sigma = \frac{N}{A}$$

正应力的符号与轴力 N 的符号一致，拉应力为正，压应力为负。

通常把 σ_{max} 所在的截面称为危险截面，σ_{max} 所在的点称为危险点，为了保证杆件不因强度不够而破坏，杆件内的最大工作正应力不得超过材料的许用应力 $[\sigma]$，即

$$\sigma_{max} = \frac{N_{max}}{A} \leqslant [\sigma]$$

利用杆件的强度条件可解决以下强度计算类问题。

（1）强度校核。

（2）截面设计。

（3）确定许用荷载。

课内练习

1. 如图 1.2.10 所示铰接支架，已知 AB、AC 杆均为直径为 25mm 的圆杆。

（1）计算各杆横截面上的内力。

（2）假如材料的需用拉压应力 $[\sigma]$=300MPa，试校核两杆件是否安全。

2. 石桥墩高度 l=30m，顶面受轴向压力 F=3000kN，如图 1.2.11 所示，材料许用压应力 $[\sigma]$=1MPa，容重 g=2.5kN/m^3，已知桥墩截面尺寸为 2m×3m，考虑自重，试校核该桥墩是否安全。

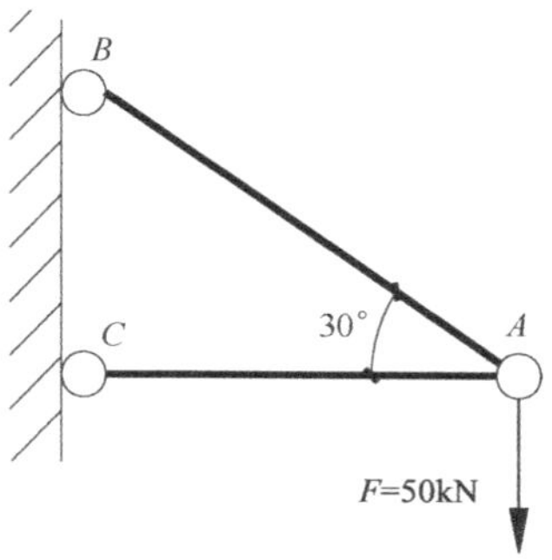

图 1.2.10

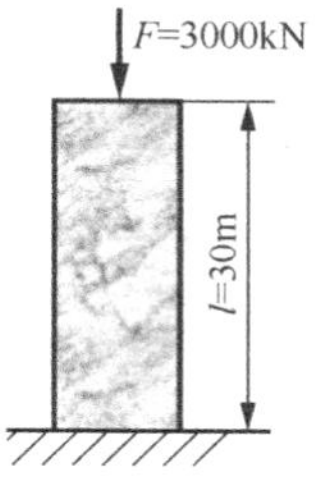

图 1.2.11

1.3　弯曲内力与弯曲应力

一、弯曲的概念与实例

工程中有一些杆件，受到的荷载和支座反力都与杆件轴线垂直，或者两端受到作用面与杆件轴线平行的力偶的作用，杆件轴线在变形前为直线，变形后为曲线，这种形式的变形称为弯曲变形，如图 1.3.1 所示。梁和板是工程中常见的受弯构件。

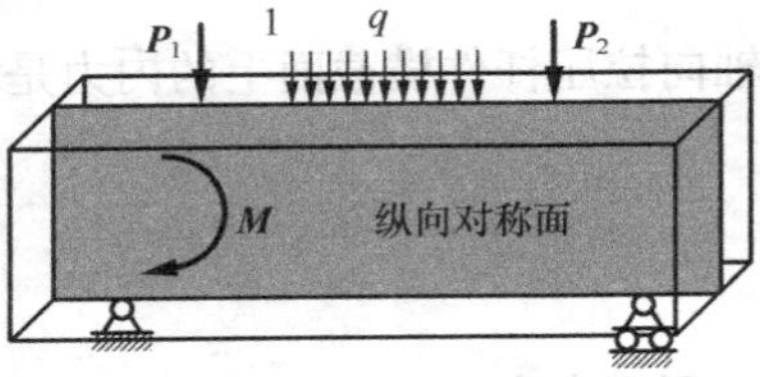

（a）荷载板支座信源力与杆件轴线垂直

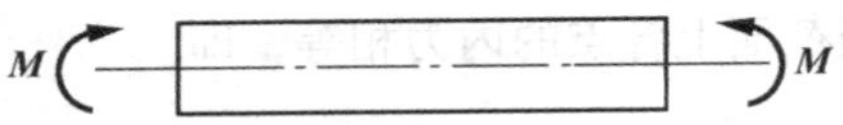

（b）力偶作用面与杆件轴线平行

图 1.3.1　受弯构件受力特点

二、截面法求梁的内力

现以图 1.3.2 为例分析受弯构件横截面上的内力。利用平面一般力系的平衡条件可求得支座反力 $R_A=R_B=5$kN，如图 1.3.2（b）所示。求内力的基本方法是截面法，用距离支座 A 为 x 的 m-m 截面将梁截开，取左半部分为研究对象，在外力和内力的共同作用下，脱离体处于平衡状态。因为在这段梁上有向上的外力 $R_A=5$kN，由平面一般力系的平衡条件，在截面 m-m 上必有一个向下的内力，用符号 Q 表示，$Q=5$kN，Q 称为剪力。由于 Q 和 R_A 等值反向且作用线平行，不在同一直线上，形成一个力偶，所以在 m-m 截面上必有一个内力偶 M 与之平衡，M 称为截面上的弯矩，它是截面上法向分布内力的合力，如图 1.3.2（c）所示。

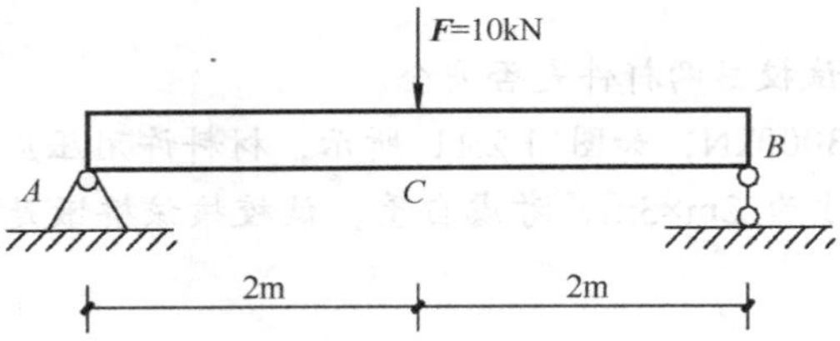

（a）

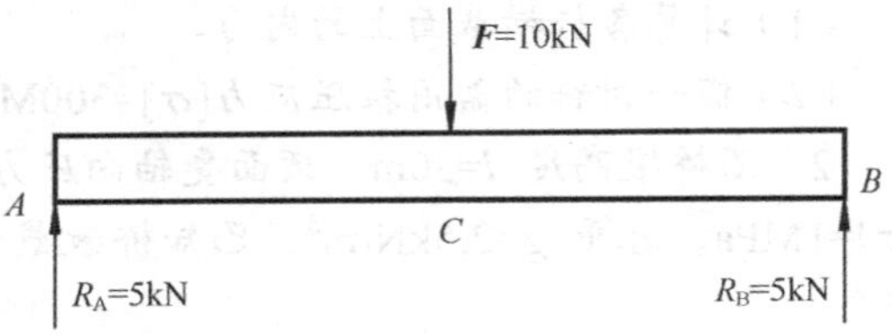

（b）

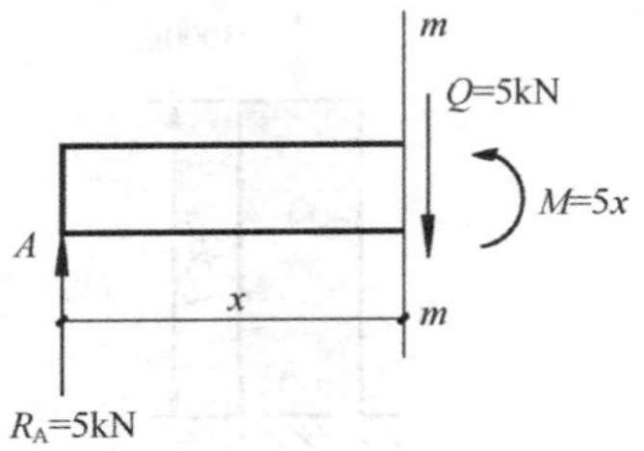

（c）

图 1.3.2　截面法求梁内力过程

如果取右段为研究对象，用同样的方法也可以求得 *m*–*m* 截面上的内力。由作用与反作用定律可知，无论取左段还是右段，所求得的内力应该等值反向。为了使所求得的内力符号一致，规定：使微段产生顺时针转动趋势的剪力为正，逆时针转动趋势的剪力为负；使微段产生下侧受拉、上侧受压的弯矩为正，使微段产生上侧受拉、下侧受压的弯矩为负，如图 1.3.3 所示。

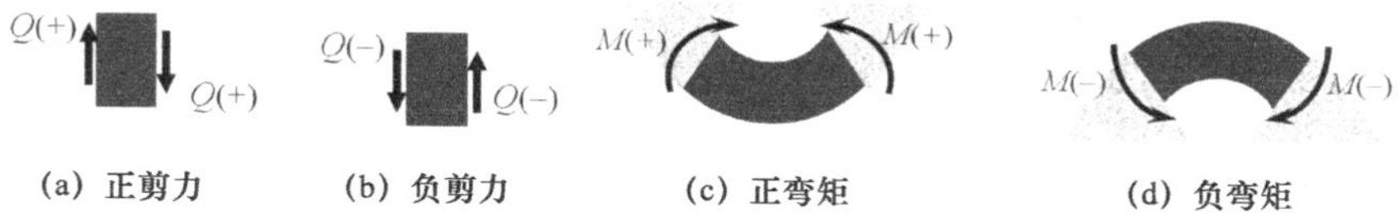

图 1.3.3　弯矩、剪力正负号规定

通过以上分析，可以得出以下结论，受弯构件截面上的内力有两个，一个是剪力，一个是弯矩。

案例 1：某简支梁受力如图 1.3.4（a）所示，求 1–1 截面弯矩和剪力。

解：（1）求支座反力。

假定支座反力均向上，绘出受力分析图，如图 1.3.4（b）所示。

$$\sum M_A = 0 \quad R_B \times 4 - 10 \times 3 = 0$$

$$R_B = 7.5\,\text{kN}(\uparrow)$$

$$\sum Y = 0 \quad R_A + R_B - 10 = 0$$

$$R_A = 2.5\,\text{kN}(\uparrow)$$

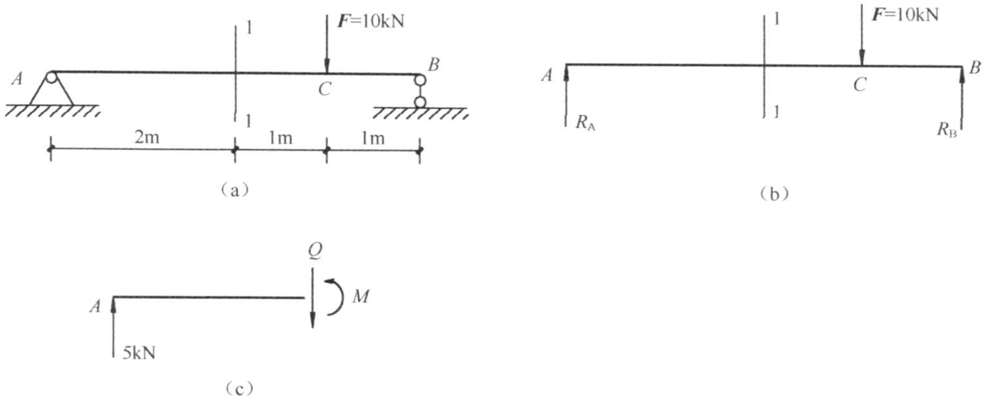

图 1.3.4

（2）截开，代替。

假想在 1–1 截面将梁截开，取左半部分为研究对象，在横截面上必有剪力 Q 和弯矩 M，剪力和弯矩均假定为正，绘出研究对象的受力分析图，如图 1.3.4（c）所示。

（3）平衡。

$\sum Y = 0 \quad 5 - Q = 0$　　得 Q=5kN　正剪力

$\sum M_1 = 0 \quad M - 5 \times 2 = 0$　　得 M=10kN·m　正弯矩

课内练习

求 1-1 截面上的弯矩和剪力，如图 1.3.5 所示。

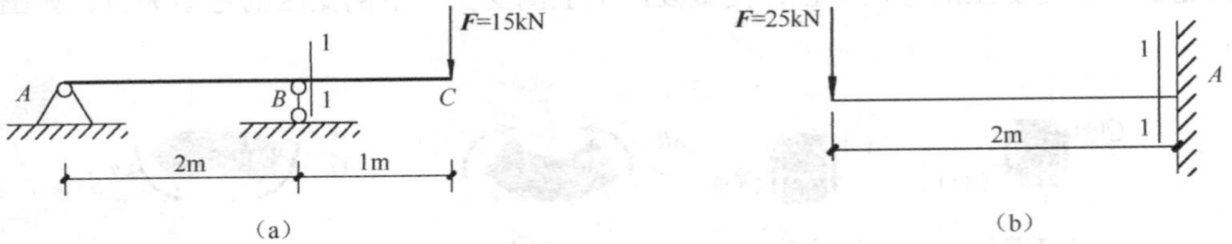

图 1.3.5

三、列方程做内力图

从前面讨论结果不难看出，梁横截面上的剪力和弯矩在一般情况下是不同的，是随截面位置变化而变化的。若以截面位置为横坐标 x，梁内各截面上的剪力和弯矩都可以表示为 x 的函数，即

$$Q = Q(x)$$

$$M = M(x)$$

上述两式分别称为剪力方程和弯矩方程。

案例 2：一简支梁受力如图 1.3.6（a）所示，试绘出其剪力图和弯矩图。

（1）求支座反力。

假定支座反力均向上，绘出受力分析图，

$$\sum M_A = 0 \quad R_B \cdot 4 - 10 \times 3 = 0$$

$$R_B = 7.5\ \text{kN}(\uparrow)$$

$$\sum Y = 0 \quad R_A + R_B - 10 = 0$$

$$R_A = 2.5\ \text{kN}(\uparrow)$$

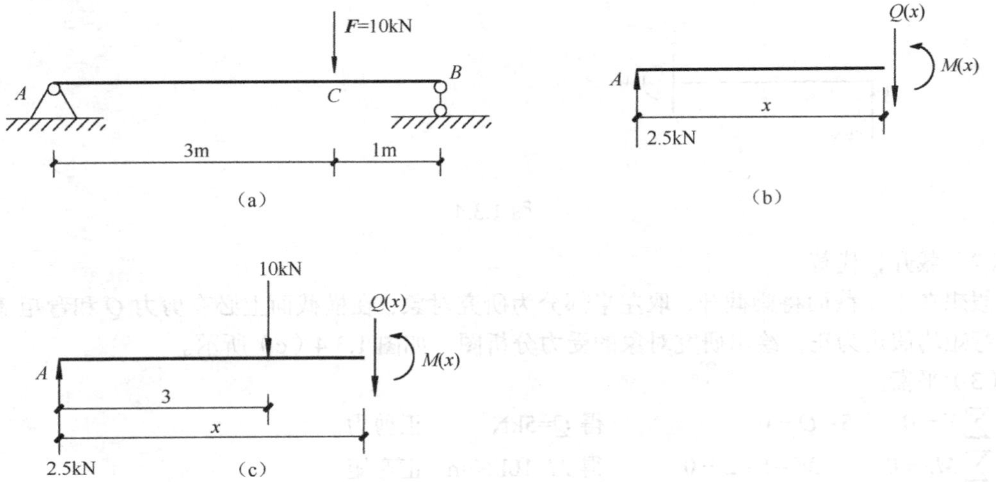

图 1.3.6

（2）列剪力方程和弯矩方程。

将坐标原点取在 A 点，向右为正。取任意截面 x 的左段为研究对象，由平衡条件列出剪力方程和弯矩方程。

当 $0 \leqslant x \leqslant 3$ 时，如图 1.3.6（b）所示，有

$$\sum Y = 0 \qquad 2.5 - Q(x) = 0 \qquad 得\ Q(x) = 2.5\ \text{kN}$$

对切开点求矩得 $\sum M = 0$

$$M(x) - 2.5 \cdot x = 0 \quad 得\ M(x) = 2.5x$$

当 $3 \leqslant x \leqslant 4$ 时，如图 1.3.6（c）所示，有

$$2.5 - 10 - Q(x) = 0 \qquad 得\ Q(x) = -7.5\text{kN}$$

对切开点求矩得

$$M(x) - 2.5 \cdot x + 10 \cdot (x-3) = 0 \quad 得\ M(x) = 30 - 7.5x$$

（3）根据方程画内力图。由内力方程可知，剪力为常量，剪力图是与坐标轴平行的直线，正剪力在坐标轴的上方，负剪力在坐标轴的下方。弯矩图为倾斜的直线，当 x=0 时，M=0；当 x=3 时，M=7.5kN · m；当 x=4 时，M=0。剪力图和弯矩图如图 1.3.7 所示。

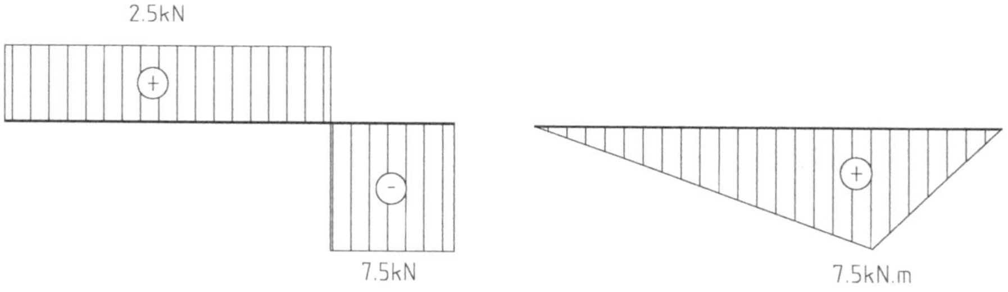

（a）剪力图　　（b）弯矩图

图 1.3.7

案例 3：一简支梁受力如图 1.3.8（a）所示，绘出其剪力图和弯矩图。

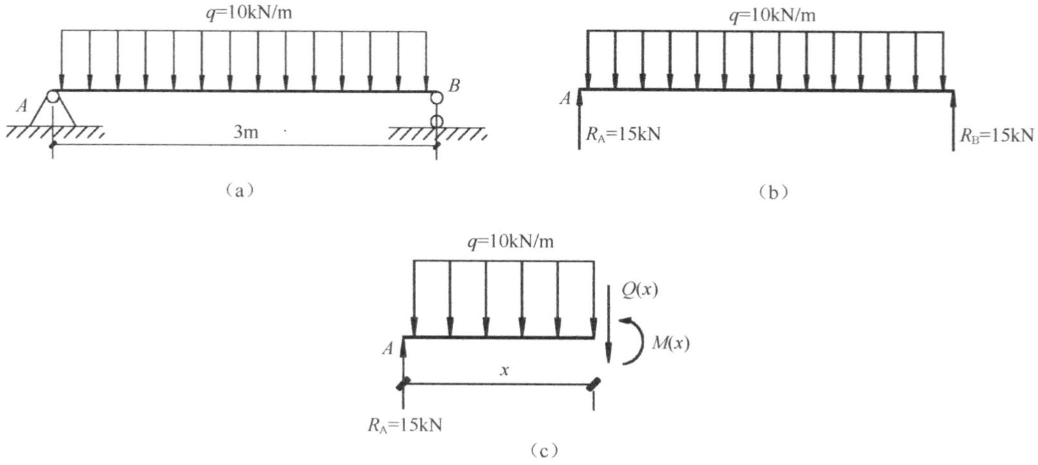

图 1.3.8

（1）求支座反力。

结构对称，支座反力 $R_A = R_B = 15\,\text{kN}(\uparrow)$，如图 1.3.8（b）所示。

（2）列剪力方程和弯矩方程。

将坐标原点取在 *A* 点，向右为正。取任意截面 *x* 的左段为研究对象，绘出受力图，如图 1.3.8（c）所示。由平衡条件列出剪力方程和弯矩方程。

$$\sum Y = 0 \qquad 15-10x-Q(x)=0$$

$$Q(x)=15-10x$$

$$\sum M = 0 \qquad 10x\cdot\frac{x}{2}-15\cdot x+M(x)=0$$

$$M(x)=15x-5x^2$$

（3）根据方程画内力图。

由内力方程可知，剪力图是一条倾斜的直线，

当 $x=0$ 时，$Q(0)=15$kN

当 $x=3$ 时，$Q(3)=-15$kN

弯矩图是一条二次抛物线，为求得极大值，对弯矩方程求一阶导数，$M(x)'=15-10x$，令 $M(x)'=15-10x=0$ 得，当 $x=1.5$ 时，函数取得极大值。

当 $x=0$ 时，$M(0)=0$

当 $x=3$ 时，$M(3)=0$

当 $x=1.5$ 时，$M(1.5)=15\times1.5-5\times1.5^2=11.25$kN·m

剪力图和弯矩图如图 1.3.9 所示。

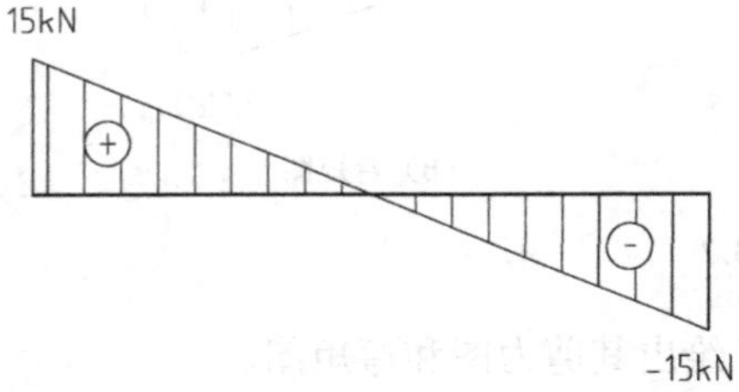

（a）剪力图

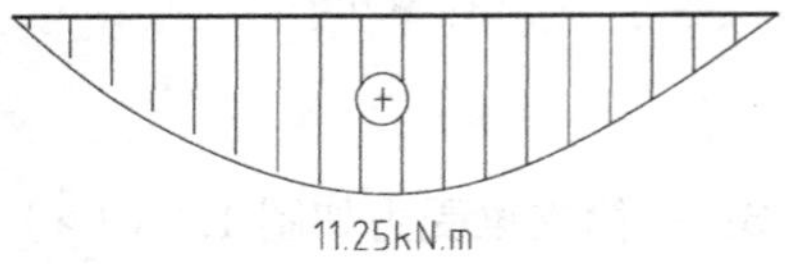

（b）弯矩图

图 1.3.9

课内练习

绘出图 1.3.10 所示受力图的剪力图和弯矩图。

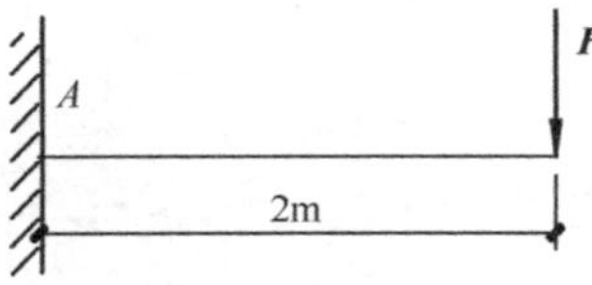

（a）

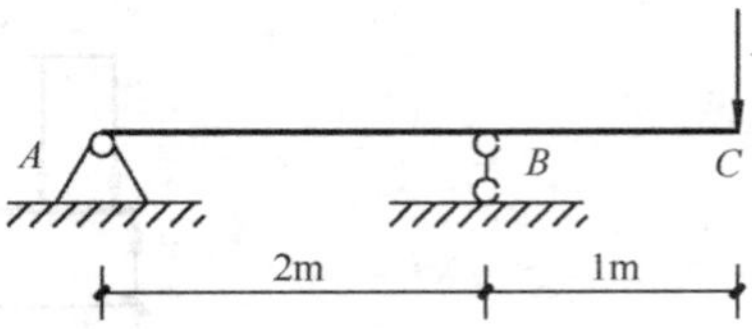

（b）

图 1.3.10

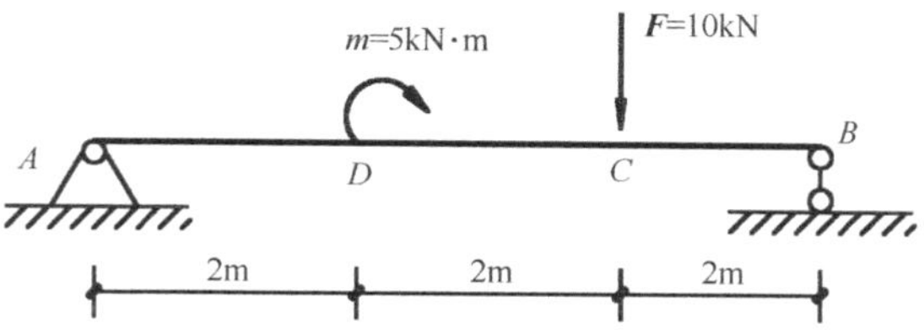

（c）

图 1.3.10（续）

四、内力图的分布规律

通过以上分析，可得内力图的规律如下。

（1）$M(x)'=Q(x)$，即弯矩方程求一阶导数等于剪力方程。

（2）无荷载作用区段，剪力图是一条水平的直线，弯矩图是一条倾斜的直线。

（3）均布荷载作用区段，剪力图是一条倾斜的直线，弯矩图是一条二次抛物线。

（4）集中力作用处，剪力图出现突变，弯矩图出现尖角。

（5）集中力偶作用处，剪力图无变化，弯矩图出现突变。

（6）弯曲变形向下凸为正弯矩，向上凸为负弯矩。

利用内力图的分布规律做内力图可以使做图过程更为简便，请练习利用内力图的分布规律绘制弯矩图和剪力图。判断弯矩图和剪力图的正误。

五、弯曲正应力

由前面学过内容可知，梁弯曲变形时横截面处一般产生两种内力——弯矩和剪力。仅仅知道内力还是不能解决强度问题，必须研究梁横截面上的内力分布规律。

如图 1.3.11 所示，一简支梁在对称的两集中力作用下，中间 *CD* 段只有弯矩、没有剪力，这种变形称为纯弯曲变形，*AC* 段和 *BD* 段既有弯矩又有剪力，这种变形称为横力弯曲。首先讨论纯弯曲梁的正应力，然后再推广到横力弯曲。

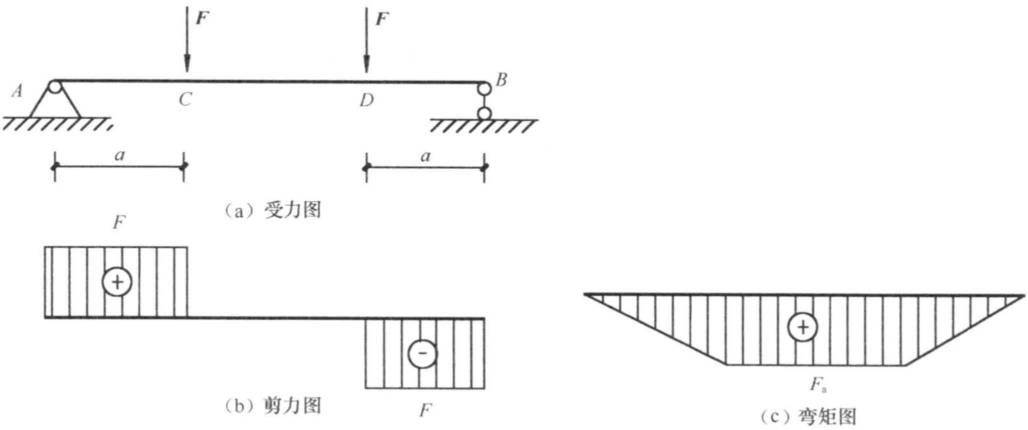

图 1.3.11　梁受力图及内力图

为了便于观察，用一根表面画有纵向线和横向线的矩形截面橡皮梁来进行实验，可以看到下列现象。

（1）变形前与梁轴线垂直的 *mm* 和 *nn* 变形后仍为直线，且与弯曲了的梁轴线保持垂直，只是相对转动了一个角度，如图 1.3.12 所示。

（2）变形前与梁轴线平行的纵向线变成了互相平行的曲线，梁底部线伸长了，而上部线却缩短了。

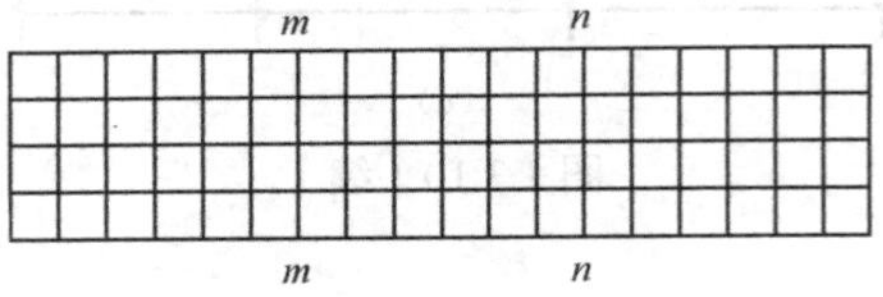

（a）变形前

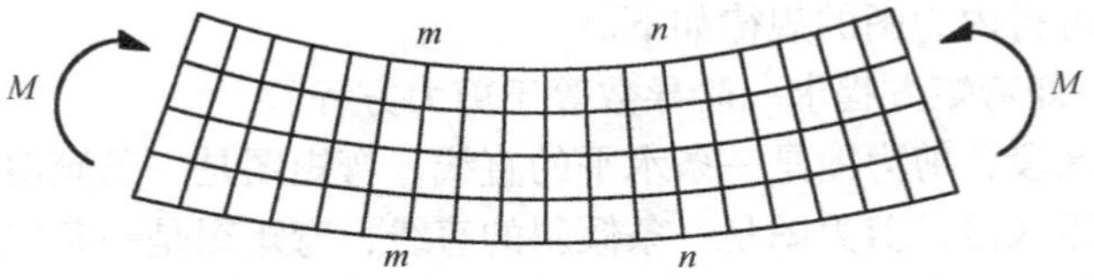

（b）变形后

图 1.3.12　弯曲变形示意图

设想梁由无数层纵向纤维组成，则梁内必有一层纤维在变形时，既不伸长也不缩短，我们把这层纤维称为中性层，中性层把变形后的梁沿高度分成两个不同的区域——拉伸区和压缩区。中性层和横截面的交线称为中性轴。梁在变形时，横截面绕中性轴转动。

通过变形的几何关系、物理关系、静力学关系可以推导出梁横截面正应力的分布规律：横截面上任意一点的正应力与它到中性轴的距离成正比例关系，即正应力沿截面高度呈直线分布规律，与中性轴等距离的各点正应力大小相同，如图 1.3.13 所示，正应力以中性轴为分界线分为拉、压两个区域，上下边缘的正应力最大，一个为拉应力，一个为压应力。

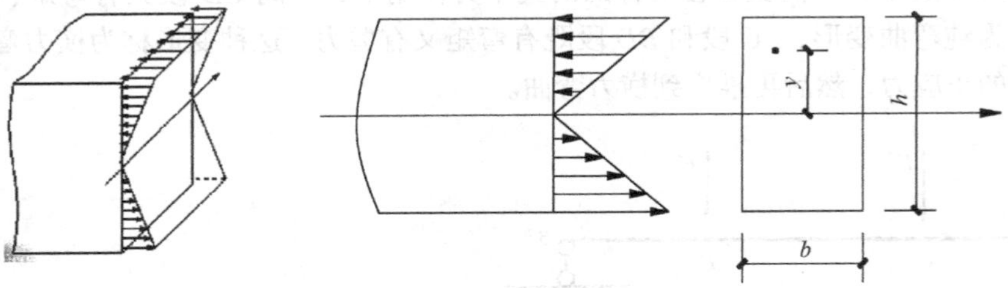

图 1.3.13　梁横截面上正应力

纯弯曲时梁横截面上任意一点的应力计算公式为

$$\sigma = \frac{M}{I_Z} y$$

式中：M——截面弯矩；I_Z——截面惯性矩，对矩形截面梁为 $\frac{bh^3}{12}$；y——截面某点到中性轴的距离。

拉应力为正，压应力为负。

梁的正应力计算公式虽然是在纯弯曲的情况下导出的，但根据实验和进一步的理论研究可知，剪应力对正应力的分布规律影响很小，因此，公式也适用于横力弯曲。

利用杆件的强度条件可解决以下强度计算类问题。

（1）强度校核。

（2）截面设计。

（3）确定许用荷载。

案例 4：一简支梁受力如图 1.3.14（a）所示，已知梁截面尺寸为 200mm×400mm，材料许用正应力[σ]=360MPa，试校核梁的安全性。

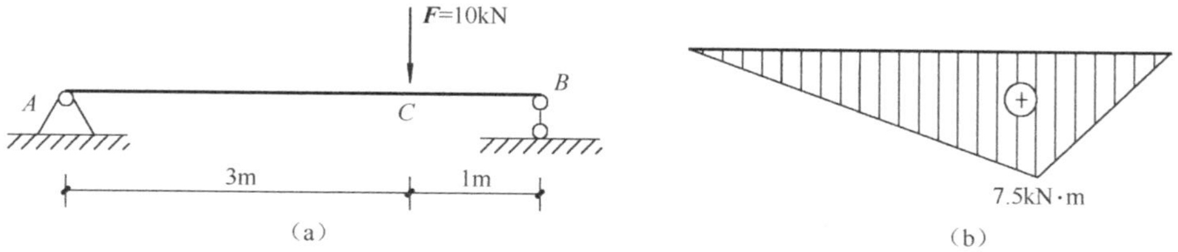

图 1.3.14

解：

（1）绘出梁的弯矩图，如图 1.3.14（b）所示，并根据弯矩图找出最大弯矩。

$$M_{max} = 7.5\text{kN}\cdot\text{m}$$

（2）求最大正应力，并比较安全性 $\sigma_{max} = \dfrac{M_{max}}{I_Z}\cdot\dfrac{h}{2} = \dfrac{7.5\times10^6}{\dfrac{200\times400^2}{12}}\times200 = 562.5\text{MPa} > [\sigma] =$ 360MPa 该梁不安全。

课内练习

一简支梁受力如图 1.3.15 所示，已知梁截面尺寸为 200mm×400mm，求梁最大正应力。

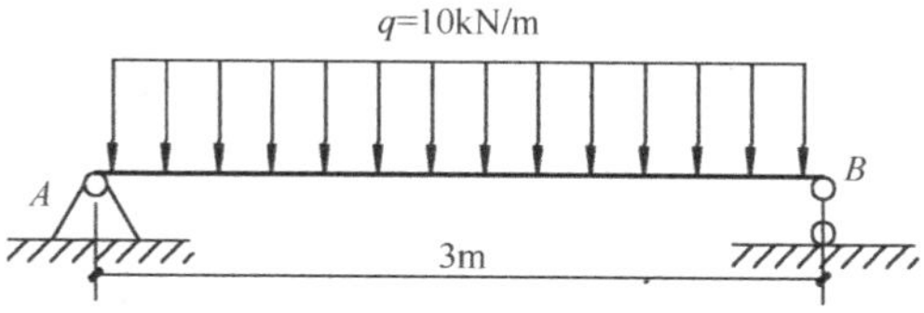

图 1.3.15

六、梁横截面上的剪应力

横力弯曲时，梁横截面上同时有弯矩和剪力作用，因而横截面上除正应力外，必然还有剪应力。下面先讨论矩形截面梁横截面上的剪应力。通过变形的几何关系、物理关系、静力学关系可以推导出梁横截面上剪应力计算公式为

$$\tau = \frac{3Q}{2bh}\left(1-\frac{4y^2}{h^2}\right)$$

式中：Q——所求应力点截面的剪力；b——截面宽度；h——截面高度；y——截面上任一点到中性轴的距离。

由上式可知，矩形截面梁横截面上的剪应力沿截面高度按二次抛物线规律变化，如图 1.3.16 所示。在截面的上下边缘，剪应力为零，在中性轴上剪应力最大，其最大值为

$$\tau_{\max} = \frac{3Q}{2bh} = 1.5\frac{Q}{A}$$

式中，A——截面面积，$A=b\times h$

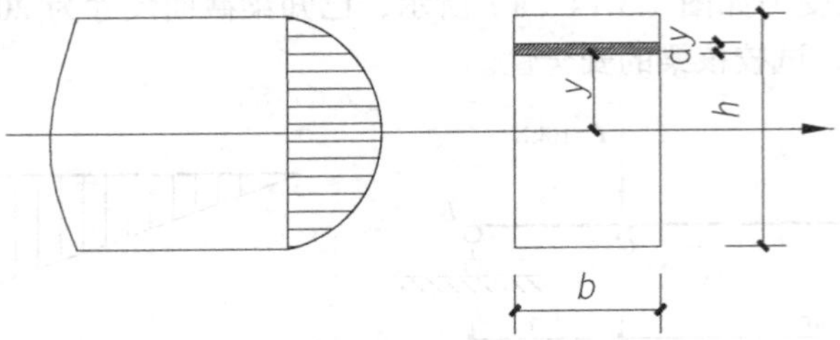

图 1.3.16　矩形截面剪应力分布示意图

课内练习

一矩形截面钢筋混凝土梁如图 1.3.17 所示，A、B、C、D 处剪应力从小到大如何排列？

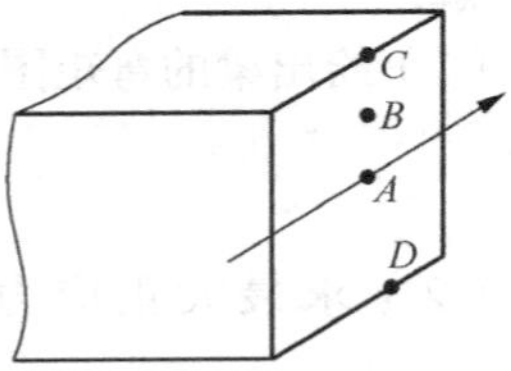

图 1.3.17

在钢结构中经常使用“工”字形截面梁，工字形截面是由上下翼缘及中间腹板组成，翼缘和腹板上均存在剪应力，但翼缘上的剪应力很小，情况又比较复杂，常常忽略不计，剪应力主要由腹板承担。“工”字形截面的翼缘主要承担弯矩，如图 1.3.18 和图 1.3.19 所示。

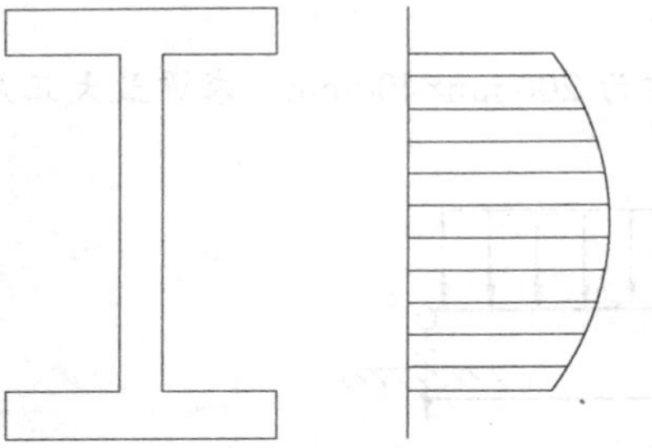
图 1.3.18　工字形截面剪应力分布示意图

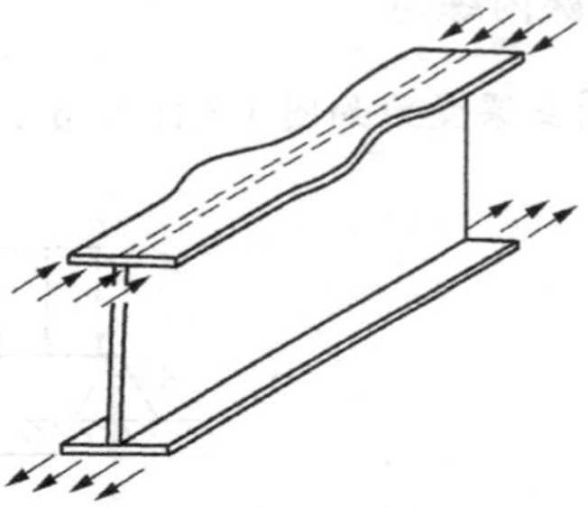
图 1.3.19　翼缘承受弯矩示意图

课内练习

一工字形截面梁如图 1.3.20 所示，其图中 A、B、C 处剪应力从小到大如何排列？

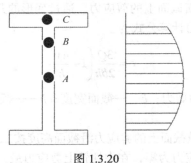

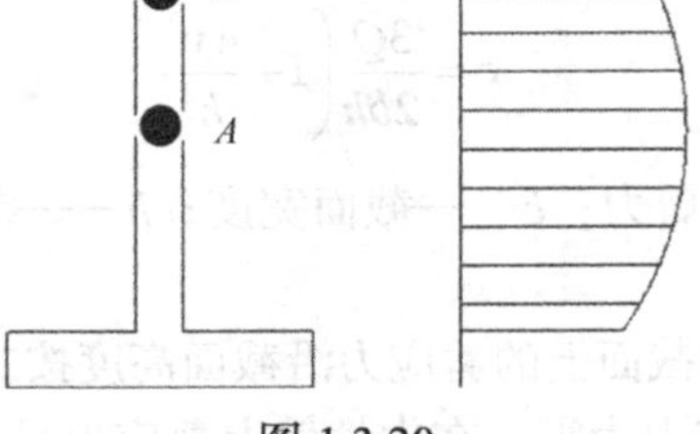

图 1.3.20

1.4　受 扭 构 件

一、受扭构件的受力特点和变形特点

扭转变形是杆件的基本变形之一，是由一对大小相等、方向相反、作用在垂直于杆件轴线平面内的两个外力偶所引起，在外力偶作用下，横截面绕轴线转动。受扭构件的受力特征和变形特点如图 1.4.1 和图 1.4.2 所示。工程中遇到以扭转为主的杆件很多，如机器的传动轴、钻杆、雨篷梁和边梁等都是受扭构件的实例，如图 1.4.3 所示。

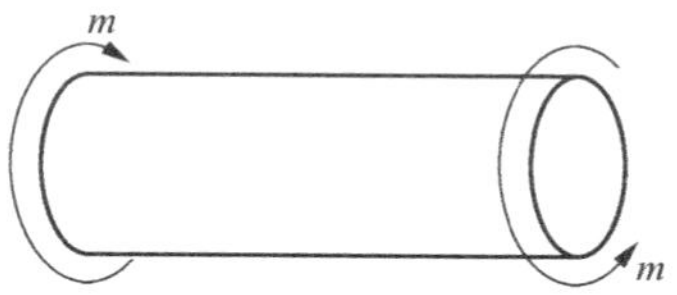

图 1.4.1　受扭构件的受力特征

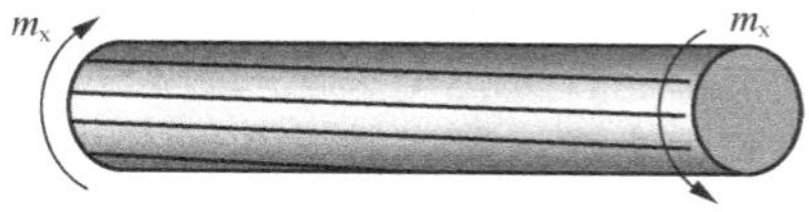

图 1.4.2　受扭构件的变形特点

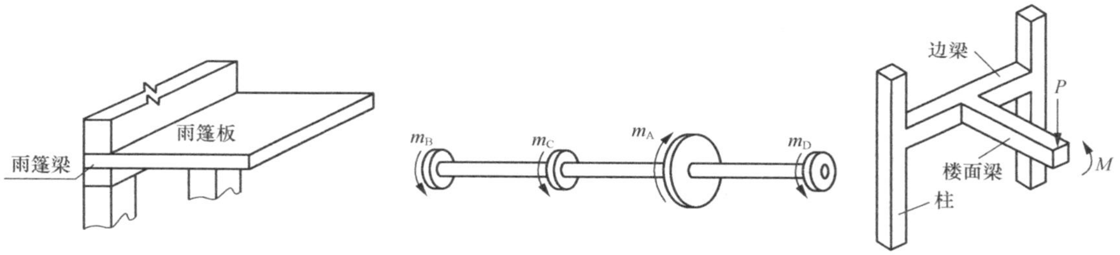

（a）雨篷梁　（b）传动轴　（c）边梁

图 1.4.3　常见受扭构件

二、圆形与非圆形截面受扭构件截面上的应力分布

实验证明，圆轴扭转时横截面上内力为力偶，如图 1.4.4 所示。力偶是由大小相等、方向相反的切应力组成，且任意一点应力的方向与半径垂直，距离圆心越远应力值也越大，如图 1.4.5 所示。

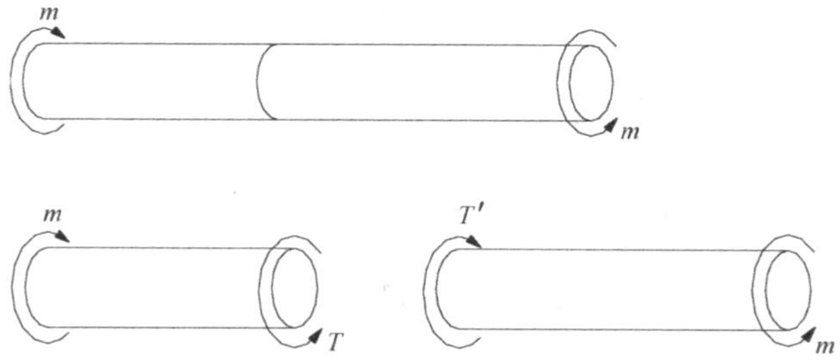

图 1.4.4　圆形截面受扭构件截面上内力

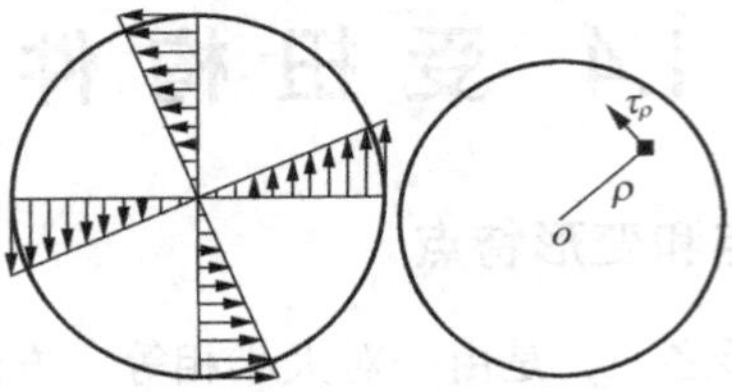

图 1.4.5　圆形截面受扭构件截面上应力

非圆形截面杆的扭转要复杂得多。工程中梁一般为矩形截面，矩形截面梁扭转变形及截面上应力分布如图 1.4.6 所示。在横截面的边缘上各点的剪应力均与周边平行，且截面的 4 个角点上剪应力均为零。最大剪应力发生在长边中点处。

混凝土是一种抗压不抗拉的材料，混凝土梁在受扭时，虽然横截面上应力是切应力，但是该截面拉应力为零，所以其破坏形态并不是横截面上剪切破坏，切应力分量在斜截面上形成拉应力，而与横截面呈 45° 角的斜截面上拉应力最大，所以受扭混凝土梁的破坏形态为 45° 角斜截面受拉破坏，如图 1.4.7 所示。

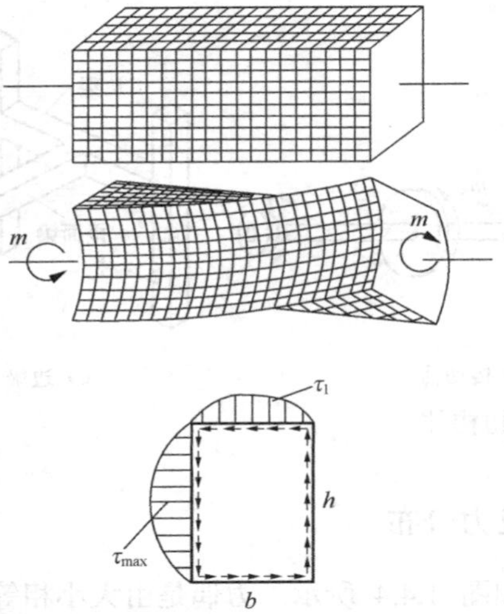

图 1.4.6　矩形截面受扭构件及应力分布

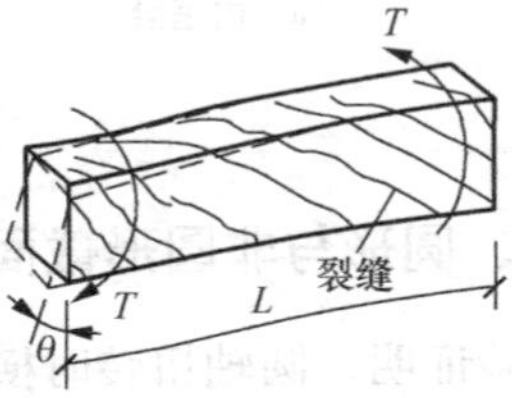

图 1.4.7　受扭构件裂缝分布

1.5 压杆稳定

构件的承载能力体现在 3 个方面：强度、刚度和稳定性。强度指材料或构件在外力作用下抵抗破坏的能力。刚度是指材料或结构在受力时抵抗弹性变形的能力。稳定性指受压杆件在受压力时保持其原有平衡状态的能力。

一、压杆的破坏模式——强度破坏与失稳破坏

前面研究轴向压力的直杆时，认为发生受压破坏是由于材料强度不够造成的，即杆件横截面上的正应力达到材料的极限应力时，压杆就发生破坏。实验表明，这种现象对于短而粗的杆

是正确的，但对于细长压杆，在轴向压力作用下，杆内的应力在远没达到材料的极限应力时，就发生突然弯曲而破坏，这种现象称为压杆丧失稳定性。可见，引起细长压杆破坏的主要因素是压杆丧失了稳定性，因此研究细长压杆的稳定性就更为重要。

二、压杆的临界压力

图 1.5.1 所示为两端铰支的细长压杆，当轴向力 F 小于某一临界值 F_{cr} 时，杆在力 F 作用下将保持其原有的平衡状态。这时，给杆件加一个横向干扰力使其微弯，当撤掉横向干扰力后，压杆仍能回复到原来的直线状态。当轴向力 F 增大到大于某一临界值 F_{cr} 时，撤掉横向干扰力后，压杆不能恢复到原来的直线形式，而在一个曲线状态下平衡，这种压杆丧失原有平衡形式的现象称为丧失稳定性，简称失稳，如图 1.5.2 所示。

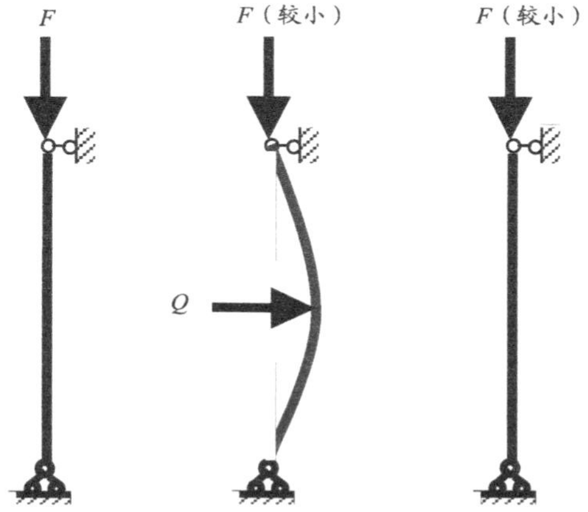

图 1.5.1　保持常态稳定

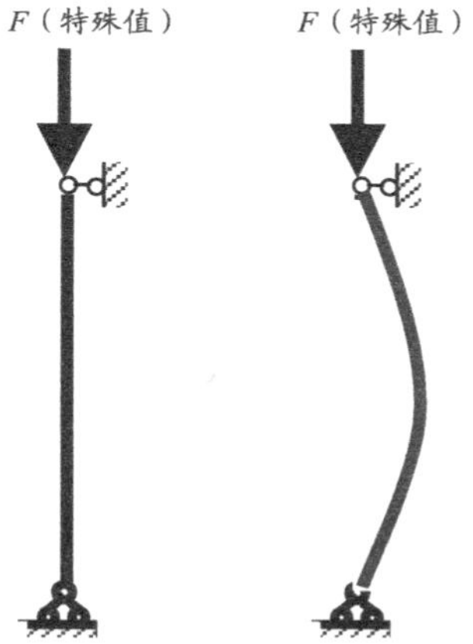

图 1.5.2　失稳

工程结构中的压杆如果失稳，往往引起严重的事故。例如 1907 年加拿大一座长 548m 的魁北克大桥，在施工时由于两根压杆失稳而引起倒塌，造成数十人死亡；1909 年，汉堡一个 60 万 m^3 的大储气罐由于支撑结构中的一根压杆失稳而倒塌。压杆的失稳破坏是突然发生的，必须防范在先。

图 1.5.3　建成后的魁北克桥

临界压力为轴向受压杆件轴向力 F 小于某一临界值 F_{cr}，杆在力 F 作用下将保持其原有的平衡形式。这个 F_{cr} 称为临界压力。瑞士科学家欧拉于 1774 年首先导出临界压力计算公式故又称为欧拉公式。

$$F_{cr}=\frac{\pi^2 EI}{(\mu l)^2}$$

式中：E——材料的弹性模量；I——截面惯性矩，对矩形截面为 $\frac{bh^3}{12}$，对圆形截面为 $\frac{\pi d^4}{64}$；μ——长度系数，取值如图 1.5.4 所示；l——压杆长度。

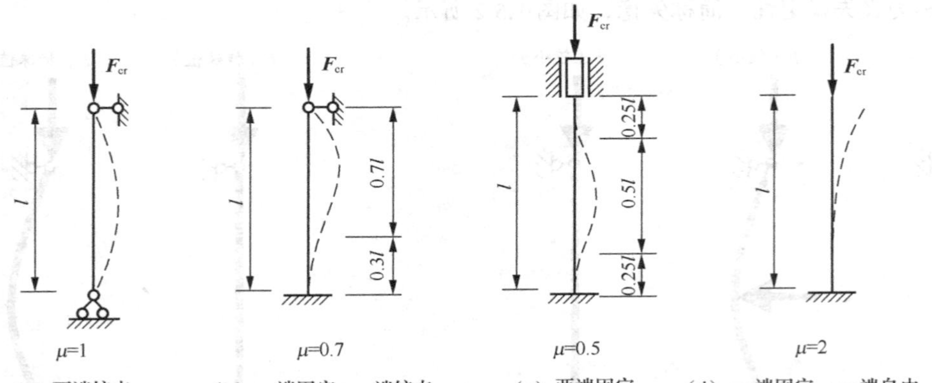

图 1.5.4　几种不同支撑下 μ 取值

课内练习

1. 物体受力如图 1.5.5 所示，材料及横截面均相同，哪一根最容易失稳，哪一根不容易失稳？

2. 一矩形截面的中心受压的细长木柱，长 l=8m，截面尺寸如图 1.5.6 所示，两端均为铰支，木材的弹性模量 E=10GPa，试求木柱的临界压力。

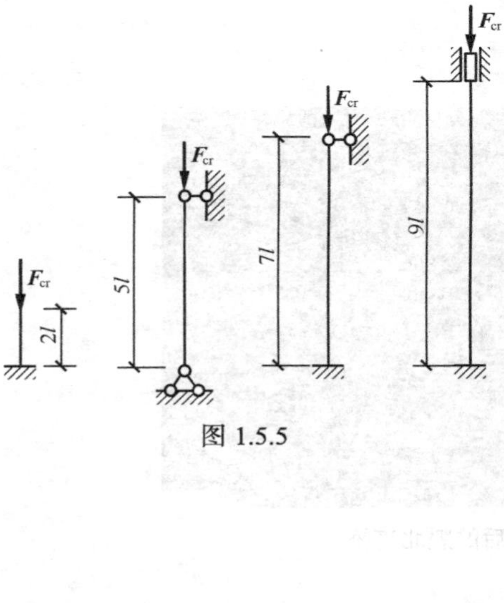

图 1.5.5

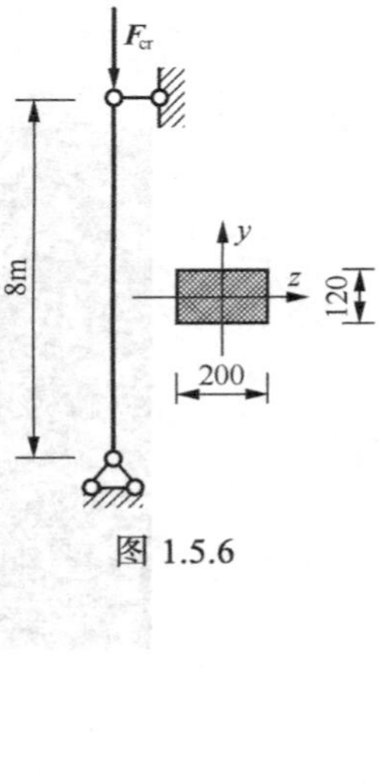

图 1.5.6

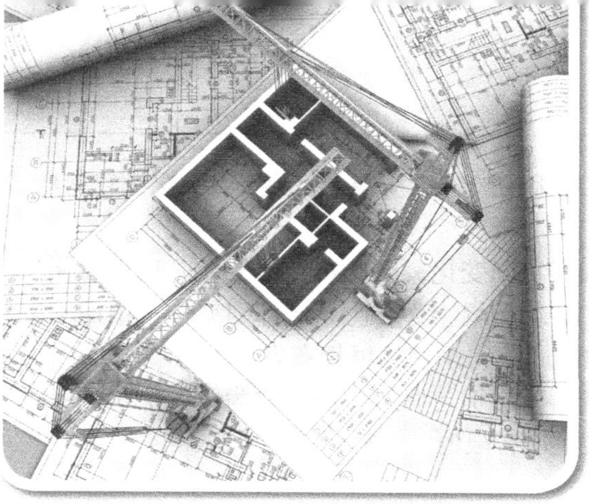

项目二

结构识图基本知识

2.1 建筑结构体系

建筑物的结构就是建筑物的骨架，常见建筑物按主要承重结构材料不同分为砌体结构、钢筋混凝土结构和钢结构。

一、砌体结构体系

砌体结构的主要承重构件是由块材（如普通黏土砖、硅酸盐砖、石材等）通过砂浆砌筑而成的结构。常见砌体结构的墙或柱由砌体砌筑而成，而楼盖和屋盖采用钢筋混凝土，俗称砖混结构。

砌体结构在我国应用很广泛，这是因为它可以就地取材，具有很好的耐久性及较好的化学稳定性和大气稳定性，有较好的保温隔热性能。较钢筋混凝土结构节约水泥和钢材，砌筑时不需模板及特殊的技术设备，可节约木材。砌体结构的缺点是自重大、体积大，砌筑工作繁重。由于砖、石、砌块和砂浆间粘结力较弱，因此无筋砌体的抗拉、抗弯及抗剪强度都很低。其基本的组成材料和连接方式，决定了它的脆性性质，从而使其遭受地震时破坏较重，抗震性能很差，因此对多层砌体结构的抗震设计需要采用构造柱、圈梁及其他拉结等构造措施以提高其延性和抗倒塌能力。因砌体系脆性材料，抗震能力差，所以砌体结构不能用于高层建筑，也不宜建造大空间的房屋，住宅楼最适合采用砖混结构，如图 2.1.1 所示。

有一种特殊的砌体结构叫底部框架砌体结构，底部框架砌体房屋主要指结构底层或底部两层采用钢筋混凝土框架——抗震墙的多层砌体房屋，如图 2.1.2 所示。

图 2.1.1　砌体结构住宅楼

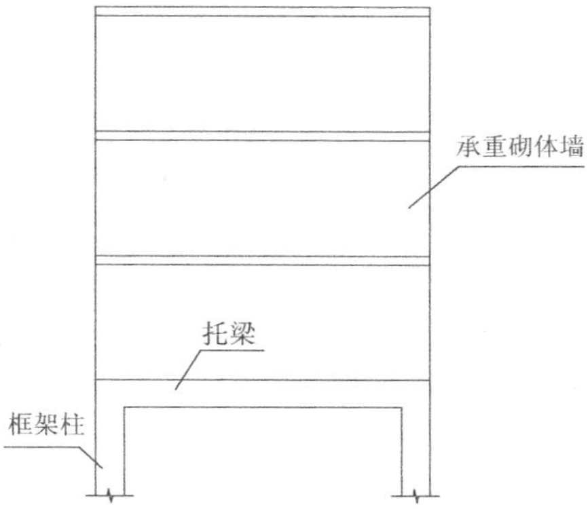

图 2.1.2　底部框架砌体结构

这类结构主要用于底部需要大空间，而上面各层采用较多纵横墙的房屋，如底层设置商店、餐厅的多层住宅、旅馆、办公楼等建筑。

这类建筑因底部刚度小，上部刚度大，竖向刚度急剧变化，因此抗震性能差。地震时往往在底部出现变形集中，产生过大侧移而严重破坏，甚至倒塌。为了防止底部因变形集中而发生严重震害，在抗震设计中必须在结构底部加设抗震墙，不得采用纯框架布置。

抗震墙的数量应根据第二层（底部为两层时选第三层）与底层（两层时为第二层）的纵横侧移刚度比值要求来确定。该类建筑的总高度和层数均有限值。

二、钢筋混凝土结构体系

由于混凝土的抗拉强度远低于抗压强度，因而素混凝土结构不能用于受拉应力的梁和板。如果在混凝土梁、板的受拉区内配置钢筋，则混凝土开裂后的拉力即可由钢筋承担，这样就可充分发挥混凝土抗压强度较高和钢筋抗拉强度较高的优势，共同抵抗外力的作用，提高混凝土梁、板的承载能力。

钢筋与混凝土两种不同性质的材料能有效地共同工作，这是由于混凝土硬化后与钢筋之间产生了粘结力。它由分子力（胶合力）、摩阻力和机械咬合力 3 部分组成。其中起决定性作用的是机械咬合力，约占总粘结力的一半。为保证钢筋与混凝土之间的可靠粘结和防止钢筋被锈蚀，钢筋周围必须具有 15 ~ 30mm 厚的混凝土保护层。若结构处于有侵蚀性介质的环境，保护层厚度还要加大。

钢筋混凝土结构的主要承重构件梁、板、柱、基础、承重墙全部采用钢筋混凝土制作。

常见钢筋混凝土结构有框架结构、抗震墙结构、框架—抗震墙结构、筒体结构、部分框支—抗震墙结构、板柱抗震墙结构等。

1. 框架结构

以梁和柱为主要承重构件组成的承受竖向和水平荷载作用的结构称为框架结构，如图 2.1.3 所示。其主要优点是建筑平面布置灵活，能够较大程度地满足建筑使用的要求。但框架结构的侧移刚度小，水平作用下抵抗变形的能力较差，在强震下结构顶点水平位移与层间相对水平位移都较大，所以在地震区的框架结构不宜太高。为了同时满足承载能力和侧移刚度的要求，柱子截面往往很大，很不经济，也减少了使用面积。

2. 抗震墙结构、框架—抗震墙结构、部分框支—抗震墙结构

抗震墙又名剪力墙，以钢筋混凝土墙体为主要承重构件组成的承受竖向和水平荷载的结构。

抗震墙结构承受竖向和水平荷载作用能力均较大，其特点是抗侧刚度大，即水平力作用下位移小，由于没有梁、柱等外露与凸出，便于房间内部布置，缺点是不能提供大空间。

剪力墙结构由于承受竖向力、水平力的能力均较大，侧向刚度大，因此可以建造比框架结构更高、更多层数的建筑，但仅限于以小房间为主的房屋，如住宅、宿舍、宾馆。

在框架结构中的适当部位增设一定数量的钢筋混凝土抗震墙，形成的框架和剪力墙结合在一起共同承受竖向和水平力的体系叫作框架—抗震墙体系，简称框—剪体系，如图 2.1.4 所示。它将框架和剪力墙这两种结构相互取长补短，既能提供较大、可较灵活布置的建筑空间，又具有良好的抗震性能。

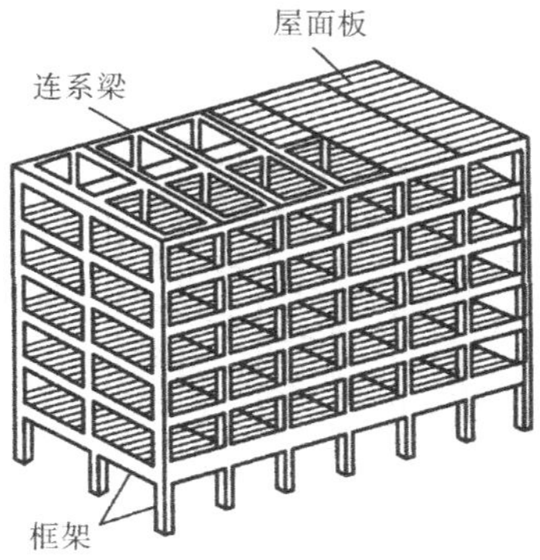

图 2.1.3　框架结构

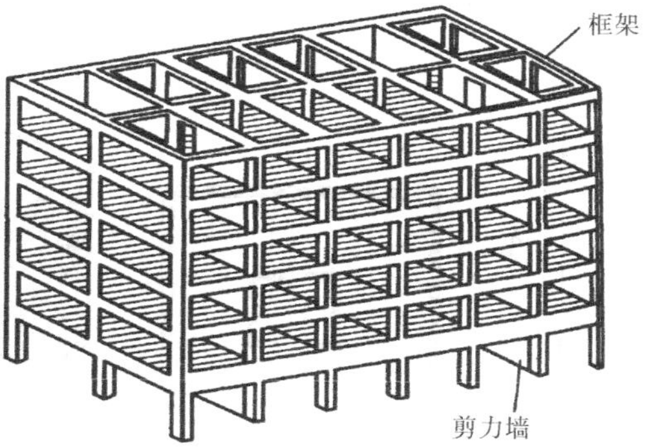

图 2.1.4　框架—抗震墙结构

框架—抗震墙结构的体系综合了框架结构和抗震墙结构的优点，其刚度和承载力比框架结构都大大提高，减小了框架结构在地震作用下的变形，使此种结构形式可用于较高的高层建筑。

当地下室或下部几层需要大空间时（如商场、停车场等），即形成部分框支—抗震墙结构，如图 2.1.5 所示。在框架—抗震墙结构和抗震墙结构两种不同结构的过渡层必须设置转换层。

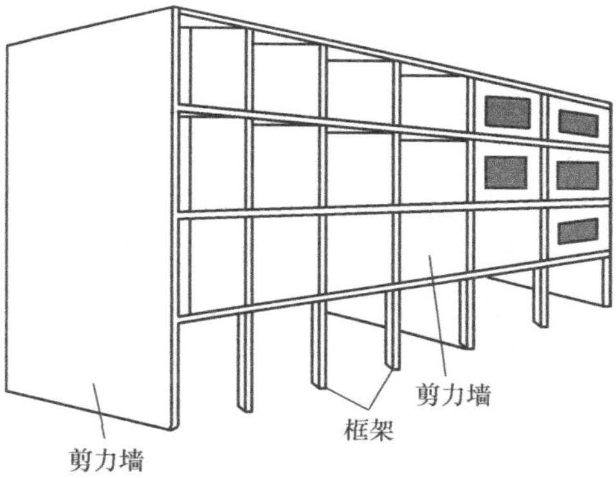

图 2.1.5　部分框支—抗震墙体系

3. 筒体结构

由筒体为主组成的承受竖向和水平作用的结构称为筒体结构体系。筒体是由若干片剪力墙围合而成的封闭式筒式结构，根据墙体开孔多少，筒体又分薄壁筒和密柱框架或壁式框架围成的框筒。

薄壁筒是实腹筒，一般由电梯井、楼梯间、管道井等形成，开孔少，因其常位于房屋中部，故又称核心筒。

将建筑物的外围钢筋混凝土做成一个大筒体，它具有很大的抗侧刚度，由于需要开窗，在墙体上形成了“梁”和“柱”，它的外形与框架相似，但梁的高度大，柱的间距小，形成密柱深梁组成的空腹筒结构，称之为框筒。

筒体体系可以布置成框筒结构、筒中筒结构、成束筒结构等形式，如图 2.1.6 所示。

筒体结构具有造型美观，受力合理，使用灵活以及整体性强等优点，适用于高层和超高层建筑，目前全世界最高的 100 栋高层建筑约三分之二采用筒体结构，国内百米以上的高层建筑一半以上采用筒体结构。位于美国芝加哥西尔斯大厦采用 39 个 30cm × 30cm 的框筒集束而成，大厦在 1974 年落成，超越纽约的世界贸易中心，成为当时世界上最高的建筑。

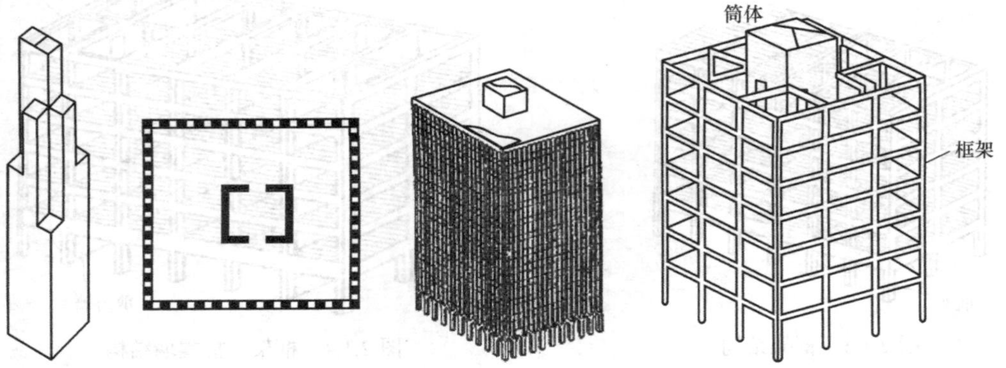

(a) 成束筒结构　(b) 筒中筒结构　(c) 框架—核心筒结构

图 2.1.6　筒体结构

2.2　建筑结构材料

一、混凝土

混凝土抗压强度包括如下两种类型：混凝土立方体抗压强度（f_{cu}）和混凝土轴心抗压强度（f_c）。混凝土立方体抗压强度（f_{cu}）是按国家标准《普通混凝土力学性能试验方法标准》（GB/T50081—2002），制作边长为 150mm 的立方体试件，在标准条件（温度 20℃±2℃，相对湿度 95%以上）下，养护到 28d 后测得的抗压强度。混凝土的轴心抗压强度（f_c）是采用 150mm×150mm×300mm 棱柱体作为标准试件所测得的抗压强度。其主要区别如下。

（1）试件尺寸不一样，立方体抗压强度采用的是边长为 150mm 的立方体试件，轴心抗压强度采用的试件规格则为 150mm×150mm×300mm 棱柱体。

（2）强度值不同，对于同一种配比的混凝土，立方体抗压强度大于轴心抗压强度。

（3）具体的应用不同，相对而言，轴心抗压强度更加符合工程实际。

混凝土轴心抗压、轴心抗拉强度设计值 f_c、f_t 应以表 2.2.1 所示为准。

表 2.2.1　混凝土强度设计值　（N/mm²）

强度种类	混凝土强度等级													
	C15	C20	C25	C30	C35	C40	C45	C50	C55	C60	C65	C70	C75	C80
f_c	7.2	9.6	11.9	14.3	16.7	19.1	21.1	23.1	25.3	27.5	29.7	31.8	33.8	35.9
f_t	0.91	1.10	1.27	1.43	1.57	1.71	1.80	1.89	1.96	2.04	2.09	2.14	2.18	2.22

《混凝土结构设计规范》（GB50010—2010）规定：素混凝土结构的混凝土强度等级不应低于 C15；钢筋混凝土结构的混凝土强度等级不应低于 C20；采用强度等级 400MPa 及以上的钢筋时，混凝土强度等级不应低于 C25；预应力混凝土结构的混凝土强度等级不宜低于 C40，且不应低于 C30。

二、钢筋

一般来说，混凝土中配置钢筋主要有以下几个作用。

（1）抗拉。混凝土的特点是抗压不抗拉。结构设计一般不考虑混凝土的抗拉强度，构件全部拉力由钢筋承担。如梁下部纵向受力筋、负弯矩筋、板的受力筋。

（2）协助混凝土抗压。当混凝土的抗压强度不足时钢筋也可以帮助混凝土抗压，如双筋截面梁的受压钢筋。

（3）防止混凝土收缩裂缝以及温度裂缝。如梁的腰筋，板的分布筋。

（4）形成钢筋骨架。如简支梁的架立筋。

（5）恰当的配筋使构件有一定的延性，破坏前有明显的位移和预告，防止突然脆性破坏。

普通混凝土结构用钢筋按照外形不同分为光圆钢筋和带肋钢筋两种类型。按强度等级及外形不同，普通钢筋混凝土结构用钢筋分为 HPB300、HRB335、HRBF335、HRB400、HRBF400、RRB400、HRB500、HRBF500 共 8 种类型。在结构施工图中，为了区别各种钢筋，每一种钢筋用一个符号来表示，各钢筋代号及强度标准值如表 2.2.2 所示。

表 2.2.2　　　　普通钢筋代号及强度标准值

牌号	符号	公称直径 d（mm）	屈服强度标准值 f_{yk}（N/mm^2）	极限强度标准值 f_{stk}（N/mm^2）
HPB300	ϕ	6 ~ 22	300	420
HRB335 HRBF335	Φ Φ^F	6 ~ 50	335	455
HRB400 HRBF400 RRB400	Φ Φ^F Φ^R	6 ~ 50	400	540
HRB500 HRBF500	Φ Φ^F	6 ~ 50	500	630

注：HPB 为热轧光圆钢筋；HRB 为热轧带肋钢筋；HRBF 为细晶粒热轧带肋钢筋；RRB 为余热处理带肋钢筋。余热处理钢筋由轧制钢筋经高温淬水、余热处理后提高强度。其延性、可焊性、机械连接性能及施工适应性降低，一般可用于对变形性能及加工性能要求不高的构件中，如基础、大体积混凝土、楼板、墙体以及次要的中小结构构件等。

《混凝土结构设计规范》GB50010—2010 规定，混凝土结构钢筋应按下列规定选用。

（1）纵向受力普通钢筋宜采用 HRB400、HRB500、HRBF400、HRBF500 钢筋，也可采用 HPB300、HRB335、HRBF335、RRB400 钢筋。

（2）梁、柱纵向受力普通钢筋应采用 HRB400、HRB500、HRBF400、HRBF500 钢筋。

（3）箍筋宜采用 HRB400、HRBF400、HPB300、HRB500、HRBF500 钢筋，也可采用 HRB335、HRBF335 钢筋。

课内练习

判断下列各题对错。

1. 某基础垫层的混凝土强度等级为 C15。（　　）
2. 某钢筋混凝土梁的混凝土等级为 C15。（　　）
3. 某框架柱纵筋为 HRB400，采用 C20 混凝土。（　　）
4. 某现浇板的纵向受力钢筋采用 HPB300。（　　）
5. 某钢筋混凝土梁纵向受力钢筋采用 HPB300。（　　）

2.3 保 护 层

一、作用

为了保证钢筋在混凝土内部不被侵蚀，保证钢筋与混凝土之间的粘结力，钢筋混凝土构件必须设置保护层。

二、定义

钢筋的混凝土保护层指最外层钢筋外边缘到构件表面的垂直距离，如图 2.3.1 所示。

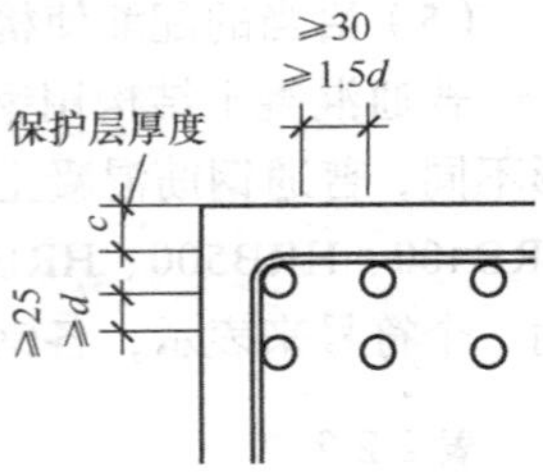

图 2.3.1　保护层

三、取值

影响保护层的因素有 4 个，分别是环境类别、构件类型、混凝土强度等级、结构设计年限。混凝土保护层最小厚度应符合表 2.3.1 所列规定。混凝土结构环境类别见表 2.3.2。

表 2.3.1　　混凝土保护层最小厚度　　（mm）

环境类别	板、墙	梁、柱
一	15	20
二 a	20	25
二 b	25	35
三 a	30	40
三 b	40	50

注：① 构件中受力钢筋的保护层厚度不应小于钢筋的公称直径。
② 设计使用年限为 100 年的混凝土结构，一类环境中，最外层钢筋的保护层厚度不应小于表中数值的 1.4 倍；二三类环境中应采取专门的有效措施（环境类别如表 2.3.2 所示）。
③ 混凝土强度等级不大于 C25 时，表中保护层厚度数值应增加 5。
④ 基础底面钢筋的保护层厚度，有混凝土垫层时，应从垫层顶面算起，且不应小于 40mm。

表 2.3.2　　混凝土结构环境类别

环境类别	条　件
一	室内干燥环境 无侵蚀性静水浸没环境
二 a	室内潮湿环境 非严寒和非寒冷地区的露天环境 非严寒和非寒冷地区与无侵蚀性的水或土壤直接接触的环境 严寒和寒冷地区的冰冻线以下与无侵蚀性的水或土壤直接接触的环境
二 b	干湿交替环境 水位频繁变动环境 严寒和寒冷地区的露天环境 严寒和寒冷地区冰冻线以上与无侵蚀性的水或土壤直接接触的环境

（续表）

环境类别	条　　件
三 a	严寒和寒冷地区冬季水位变动区环境 受除冰盐影响环境 海风环境
三 b	盐渍土环境 受除冰盐作用环境 海岸环境
四	海水环境
五	受人为或自然的侵蚀性物质影响的环境

课内练习

1. 某工程结构设计说明关于环境类别、保护层最小厚度、混凝土强度等级规定如表 2.3.3 所示，已知结构设计使用年限为 50 年，回答下列问题。

（1）基础的保护层最小厚度是多少？

（2）一层柱保护层最小厚度是多少？

（3）三层柱保护层最小厚度是多少？

（4）楼屋盖梁的保护层最小厚度是多少？

表 2.3.3

<table>
<tr><th>环境类别</th><th colspan="3">混凝土强度等级</th></tr>
<tr><td rowspan="4">处于二（b）类环境部分：基础；
处于二（a）类环境部分：厨房、卫生间；
其余部分处于一类环境。</td><td rowspan="3">所有项目</td><td>基础垫层</td><td>C15</td></tr>
<tr><td>基础</td><td>C30</td></tr>
<tr><td>梁、板、楼梯、柱</td><td>C25</td></tr>
<tr><td colspan="3">注：柱混凝土强度等级二层以下为 C30。</td></tr>
<tr><th colspan="4">保护层最小厚度</th></tr>
</table>

<table>
<tr><th colspan="2">环境类别</th><th>板、墙、壳</th><th>梁、柱、杆</th></tr>
<tr><td colspan="2">一</td><td>15</td><td>20</td></tr>
<tr><td rowspan="2">二</td><td>a</td><td>20</td><td>25</td></tr>
<tr><td>b</td><td>25</td><td>35</td></tr>
</table>

注：① 混凝土强度等级不大于 C25 时，表中保护层厚度数值应增加 5mm。

② 基础底面钢筋保护层厚度从垫层顶面算起不应小于 40mm。

2. 某工程结构设计说明关于环境类别、混凝土保护层的取值规定如表 2.3.4 所示，已知结构设计使用年限为 50 年，回答下列问题。

（1）挑檐板钢筋的混凝土保护层厚度是多少？

（2）基础梁的混凝土保护层厚度是多少？

（3）基础的混凝土保护层厚度是多少？

（4）厨房、卫生间楼板的混凝土保护层厚度是多少？

（5）柱（埋在土中部分）混凝土保护层厚度是多少？

表 2.3.4

环境类别
处于二（a）类环境部分：厨房、卫生间； 处于二（b）类环境部分：基础、与土壤直接接触的构件、挑檐； 其余部分处于一类环境

钢筋的混凝土保护层（最外层钢筋外边缘至混凝土外边缘）厚度

环境类别	板	梁、柱	基础
一	20	25	
二（a）	25	30	
二（b）	30	40	40

注：各部分主筋混凝土保护层厚度同时应满足不小于钢筋直径的要求。

2.4 钢筋的锚固

一、定义

锚固长度指钢筋伸入支座内长度，如图 2.4.1 所示，目的是防止钢筋被拔出。

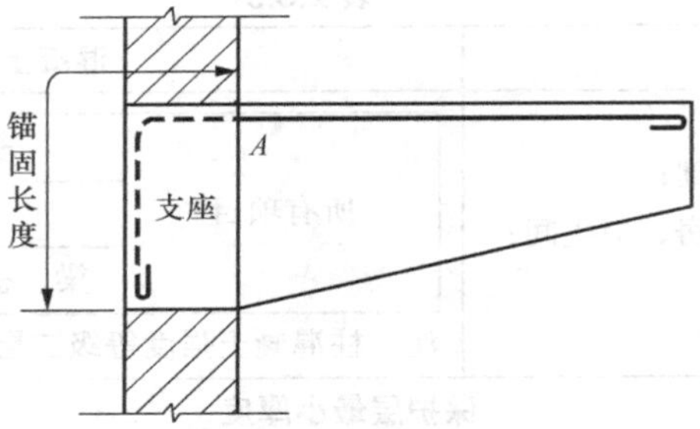

图 2.4.1 钢筋锚固长度

二、取值

11G101 图集对受拉钢筋的基本锚固长度 l_{ab} 和抗震基本锚固长度 l_{abE} 的规定如表 2.4.1 所示。

表 2.4.1 受拉钢筋的基本锚固长度 l_{ab} 和抗震基本锚固长度 l_{abE}

钢筋种类	抗震等级	混凝土强度等级								
		C20	C25	C30	C35	C40	C45	C50	C55	≥C60
HPB300	一、二级（l_{abE}）	45*d*	39*d*	35*d*	32*d*	29*d*	28*d*	26*d*	25*d*	24*d*
	三级（l_{abE}）	41*d*	36*d*	32*d*	29*d*	26*d*	25*d*	24*d*	23*d*	22*d*
	四级（l_{abE}） 非抗震（l_{ab}）	39*d*	34*d*	30*d*	28*d*	25*d*	24*d*	23*d*	22*d*	21*d*
HRB335 HRBF335	一、二级（l_{abE}）	44*d*	38*d*	33*d*	31*d*	29*d*	26*d*	25*d*	24*d*	24*d*
	三级（l_{abE}）	40*d*	35*d*	31*d*	28*d*	26*d*	24*d*	23*d*	22*d*	22*d*

（续表）

钢筋种类	抗震等级	混凝土强度等级								
		C20	C25	C30	C35	C40	C45	C50	C55	≥C60
HRB335 HRBF335	四级（l_{abE}） 非抗震（l_{ab}）	38d	33d	29d	27d	25d	23d	22d	21d	21d
HRB400 HRBF400 RRB400	一、二级（l_{abE}）	—	46d	40d	37d	33d	32d	31d	30d	29d
	三级（l_{abE}）	—	42d	37d	34d	30d	29d	28d	27d	26d
	四级（l_{abE}） 非抗震（l_{ab}）	—	40d	35d	32d	29d	28d	27d	26d	25d
HRB500 HRBF500	一、二级（l_{abE}）	—	55d	49d	45d	41d	39d	37d	36d	35d
	三级（l_{abE}）	—	50d	45d	41d	38d	36d	34d	33d	32d
	四级（l_{abE}） 非抗震（l_{ab}）	—	48d	43d	39d	36d	34d	32d	31d	30d

锚固长度 l_a 和抗震锚固长度 l_{aE} 值的确定需要通过查表并计算得到。计算公式如表 2.4.2 所示。

表 2.4.2　　受拉钢筋的锚固长度 l_a、抗震锚固长度 l_{aE}

<table>
<tr><th colspan="3">受拉钢筋的锚固长度 l_a、抗震锚固长度 l_{aE}</th><th colspan="3">受拉钢筋锚固长度修正系数</th></tr>
<tr><td>非抗震</td><td>抗震</td><td rowspan="6">1. 不应该小于 200mm
2. 锚固长度修正系数取 ζ_a，正常情况下取值 1.0，其他情况按本表取用，当多于一项时，可按连乘计算，但不应该小于 0.6
3. ζ_{aE} 为抗震锚固长度修正系数，对一、二级抗震等级取 1.15，对三级抗震等级取 1.05，对四级抗震等级取 1.00</td><td colspan="2">锚固条件</td><td>ζ_a</td></tr>
<tr><td rowspan="5">$l_a=\zeta_a l_{ab}$</td><td rowspan="5">$l_{aE}=\zeta_{aE} l_a$</td><td colspan="2">带肋钢筋的公称直径大于 25mm</td><td>1.10</td></tr>
<tr><td colspan="2">环氧树脂涂层带肋钢筋</td><td>1.25</td></tr>
<tr><td colspan="2">施工过程中易收扰动钢筋</td><td>1.10</td></tr>
<tr><td rowspan="2">锚固区保护层厚度</td><td>3d</td><td>0.8</td></tr>
<tr><td>5d</td><td>0.7</td></tr>
</table>

注：① HPB300 级钢筋末端应做 180° 弯钩，弯后平直段长度不应小于 3d，但作为受压钢筋时可不做弯钩。

② 当锚固钢筋的保护层厚度不大于 5d 时，锚固钢筋长度范围内应设置横向构造钢筋，其直径不应小于 d/4（d 为锚固钢筋的最大直径）；对梁、柱等构件间距不应大于 5d，对板、墙等构件间距不应大于 10d，且均不应大于 100mm（d 为锚固钢筋的最小直径）。

课内练习

1. 某钢筋混凝土框架梁，抗震等级二级，梁钢筋牌号 HRB400，钢筋直径 d=20mm，混凝土强度等级 C35，求 l_{aE}，如图 2.4.2 所示。

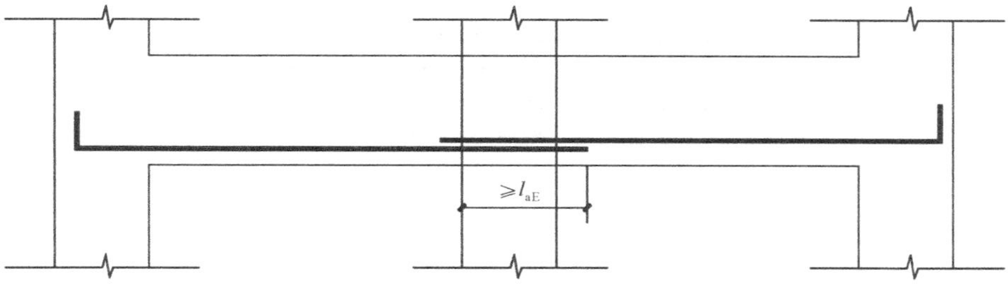

图 2.4.2　某钢筋混凝土框架梁平面图

2. 某钢筋混凝土框架梁，抗震等级三级，梁钢筋直径 d=25mm，牌号 HRB400，混凝土强度等级 C30。根据 11G101–1 图集，框架梁纵筋在边支座可能直锚，也可能弯锚。若柱相应方向截面尺寸 h_c–柱保护层 $c \geqslant \max\{l_{aE}，0.5h_c+5d\}$，直锚；反之弯锚，如图 2.4.3 所示。已知柱截面尺寸 h_c=600mm，柱保护层 c=25mm，请问梁纵筋在该节点是直锚还是弯锚？

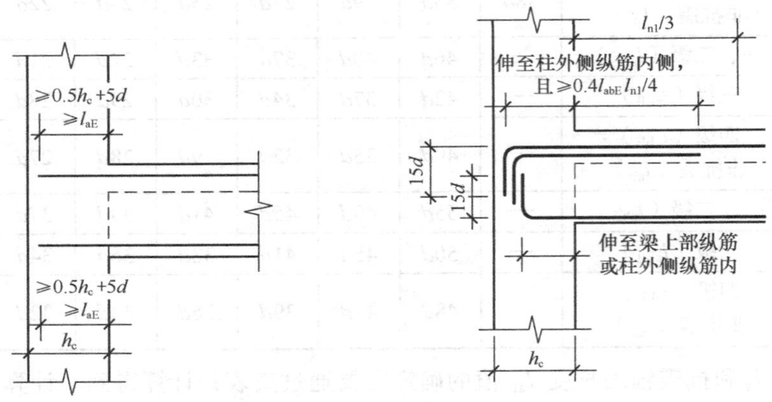

（a）端支座直锚　　　　（b）端支座弯锚

图 2.4.3　端支座直锚与端支座弯锚示意图

2.5　钢筋的连接

在施工过程中，当构件的钢筋不够长时（钢筋出厂长度一般是 9m），需对钢筋进行连接。钢筋的连接方式可分为 3 类：绑扎搭接、机械连接或焊接。由于钢筋通过连接接头传力总不如整体钢筋可靠，所以钢筋的连接的原则是：接头宜设置在受力较小处，同一纵向受力钢筋不宜设置两个或两个以上接头，同一构件中相邻纵向受力钢筋的连接接头宜相互错开。

为了保证钢筋受力可靠，对钢筋连接接头范围和接头加工质量有如下规定。

（1）当受拉构件直径>25mm，及受压钢筋直径>28mm 时，不宜采用绑扎搭接。

（2）轴心受拉及小偏心受拉构件中纵向受力钢筋不应采用绑扎搭接。

（3）纵向受力钢筋连接位置宜避开梁端、柱端箍筋加密区。如必须在此连接时，应采用机械连接或焊接。

一、绑扎搭接

1. 搭接长度

钢筋搭接要有一定的长度才能传递粘结力，这个长度称为搭接长度，如图 2.5.1 所示。纵向受拉钢筋的绑扎搭接长度应按表 2.5.1 计算。

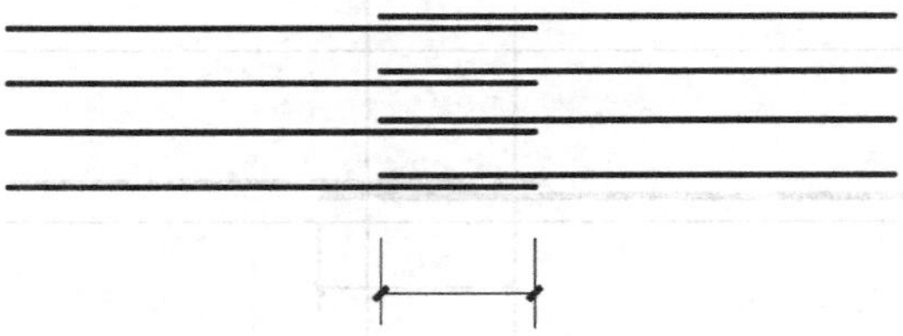

图 2.5.1　钢筋搭接长度示意

表 2.5.1　　纵向受拉钢筋绑扎搭接长度 l_l、l_{lE}

<table>
<tr><td colspan="4">纵向受拉钢筋绑扎搭接长度 l_l、l_{lE}</td><td rowspan="6">1. 当直径不同的钢筋搭接时，l_l、l_{lE} 按直径较小的钢筋计算
2. 任何情况下不应小于 300mm
3. 式中 ζ_l 为纵向受拉钢筋的搭接长度修正系数，当纵向钢筋搭接接头百分率为表的中间值时，可按内插取值</td></tr>
<tr><td colspan="2">抗震</td><td colspan="2">非抗震</td></tr>
<tr><td colspan="2">$l_{lE}=\zeta_l l_{aE}$</td><td colspan="2">$l_l=\zeta_l l_a$</td></tr>
<tr><td colspan="4">纵向受拉钢筋搭接长度修正系数 ζ_l</td></tr>
<tr><td>纵向钢筋搭接接头面积百分率（%）</td><td>≤25</td><td>50</td><td>100</td></tr>
<tr><td>ζ_l</td><td>1.2</td><td>1.4</td><td>1.6</td></tr>
</table>

表中，l_l 为非抗震构件的搭接长度，如板、基础、非框架梁等。l_{lE} 为抗震构件的搭接长度，如有抗震设防建筑的框架柱、框架梁、剪力墙等。

2. 接头面积百分率

纵向钢筋搭接接头面积百分率为某一区段接头钢筋截面面积与纵向钢筋总截面面积的比值。常见连接百分率有 100%、50%、25%等，如图 2.5.2 所示。

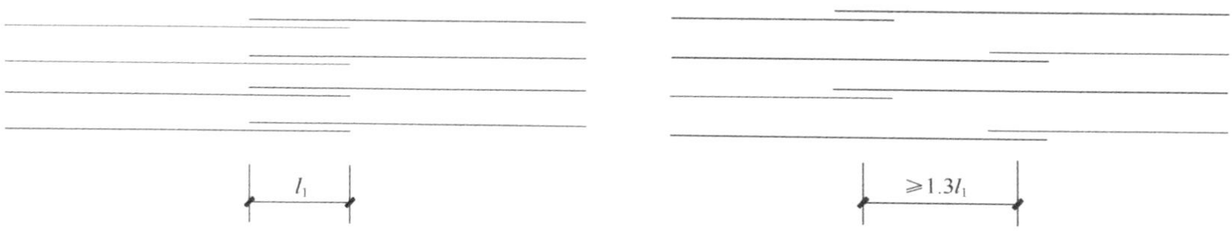

(a) 100%（直径相同）　　(b) 50%（直径相同）

图 2.5.2　搭接百分率示意

3. 连接区段

绑扎搭接连接区段长度为 $1.3l_l$，如果钢筋的绑扎搭接接头中心距小于 $1.3\ l_l$，则认为钢筋在同一区段连接。

课内练习

某钢筋混凝土框架柱纵筋采用搭接连接，直径为 20mm 纵筋与直径为 20m 纵筋搭接，抗震等级为三级，采用 HRB400，混凝土强度等级 C30，按受拉钢筋计算，搭接示意图如图 2.5.3 所示，求搭接长度。若改为直径 20mm 与直径 14mm 钢筋搭接，搭接长度有没有变化？

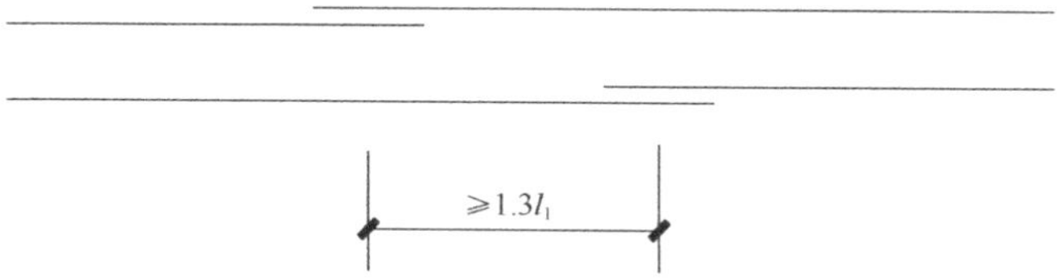

图 2.5.3　柱纵筋搭接示意图

当构件中的纵向受压钢筋采用搭接连接时，其受压搭接长度不应小于纵向受拉钢筋搭接长度的 70%，且不应小于 200mm。

位于同一连接区段内的受拉钢筋搭接接头百分率：对梁类、板类、墙类构件，不宜大于 25%；对柱类构件不宜大于 50%；当工程中确有必要增大受拉钢筋搭接接头百分率时，对梁类构件，不宜大于 50%。

另外，梁、柱类构件纵向受力钢筋搭接长度范围内箍筋应加密，具体要求详见 3.1.5 节案例二。

二、机械连接或焊接

纵向受力钢筋的机械连接接头宜相互错开。钢筋机械连接区段的长度为 35d，d 为连接钢筋的较小直径。凡接头中点位于该连接区段长度内的机械连接接头均属于同一连接区段。

位于同一连接区段内的纵向受拉钢筋接头面积百分率不宜大于 50%；但对板、墙、柱及预制构件的拼接处，可根据实际情况放宽。纵向受压钢筋的接头百分率可不受限制。

细晶粒热轧带肋钢筋以及直径大于 28mm 的带肋钢筋，其焊接应经试验确定；余热处理钢筋不宜焊接。

纵向受力钢筋的焊接接头应相互错开。钢筋焊接接头连接区段的长度为 35d 且不小于 500mm，d 为连接钢筋的较小直径，凡接头中点位于该连接区段长度内的焊接接头均属于同一连接区段。

纵向受拉钢筋的接头面积百分率不宜大于 50%，但对预制构件的拼接处，可根据实际情况放宽。纵向受压钢筋的接头百分率可不做限制。

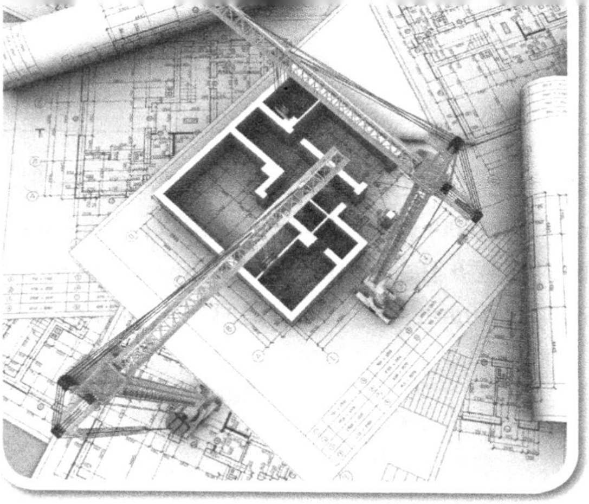

项目三

框架结构

以梁和柱为主要承重构件组成的承受竖向和水平作用的结构称为框架结构。优点是建筑平面布置灵活，能够较大程度地满足建筑使用的要求。缺点是水平作用下抵抗变形的能力较差；为了同时满足承载能力和侧移刚度的要求，柱子截面往往很大，很不经济，也减少了使用面积；地震区的框架结构不宜太高。

框架结构的五大受力构件是梁、板、柱、基础和楼梯。

3.1 梁

3.1.1 基本知识

截面上有弯矩和剪力，而轴力可以忽略不计的构件称为受弯构件。梁和板是建筑工程中典型的受弯构件，也是应用最广泛的构件。二者的区别在于，梁的截面高度一般大于截面宽度，而板的截面高度则远小于截面宽度。

梁的截面形式主要有矩形、T 形、I 形、花篮形、倒 L 形等，如图 3.1.1 所示，其中矩形截面由于构造简单、施工方便而被广泛应用。T 形截面虽然构造较矩形截面复杂，但受力合理，因而应用也较多。

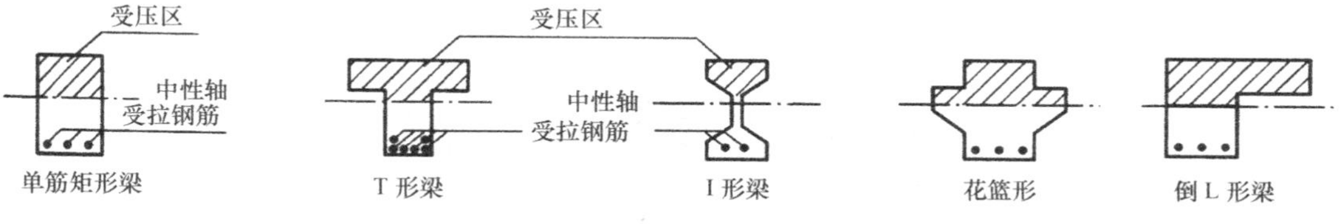

图 3.1.1　梁截面形式

受弯构件必须满足承载能力极限状态和正常使用极限状态（刚度和裂缝）的要求，工程设计时一般先按正常使用极限状态初选截面尺寸，再按承载能力极限状态配筋计算，最后进行裂缝宽度验算。

一、高跨比及截面尺寸的确定

梁的截面尺寸应根据设计计算确定。《高层建筑混凝土结构技术规程》规定：框架主梁的截面高度一般在计算跨度的 1/10 ~ 1/18 之间，梁净跨与截面高度之比不宜小于 4，梁的截面宽度不宜小于截面高度的 1/4，也不宜小于 200mm。

梁的截面尺寸还应满足模数要求，以利于模板定型化。按模数要求，梁的截面高度 h 一般可取 250mm、300mm、…、800mm、900mm、1000mm 等。$h\leqslant800$mm 时以 50mm 为模数，$h>800$mm 时以 100mm 为模数。矩形梁的截面宽度和 T 形截面的肋宽 b 宜采用 100mm、120mm、150mm、180mm、200mm、220mm、250mm 等，大于 250mm 时以 50mm 为模数。梁适宜的截面高宽比，矩形截面为 2 ~ 3.5，T 形截面为 2.5 ~ 4。

二、分类

1. 按纵向受拉钢筋配筋率分类

梁按照纵向受拉钢筋配筋率不同分为适筋梁、少筋梁和超筋梁。

少筋梁的破坏特征：由于受拉钢筋配置较少，受拉区混凝土一裂即坏，钢筋屈服甚至被拉断，破坏时，裂缝数量少，一旦开裂，裂缝宽度和高度迅速发展。少筋破坏属于脆性破坏，破坏前无明显预兆。少筋梁破坏特征如图 3.1.2（a）所示。

适筋梁的破坏特征：当受拉钢筋用量适宜时，受拉区混凝土开裂，随着荷载的增加，钢筋屈服，荷载进一步增加，受压区混凝土压碎破坏。这种梁在破坏前，钢筋经历着较大的塑性伸长，从而引起构件较明显的变形和裂缝开展过程，其破坏过程比较缓慢，破坏前有明显的预兆，为塑性破坏。适筋梁因其材料强度能得到充分发挥，受力合理，破坏前有预兆，所以实际工程中应把钢筋混凝土梁设计成适筋梁。适筋梁破坏特征如图 3.1.2（b）所示。

超筋梁破坏的特征：由于钢筋用量较多，钢筋还没有屈服，受压区的混凝土已被压碎而破坏，破坏时，裂缝数量多但宽度小。由于破坏始于受压区混凝土，破坏前无预兆，属于脆性破坏。超筋梁破坏特征如图 3.1.2（c）所示。

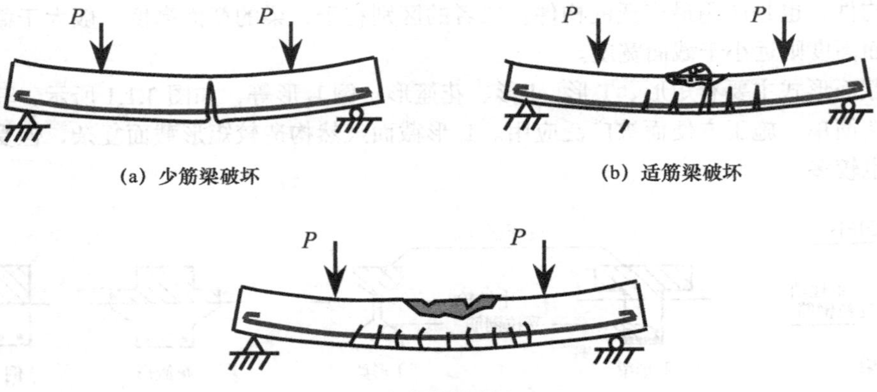

(a) 少筋梁破坏　(b) 适筋梁破坏

(c) 超筋梁破坏

图 3.1.2　少筋梁、适筋梁和超筋梁的破坏

2. 按支座形式分类

工程中常见梁，按照支座形式不同可分为简支梁、外伸梁和连续梁。常见工程荷载下梁弯曲变形如图 3.1.3 所示。

3. 按照是否设置受压钢筋分类

按照是否设置受压钢筋，受弯构件可以分为单筋截面和双筋截面。仅配置纵向受拉钢筋的梁称为单筋截面梁。

当梁上部混凝土抗压能力不足时也可在上部配置纵向受压钢筋，形成双筋截面梁，双筋截面上部纵向受压钢筋可以兼作架立钢筋。

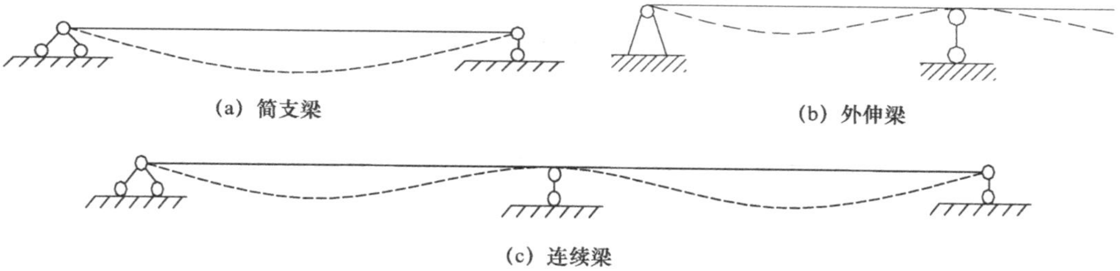

图 3.1.3　常见工程荷载下梁弯曲变形

“双筋”和“单筋”主要指梁中的配筋。在梁的计算中，当荷载不大时，其受压区的应力（压力）主要由混凝土承担，受拉区的应力（拉力）由钢筋承担。此时，只需在受拉区配置受力钢筋即可，在受压区配置的是构造钢筋（架力筋），在计算中架力筋是不承担应力的，这种配筋的梁叫“单筋梁”。当荷载较大，梁中受压区的混凝土不足以承担压应力时，就要在受压区也配置一部分钢筋，使钢筋与混凝土共同承担压应力。为了平衡，在受拉区除了配置受压区的混凝土所对应的受拉钢筋外，还要增加与受压区的受压钢筋同等面积的受拉钢筋。这种在受拉区和受压区都有受力钢筋的梁称为“双筋梁”。在实际工程中，“单筋梁”是用得较多的，但有些双向受弯的梁，即荷载是向上作用还是向下作用不易区分的梁（如基础连梁）也是配双筋的，如图 3.1.4 所示。

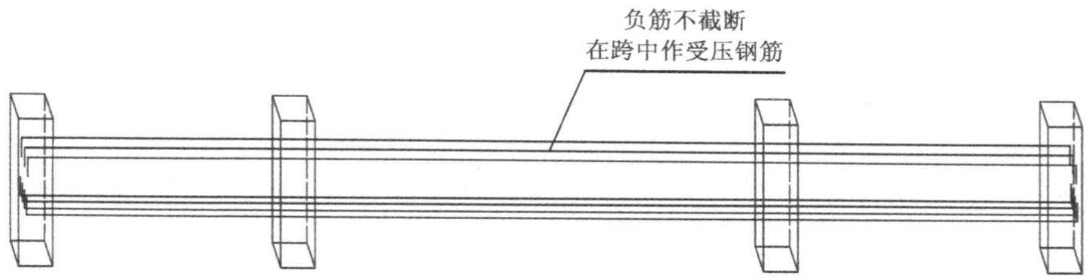

图 3.1.4　双筋截面梁

3.1.2　梁配筋及构造

一、简支梁配筋及构造

钢筋混凝土梁支撑在砌体墙上，砌体墙不能约束梁的转动，可简化为简支梁。简支梁在均布荷载作用下裂缝分布及变形如图 3.1.5 所示，裂缝形态有两种，一是跨中下边缘的竖向裂缝，二是支座处的斜裂缝。竖向裂缝是由弯矩引起的，而斜裂缝主要由剪力引起。为缝合竖向裂缝而在下边缘配置纵向受拉钢筋；为缝合斜裂缝配置了箍筋。箍筋通过绑扎或焊接与其他钢筋联系在一起形成空间骨架；为固定箍筋的位置和形成梁的钢筋骨架在简支梁的上部配置架立钢筋，架立筋不受力，它还有另外的作用——承受因温度变化和混凝土收缩而产生的拉应力，防止梁上部产生裂缝。简支梁钢筋骨架如图 3.1.6 所示。

1. 纵向受力钢筋

简支梁纵向受力钢筋位于梁的下部，主要作用是与受压区混凝土形成力偶，共同承担弯矩。

梁纵向受力钢筋的直径应适中，太粗不便于加工，与混凝土之间的粘结力也差；太细则根数增加，在截面内不好布置，甚至降低受弯承载力。梁常用纵向受力钢筋的直径 d=12～25mm。《混凝土结构设计规范规定》：钢筋混凝土梁纵向受力钢筋的直径，当梁高 $h \geqslant 300$mm 时，不应小于 10mm；当梁高 $h<300$mm 时，不应小于 8mm。一根梁中同一受力钢筋最好为同一种直径，当有两种直径时，其直径相差不应小于 2mm，以便施工时辨别。梁中受拉钢筋的根数不应少于 2 根，最好不少于 3 根。纵向受力钢筋应尽量布置成一层。当一层排不下时可以布置成两层，但应尽量避免两层以上的受力钢筋，以免过多地影响截面受弯承载力和混凝土浇捣质量。

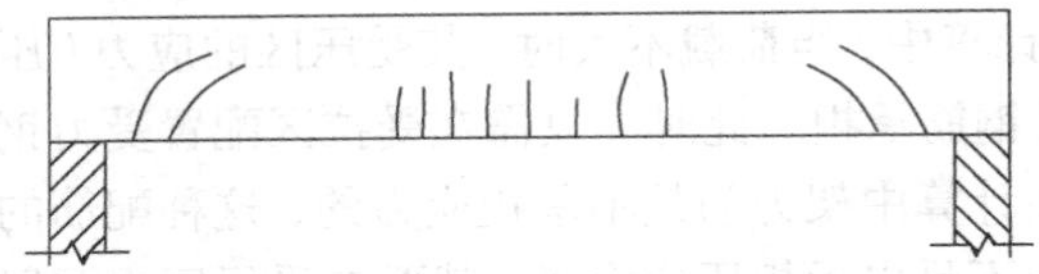

图 3.1.5　简支梁裂缝分布示意

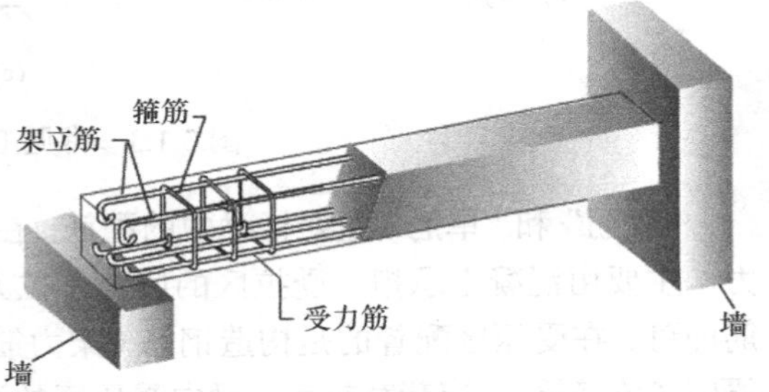

图 3.1.6　简支梁钢筋骨架

2. 架立钢筋

架立钢筋设置在受压区外缘两侧，并平行于纵向受力钢筋。其作用，一是固定箍筋位置以形成梁的钢筋骨架；二是承受因温度变化和混凝土收缩而产生的拉应力，防止产生裂缝。受压区配置的纵向受压钢筋可兼作架立钢筋。梁内架立钢筋的直径与梁的跨度有关，当梁的跨度小于 4m 时，不宜小于 8mm；当梁的跨度为 4～6m 时，不宜小于 10mm；当梁的跨度大于 6m 时，不宜小于 12mm。

3. 箍筋

箍筋主要承受梁中剪力和扭矩，其直径和间距应由计算确定，并应满足规范中构造要求。

梁内箍筋可采用 HPB300、HRB335、HRB400 级钢筋。对截面高度 $h>800$mm 的梁，其箍筋直径不宜小于 8mm；对截面高度 $h \leqslant 800$mm 的梁，其箍筋直径不宜小于 6mm。梁中配有计算需要的纵向受压钢筋时，箍筋直径尚不应小于纵向受压钢筋最大直径的 0.25 倍。为了便于加工，箍筋直径一般不宜大于 12mm。箍筋的常用直径为 6mm、8mm、10mm。

非抗震构件梁中箍筋的间距应符合下列规定。

（1）梁中箍筋的最大间距宜符合表 3.1.1 的规定，当 $V>0.7f_tbh_0+0.05N_{p0}$ 时，箍筋的配筋率 $\rho_{sv}(\rho_{sv}=A_{sv}/(bs))$ 尚不应小于 $0.24f_t/f_{yv}$。

（2）当梁中配有按计算需要的纵向受压钢筋时，箍筋应做成封闭式；此时，箍筋的间距不应大于 $15d$（d 为纵向受压钢筋的最小直径），同时不应大于 400mm；当一层内的纵向受压钢筋多于 5 根且直径大于 18mm 时，箍筋间距不应大于 $10d$；当梁的宽度大于 400mm 且一层内的纵向受压钢筋多于 3 根时，或当梁的宽度不大于 400mm 但一层内的纵向受压钢筋多于 4 根时，应设置复合箍筋。

表 3.1.1　梁中箍筋的最大间距　（mm）

梁高 h	$V>0.7f_tbh_0+0.05N_{p0}$	$V \leqslant 0.7f_tbh_0+0.05N_{p0}$
150	150	200
300	200	300
500	250	350
$h>800$	300	400

自支座内侧 50mm 处开始设置第一道箍筋。支撑在砌体结构上的独立梁，在纵向受力钢筋的锚固长度范围内应配置不少于两道箍筋，其直径不宜小于纵向受力钢筋最大直径的 0.25 倍，间距不宜大于纵向受力钢筋最小直径的 10 倍。当梁与钢筋混凝土梁或柱整体连接时，支座内可不设箍筋。

二、连续梁

在均布荷载作用下连续框架梁的弯曲变形如图 3.1.7（a）所示，支座处弯曲变形上凸，这说明支座处梁上边缘受拉，所以连续梁的支座处要配置相应的纵向受拉钢筋，受弯构件以上边缘受拉为负，所以支座处的上部纵向受拉钢筋又称为负弯矩筋。值得注意的是，连续梁跨中弯曲变形下凹，即跨中还是下边缘受拉，这说明负弯矩筋伸出支座一定长度就不再需要了，所以支座处的负弯矩筋伸出支座一定长度（具体多长应以结构施工图详图为准，没有详图时以标准图集为准）可以截断（当支座左右两侧跨度相差较大时，较小的跨有可能全跨都为负弯矩，此时负弯矩钢筋不截断）或者截断后再搭接直径较细的架立钢筋。因梁支座处有斜裂缝（剪力较大处产生斜裂缝），故梁下部纵向钢筋一般伸入支座锚固而不在跨内截断。但是当梁下部纵筋根数过多，梁下部纵筋可不全部伸入支座。连续框架梁裂缝分布如图 3.1.7（b）所示，钢筋如图 3.1.8 所示。

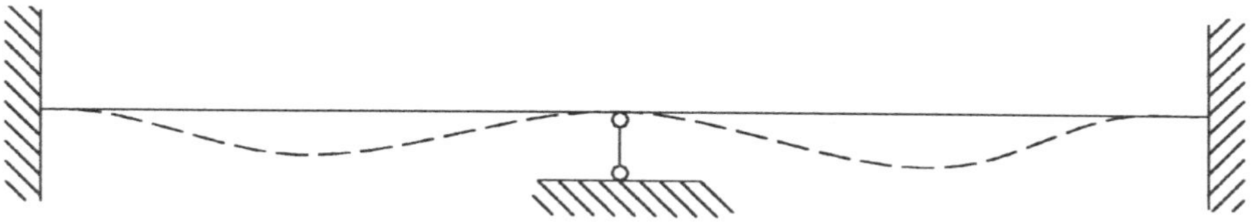

（a）弯曲变形

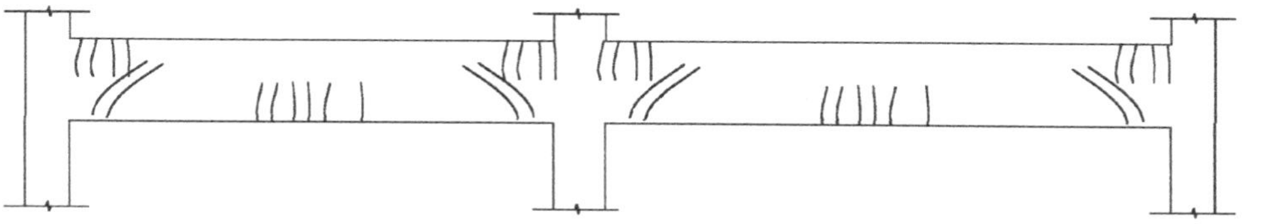

（b）裂缝分布

图 3.1.7　两跨连续框架梁弯曲变形及裂缝分布

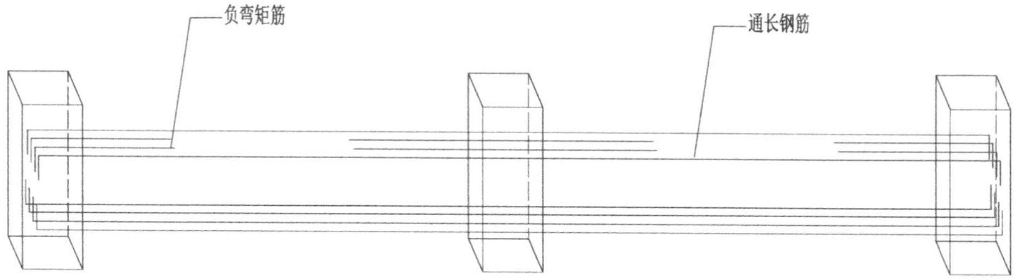

图 3.1.8　连续框架梁通长筋、负弯矩筋示意

梁的负弯矩筋可以截断也可以不截断，由梁的弯矩包络图确定，图 3.1.9 所示为第一跨和第二跨负弯矩筋不截断，第三跨负弯矩筋截断。大小跨相邻时，小跨梁负弯矩筋常常不截断，如图 3.1.10 所示。

梁下部纵筋一般不通长，锚入支座，如图 3.1.9 和图 3.1.11 所示。若各跨下部纵筋直径相同也可通长放置，如图 3.1.8 所示。另外，当下部纵筋根数较多时，下部纵筋也可不全部伸入支座，如图 3.1.12 所示。

当箍筋肢数多于双肢箍时，为固定箍筋的位置，负弯矩筋截断后需搭接架立筋，如图 3.1.11 所示。

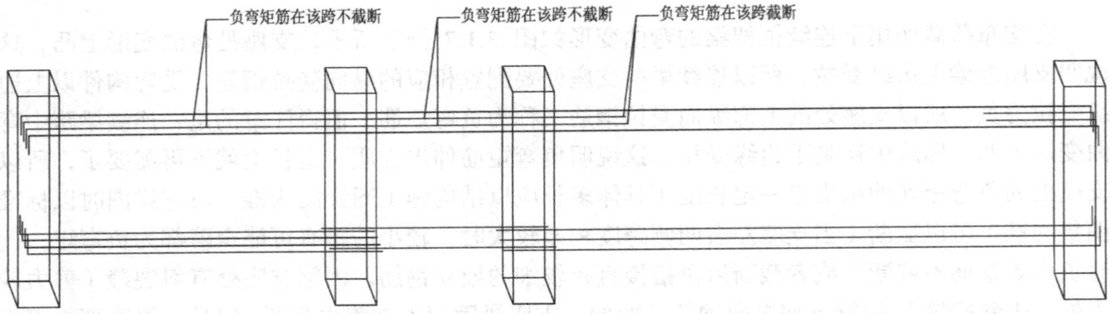

图 3.1.9　连续框架梁负弯矩筋不截断、下部纵筋锚入支座示意

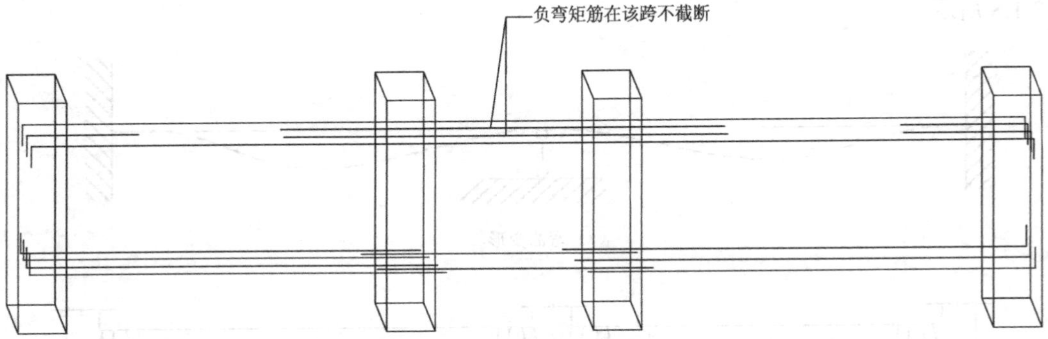

图 3.1.10　大小跨相邻时小跨梁负弯矩筋不截断示意

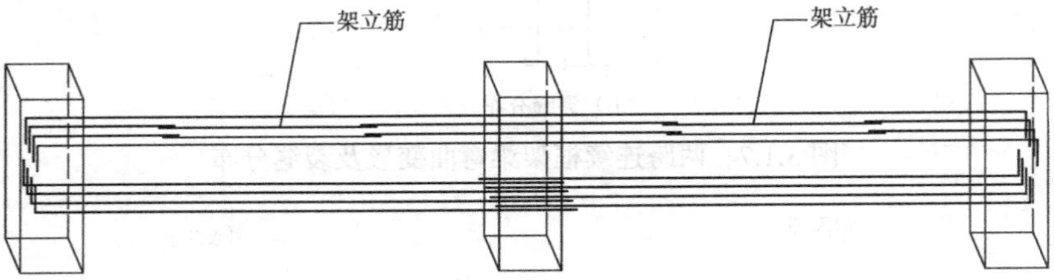

图 3.1.11　框架梁架立筋示意

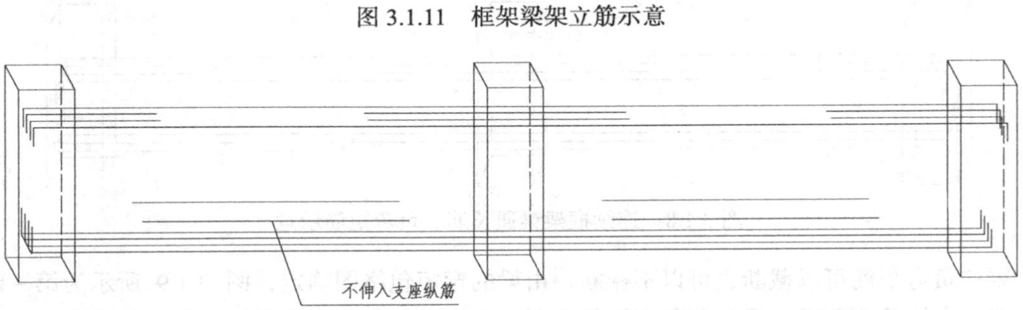

图 3.1.12　不伸入支座纵筋示意

三、外伸梁（悬臂梁）及构造要求

外伸梁悬挑端常受到由另外一个梁（次梁）传来的集中荷载作用，集中荷载作用下，梁端下部出现斜裂缝，如图 3.1.13 所示，为将次梁荷载传给外伸梁悬挑端，常将梁的一部分上部纵向钢筋在端部以 45°角弯至梁底（具体构造详见 11G101-1 图集第 89 页），也可设置附加箍筋。外伸梁悬挑端均为上部受拉，下部纵向钢筋起架立钢筋的作用，钢筋如图 3.1.14 所示。

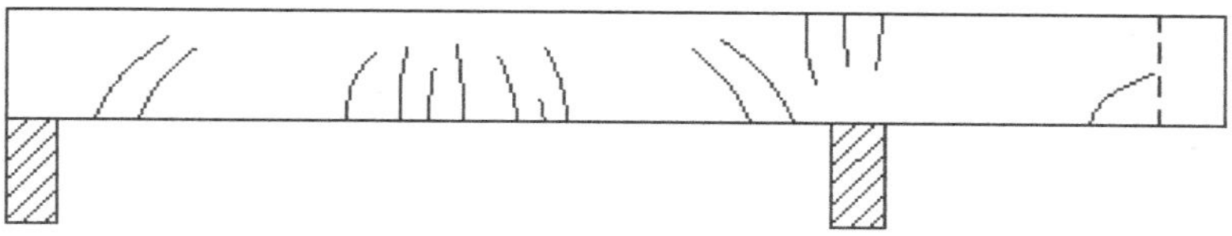

图 3.1.13　外伸梁裂缝示意

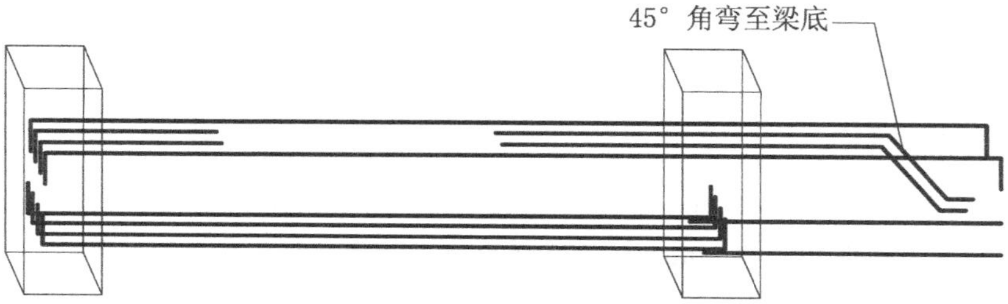

图 3.1.14　外伸梁上部上排部分钢筋弯下示意

在钢筋混凝土悬臂梁中，上部应有不少于 2 根角筋和上部纵筋的 1/2 伸至悬臂梁外端，并向下弯折不小于 12d，其余钢筋不应在梁的上部截断，应按规定的弯起点位置向下弯折，并按规范规定在梁的下边锚固。当悬挑长度小于梁高的 4 倍时，可不将上部上排纵筋弯下，全部伸至悬臂梁外端并向下弯折。梁的上部下排纵筋伸至悬挑长度的 0.75 倍处 45° 角弯至梁底。

四、主梁与次梁交接处附加钢筋及构造要求

主梁与次梁交接处，由于主梁承受由次梁传来的集中荷载，其局部可能出现“八”字形斜裂缝，并引起局部破坏，如图 3.1.15 所示，因此主梁应设置附加横向钢筋来承担次梁传来的荷载。附加横向钢筋有箍筋和吊筋两种，应优先采用附加箍筋。附加吊筋如图 3.1.16 所示。

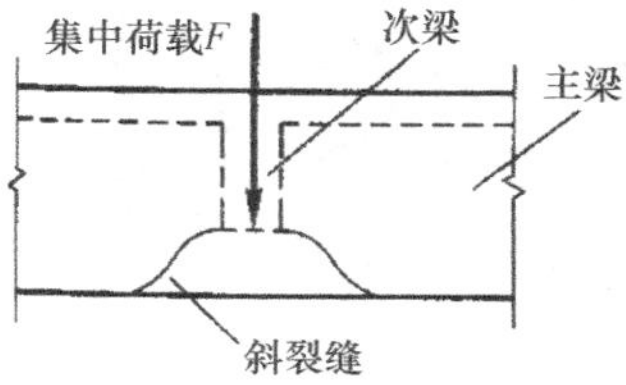

图 3.1.15　主次梁交接处裂缝示意

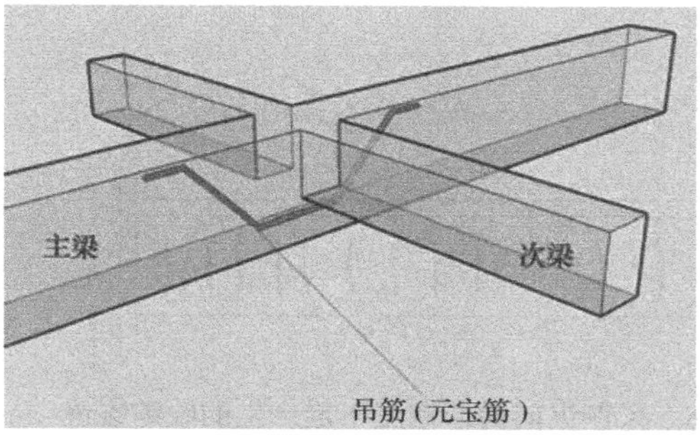

图 3.1.16　附加吊筋示意

附加箍筋根数和直径由设计者确定，应布置在规定范围内，才能起到限制“八”字形裂缝的作用。国标图集规定，离次梁边 50mm 放置第一道附加箍筋，箍筋应布置在 $S=3b+2h_1$（h_1 为

主次梁高差）范围内。附加箍筋布置范围内，梁正常箍筋或加密区箍筋照设。

附加吊筋的根数和直径也由设计者确定，下部水平段长度为 $b+50\times2$，上部两水平段长度分别为 $20d$（d 为吊筋直径），当梁高≤800mm 时，倾角为 45°，当梁高＞800mm 时，吊筋倾角为 60°。附加箍筋和吊筋构造如图 3.1.17 所示。

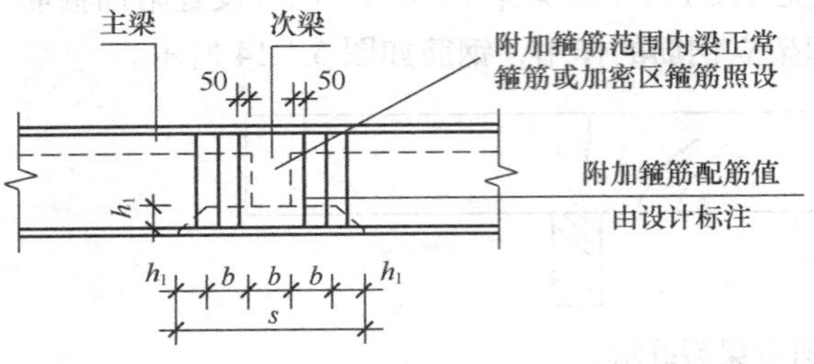

（a）附加箍筋构造

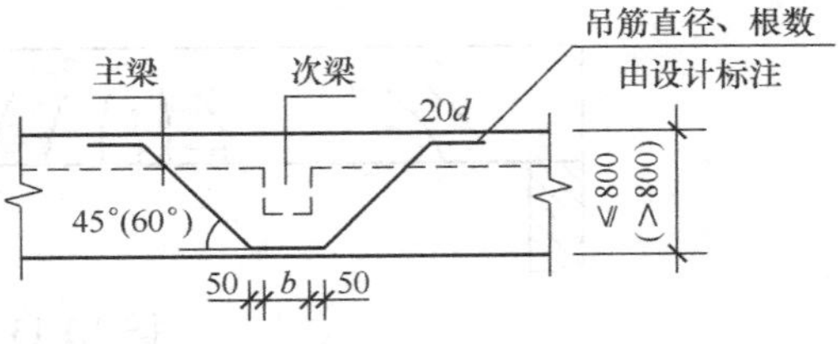

（b）附加吊筋构造

图 3.1.17　附加钢筋构造

课内练习

已知次梁尺寸为 200mm×450mm，主梁截面尺寸为 250mm×600mm，计算附加箍筋的布置范围 s。若已知梁纵筋保护层为 30mm，吊筋直径为 16mm，计算吊筋的预算长度。

五、腰筋、拉筋及构造要求

梁的腰筋有两种，构造腰筋和受扭腰筋。

当梁的截面高度较大时，为了防止梁的侧面产生垂直于梁轴线的收缩裂缝，如图 3.1.18 所示，同时也为了增强钢筋骨架的刚度，增强梁的抗扭作用，当梁的腹板高度 $h_w\geq450$mm 时，在梁的两个侧面应沿高度布置腰筋（亦称纵向构造钢筋），并用拉筋固定。每侧纵向构造钢筋（不包括梁上、下部受力钢筋及架立钢筋）的截面面积不应小于腹板截面面积 bh_w 的 0.1%，且其间距不宜大于 200mm。纵向构造钢筋一般不必做弯钩。拉筋直径可根据梁截面宽度确定，也可与箍筋直径相同，间距常取非加密区箍筋间距的两倍。腰筋及拉筋如图 3.1.19 所示。

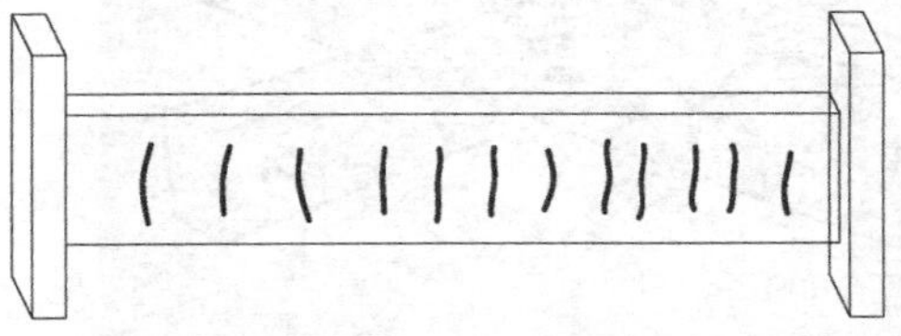

图 3.1.18　梁侧纵向构造钢筋不足产生的收缩裂缝

图 3.1.19　梁腰筋与拉筋

梁侧面纵向构造钢筋和拉筋的构造要求如图 3.1.20 所示。

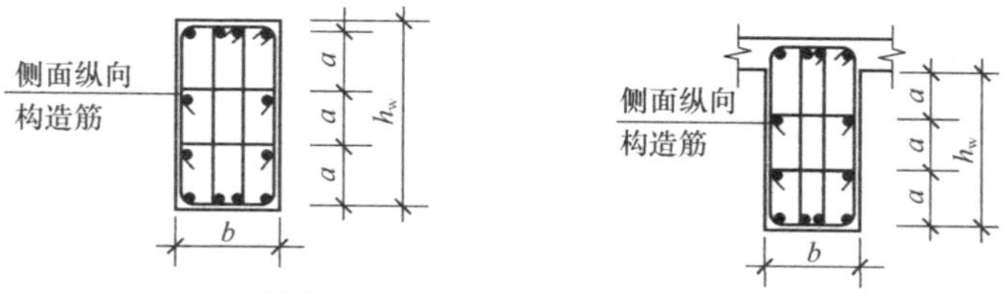

图 3.1.20　纵向构造钢筋及拉筋构造

（1）当 $h_w \geqslant 450$mm 时，在梁的两个侧面应沿高度配置纵向构造钢筋；纵向构造钢筋间距 $a \leqslant 200$mm。

（2）当梁侧面配有直径不小于构造纵筋的受扭纵筋时，受扭钢筋可以代替构造钢筋。

（3）梁侧面构造纵筋的搭接与锚固长度可取 15d。梁侧面爱扭纵筋的搭接长度为 l_{lE} 或 l_l，其锚固长度为 l_{lE} 或 l_a，锚固方式同框架梁下部纵筋。

（4）当梁宽≤350mm 时，接筋直径为 6mm；梁宽＞350mm 时，拉筋直径为 8mm。拉筋间距为非加密区箍筋间距的 2 倍。当设有多排拉筋时，上下两排拉筋竖向错开设置。

在受扭构件中，梁裂缝示意图如图 1.4.7 所示。为缝合扭转裂缝，梁应沿截面周边布置受扭纵向钢筋，沿截面周边布置的受扭纵向钢筋的间距不应大于 200mm 和梁截面短边长度；除应在梁截面四角设置受扭纵向钢筋外，其余受扭纵向钢筋宜沿截面周边均匀对称布置。受扭纵向钢筋应按受拉钢筋锚固在支座内。

构造腰筋与受扭腰筋的区别：一是作用不一样，构造腰筋是构造筋，受扭腰筋是受力筋；二是搭接锚固长度的计算有区别，抗扭腰筋的锚固长度同框架梁下部纵筋，构造腰筋搭接与锚固长度可取 15d。腰筋锚固长度如图 3.1.21 所示。

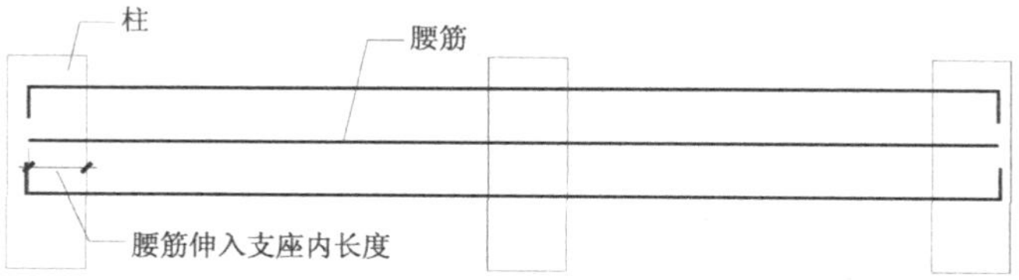

图 3.1.21　腰筋锚固长度示意

课内练习

已知某框架梁截面形状为 T 形，截面尺寸为 300mm×700mm，截面尺寸如图 3.1.22 所示，纵向受力钢筋中心点至梁下边缘高度为 35mm，该梁是否需要设置腰筋？若已知腰筋直径为 14mm，共需设置多少排腰筋？若已知该梁普通箍筋为 ϕ8@200，拉筋的直径和间距分别取多少？

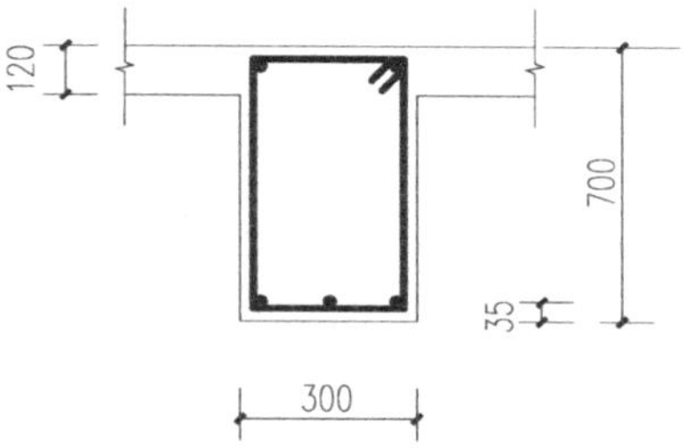

图 3.1.22　某框架梁截面 T 形示意图

梁和柱的拉筋与纵筋有以下 3 种关系。

（1）拉筋紧靠箍筋并钩住纵筋。

（2）拉筋紧靠纵筋并钩住箍筋。

（3）拉筋同时钩住纵筋和箍筋。

具体工程中拉筋采用何种做法由设计确定。拉筋与纵筋关系如图 3.1.23 所示。

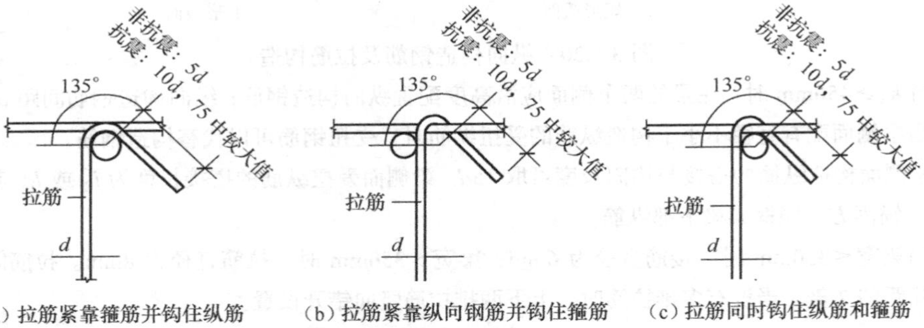

图 3.1.23　拉筋与纵筋关系

六、梁钢筋其他构造要求

1. 纵向受力钢筋间距

为了保证钢筋周围混凝土浇筑密实，避免钢筋锈蚀而影响结构的耐久性，梁的纵向受力钢筋间必须留有足够的净间距，梁上部钢筋水平方向的净间距不应小于 30mm 和 1.5d；梁下部钢筋水平方向的净间距不应小于 25mm 和 d，当下部钢筋多于 2 层时，2 层以上钢筋的水平方向的中距应比下面 2 层的中距增大 1 倍，各层钢筋之间的净间距不应小于 25mm 和 d，d 为钢筋的最大直径。在梁的配筋密集的区域宜采用并筋的配筋形式。梁纵筋间距要求如图 3.1.24 所示，梁下部纵筋并筋及等效直径最小间距如图 3.1.25 所示。

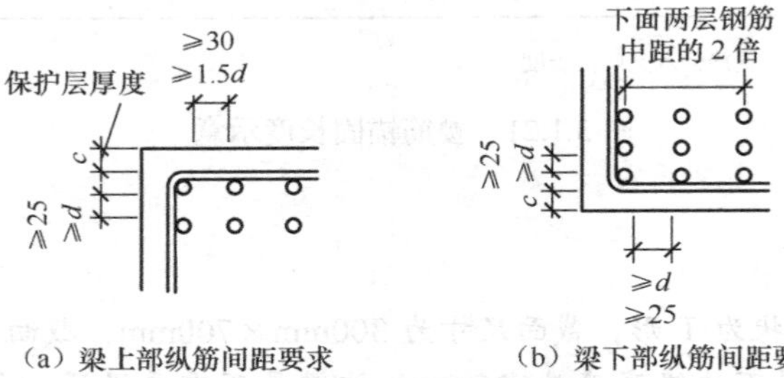

图 3.1.24　梁纵筋间距要求

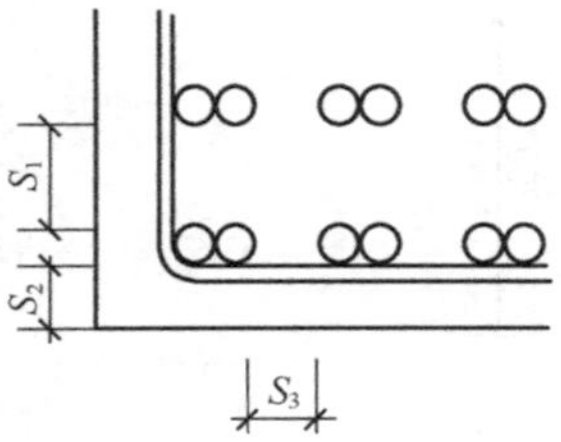

单筋直径 d(mm)	25	28	32
并筋根数	2	2	2
等效直径 d_{eq}(mm)	35	39	45
层净距 S_1(mm)	35	39	45
上部钢筋净距 S_2(mm)	53	59	68
下部钢筋净距 S_3(mm)	35	39	45

图 3.1.25　梁下部钢筋采用并筋及并筋等效直径、最小净距

钢筋混凝土简支梁和连续梁简支端的下部纵向受力钢筋，从支座边缘算起伸入支座内的锚固长度：当剪力设计值 V 不大于 $0.7f_tbh_0$ 时，不小于 $5d$；当剪力设计值 V 大于 $0.7f_tbh_0$ 时，对带肋钢筋不小于 $12d$，对光圆钢筋不小于 $15d$，d 为钢筋的最大直径；如纵向受力钢筋伸入梁支座范围内的锚固长度不符合前者要求时，可采取弯钩或机械锚固措施。支承在砌体结构上的钢筋混凝土独立梁，在纵向受力钢筋的锚固长度范围内应配置不少于 2 个箍筋，其直径不宜小于 $d/4$，d 为纵向受力钢筋的最大直径；间距不宜大于 $10d$，当采取机械锚固措施时箍筋间距尚不宜大于 $5d$，d 为纵向受力钢筋的最小直径。

2. 箍筋肢数、肢矩与加密区

（1）肢数与肢矩。梁箍筋应经计算确定，并应符合构造要求。常见梁箍筋肢数有双肢箍、三肢箍、四肢箍、五肢箍、六肢箍等，箍筋肢数如图 3.1.26 所示。

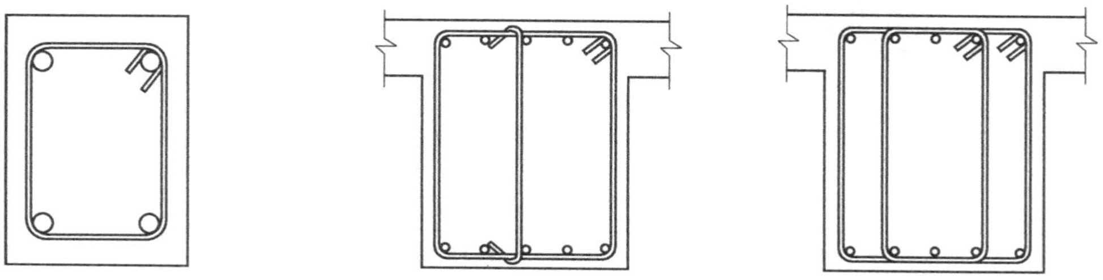
（a）双肢箍　（b）三肢箍　（c）四肢箍

图 3.1.26　箍筋的形式和肢数

框架梁端部箍筋加密区箍筋肢距应满足表 3.1.2 所列要求。

表 3.1.2　框架梁端部箍筋加密区箍筋肢距的要求　（mm）

抗震等级	箍筋最大肢距
一级	不宜大于 200mm 和 20 倍箍筋直径的较大值，且≤300
二、三级	不宜大于 250mm 和 20 倍箍筋直径的较大值，且≤300
四级	不宜大 300mm

课内练习

某框架梁截面尺寸为 300mm×600mm，加密区箍筋直径为 8mm，保护层 25mm，抗震等级为一级，请问该梁能否用双肢箍？

（2）加密区。抗震设计时，框架梁端箍筋应设置加密区，如图 3.1.27 所示，加密区箍筋的直径和间距应符合表 3.1.3 所列构造要求。

框架梁纵向钢筋搭接长度范围内的箍筋间距，钢筋受拉时不应大于受拉钢筋较小直径的 5 倍，且不应大于 100mm，钢筋受压时不应大于受压钢筋较小直径的 10 倍，且不应大于 200mm；当受压钢筋直径大于 25mm 时，尚应在两个端面外 100mm 的范围内各设两道箍筋。

框架梁非加密区箍筋最大间距不宜大于加密区间距的 2 倍并应满足抗剪要求。

3. 梁纵筋连接

梁上部通长钢筋的连接位置宜位于跨中净跨的三分之一范围内，如图 3.1.28 所示，梁下部钢筋的连接位置宜位于支座净跨的三分之一范围内，且在同一连接区段内，钢筋接头面积百分率不宜大于 50%。

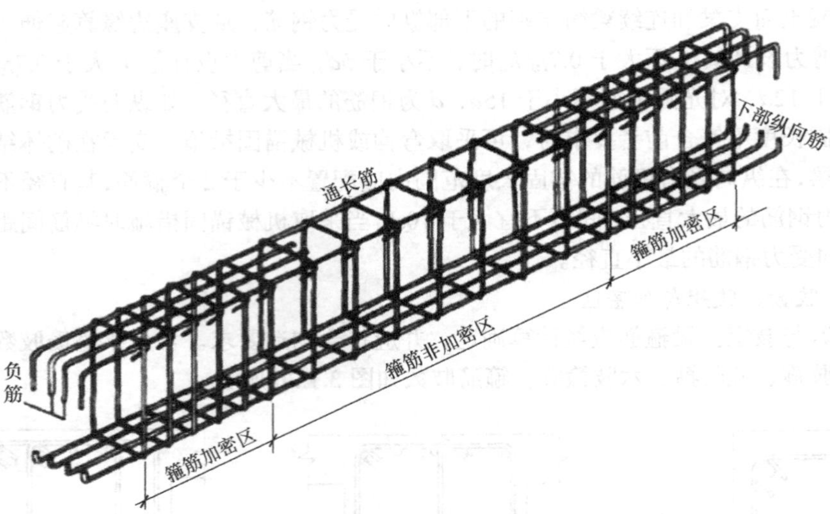

图 3.1.27　框架梁箍筋加密区

表 3.1.3　　抗震框架梁箍筋加密区构造要求　　（mm）

抗震等级	加密区长度	箍筋最大间距	箍筋最小直径
一级	$2h_b$ 和 500 中的较大值	纵筋直径的 6 倍，h_b 的 1/4 和 100 中的最小值	10
二级	$1.5h_b$ 和 500 中的较大值	纵筋直径的 8 倍，h_b 的 1/4 和 100 中的最小值	8
三级		纵筋直径的 8 倍，h_b 的 1/4 和 150 中的最小值	8
四级		纵筋直径的 8 倍，h_b 的 1/4 和 150 中的最小值	6

注：① 当梁端纵向受拉钢筋配筋率大于 2%时，表中箍筋最小直径应增大 2mm。

② 一、二级抗震等级的框架梁，当梁端箍筋加密区的箍筋直径大于 12mm、数量不少于 4 肢且肢距不大于 150mm 时，最大间距应允许适当放宽，但不得大于 150mm。

③ 梁端设置的第一个箍筋距框架节点边缘不应大于 50mm。

④ h_b 为梁高。

⑤ 截面高度大于 800mm 的梁，箍筋直径不宜小于 8mm。

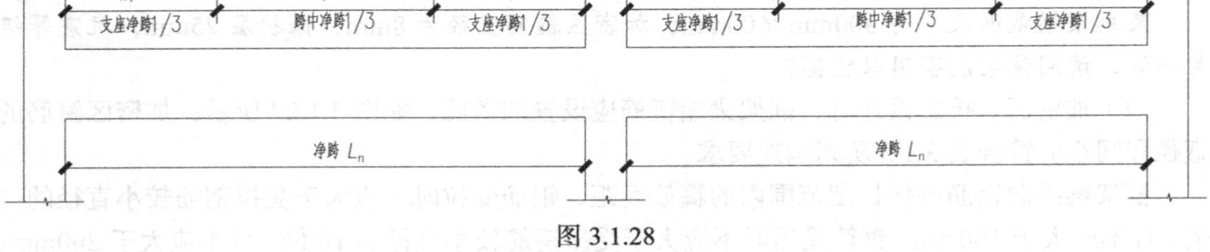

图 3.1.28

抗震等级为一级的框架梁宜采用机械连接，二、三、四级可采用绑扎搭接或焊接连接。

梁、柱类构件的纵向受力钢筋（不包括构造腰筋和架立筋）搭接长度范围内的箍筋应加密，加密区间距不应大于 100mm 及 $5d$（d 为纵向钢筋直径），纵向受力钢筋搭接区箍筋构造如图 3.1.29 所示。

（1）图 3.1.29 用于梁、柱类构件搭接区箍筋设置。

（2）搭接区箍筋直径不小于 $d/4$（d 为搭接钢筋最大直径），间距不应大于 100mm 及 $5d$（d 为搭接钢筋最小直径）。

（3）当受压钢筋直径大于 25mm 时，尚应在搭接接头两个端面外 100mm 的范围内各设置两道箍筋。

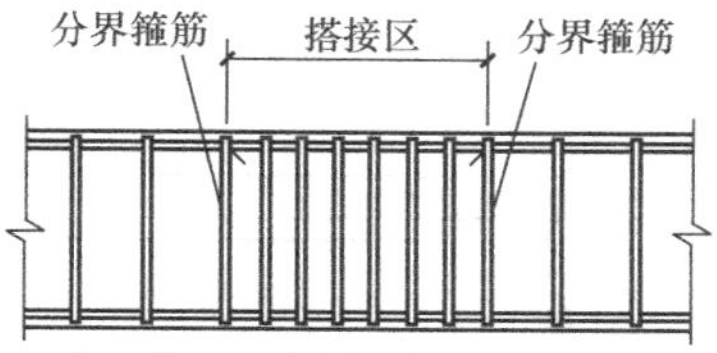

图 3.1.29　纵向受力钢筋搭接区箍筋构造

课内练习

1. 某梁通长钢筋采用机械连接，图 3.1.30 中哪个图所示的连接最符合规范要求？

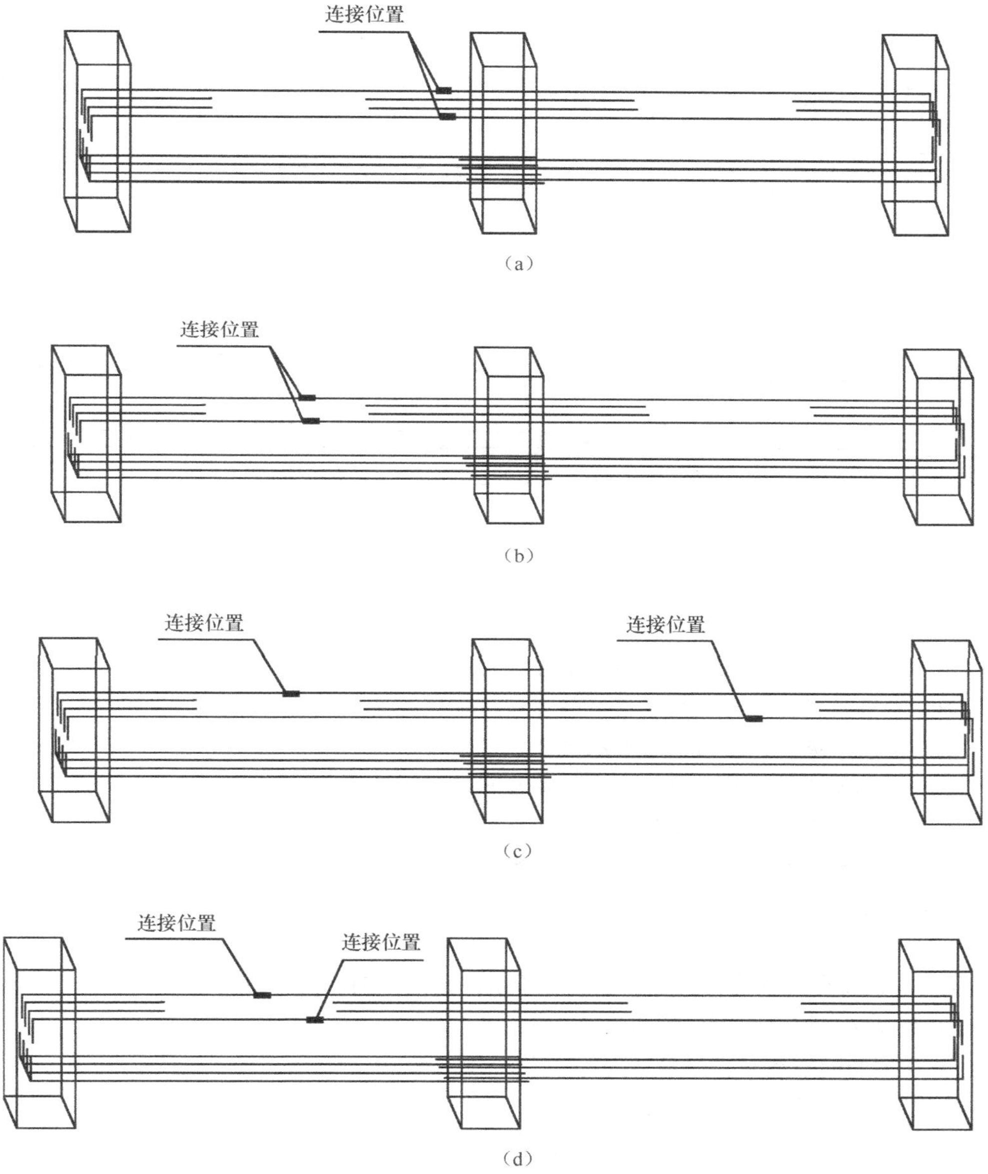

图 3.1.30　某梁通长钢筋图

2. 某梁下部通长筋采用机械连接，下面哪个图所示的连接最符合规范要求？

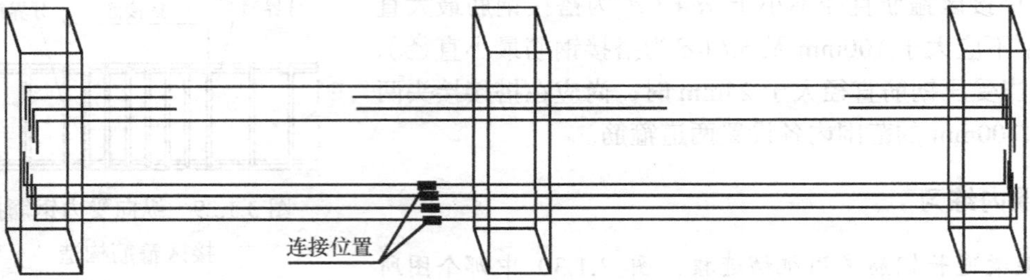

(a)

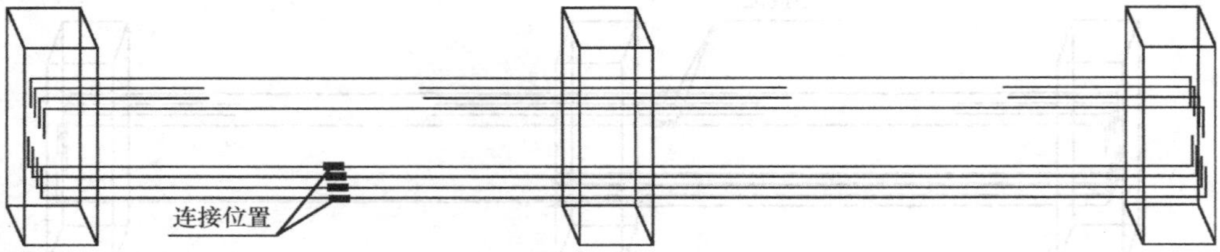

(b)

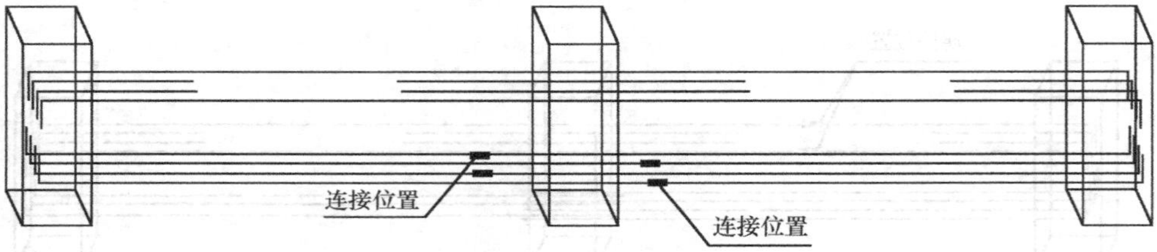

(c)

图 3.1.31 某梁下部通长筋机械连接图

3. 下列说法正确的是（ ）。

A. 抗震等级为一级的框架梁纵筋宜采用焊接连接

B. 抗震等级为二级的框架梁纵筋可采用机械连接

C. 抗震等级为三级的框架梁纵筋可采用焊接连接

D. 梁构造腰筋搭接长度范围内箍筋应加密

E. 梁受扭腰筋搭接长度范围内箍筋应加密

F. 梁通长筋搭接长度范围内箍筋应加密

3.1.3 梁详图

案例 1：某简支梁钢筋骨架如图 3.1.32 所示，读梁详图，回答下列问题。

1. 下部纵向受拉钢筋的根数与直径是多少？
2. 架立钢筋的根数与直径是多少？
3. 箍筋的直径与间距是多少？

案例 2：某一跨框架梁钢筋骨架及详图如图 3.1.33 所示，将骨架图与详图对应并回答问题。

1. 梁通长筋编号、根数与直径是多少？
2. 下部纵向钢筋编号、根数与直径是多少？

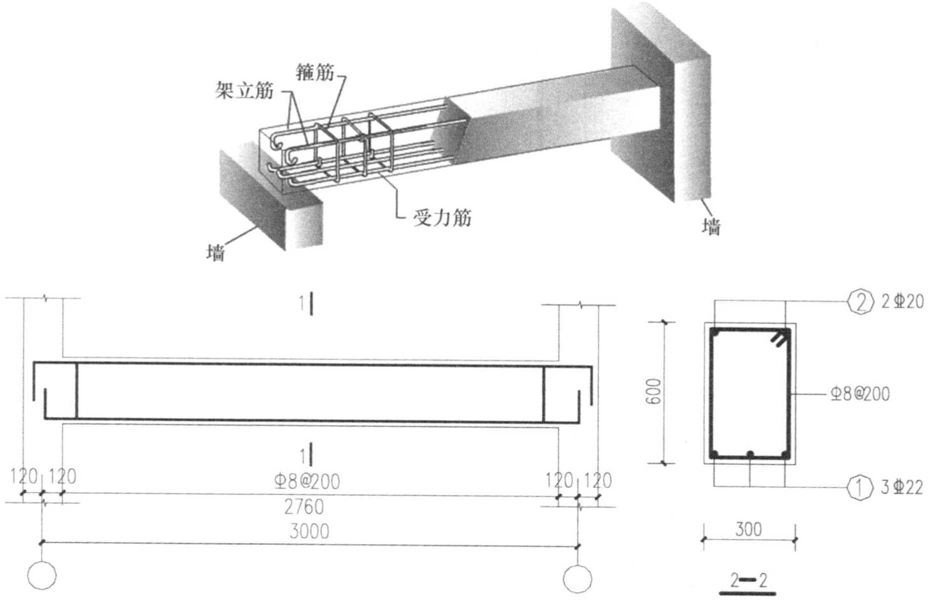

图 3.1.32　某简支梁钢筋骨架与详图

3. 左支座负筋编号、根数及直径是多少？
4. 右支座负筋编号、根数与直径是多少？
5. 箍筋加密区位置如何选取？箍筋间距及直径是多少？

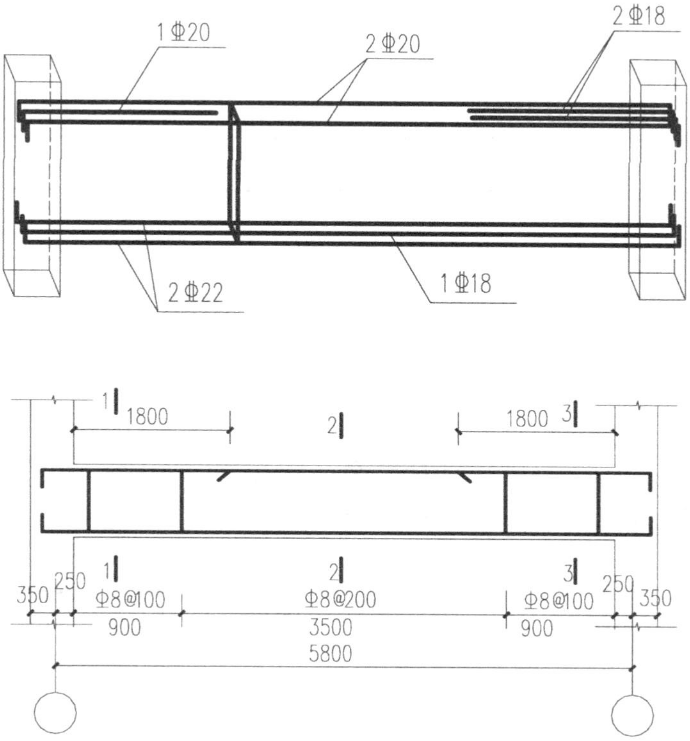

图 3.1.33　某一跨框架梁钢筋骨架及详图

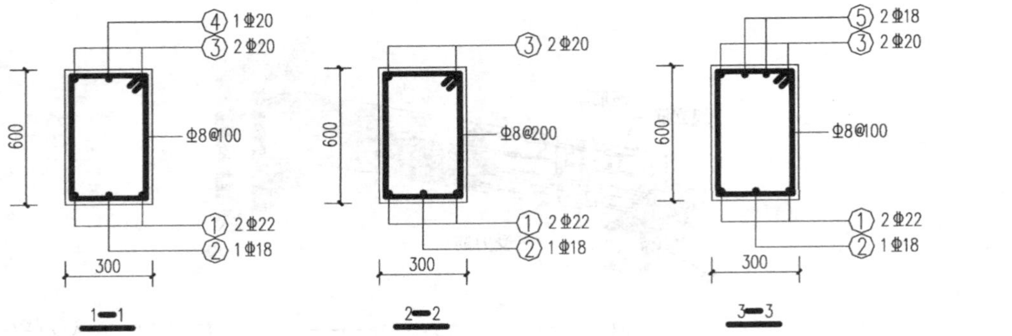

图 3.1.33　某一跨框架梁钢筋骨架及详图（续）

案例 3：读图 3.1.34 所示框架梁详图，回答下列问题。

1. 通长钢筋的根数与直径是多少？
2. 左跨下部纵向受力钢筋根数与直径是多少？右跨下部纵向受力钢筋的根数与直径是多少？
3. 左支座上部纵向钢筋根数是多少？本支座被截断负弯矩钢筋根数与直径是多少？
4. 中支座上部纵向钢筋根数是多少？本支座被截断负弯矩钢筋根数与直径是多少？
5. 右支座上部负弯矩钢筋根数是多少？本支座被截断负弯矩钢筋根数与直径是多少？
6. 加密区箍筋直径与间距是多少？非加密区箍筋直径与间距是多少？

案例 4：读图 3.1.35 所示梁详图，用语言描述梁钢筋，并找出断面图中错误。

1. 通长筋的编号是多少？
2. 被截断负弯矩钢筋编号是多少？
3. 下部纵向受力钢筋编号是多少？

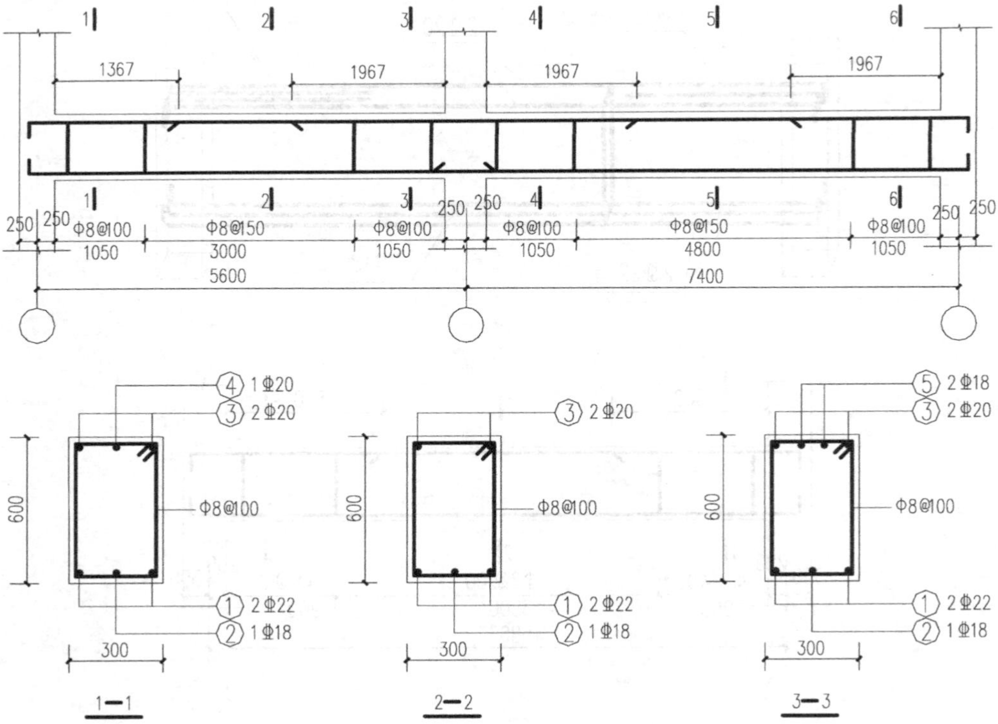

图 3.1.34　某两跨框架梁详图

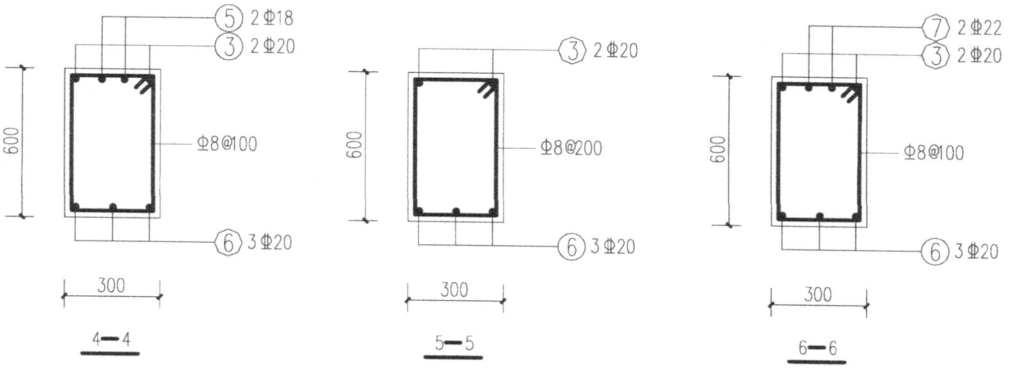

图 3.1.34　某两跨框架梁详图（续）

4. 腰筋编号是多少？腰筋有多少根？
5. 拉筋编号是多少？
6. 主梁与次梁交接处附加什么钢筋？
7. 加密区范围及加密区箍筋直径及间距是多少？
8. 梁顶标高是多少？

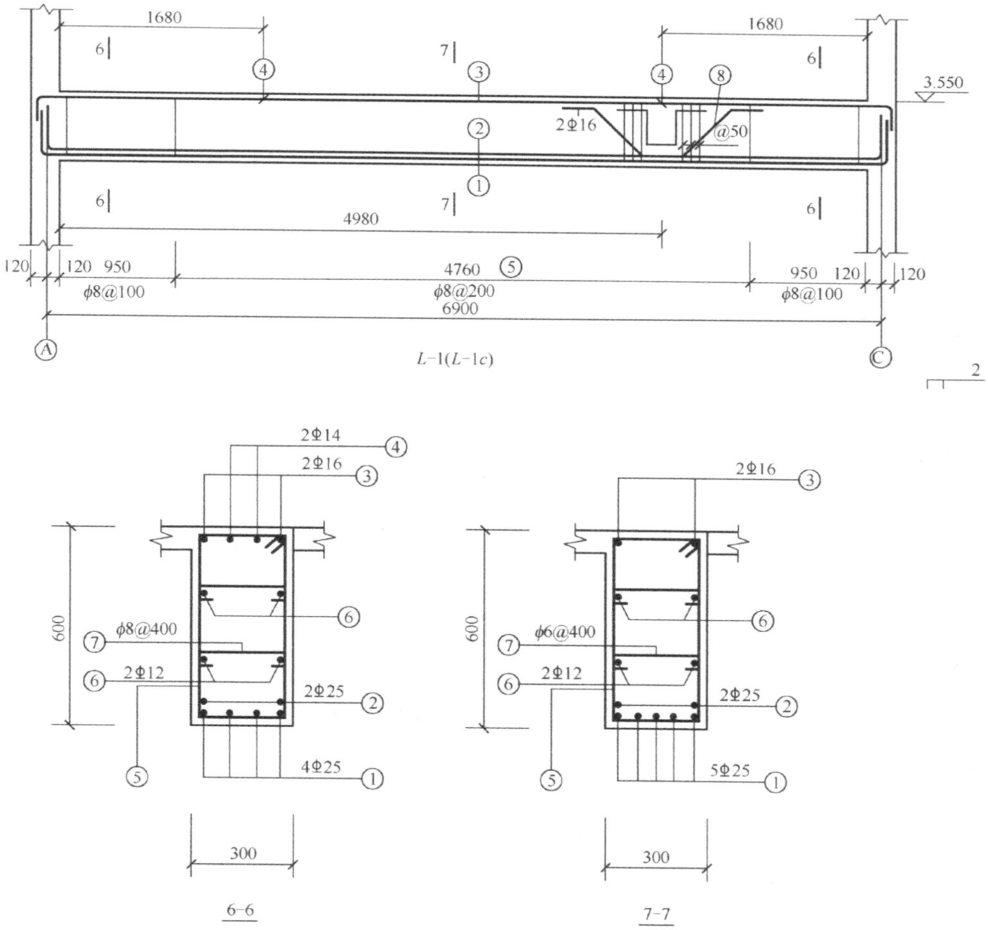

图 3.1.35　某一跨梁详图

3.1.4 梁平法施工图

梁的平法施工图就是在梁的平面布置图上采用平面注写方式或截面注写方式表达，本小节重点介绍梁平法施工图的平面注写方式，如图 3.1.36 所示。

梁平法施工图平面注写方式由两部分组成，集中标注和原位标注，集中标注表达梁的通用数值，原位标注表达梁的特殊数值。当集中标注的某项数值不适用于梁的某部位时，则将该项原位标注。梁支座上部纵筋、下部纵筋、某跨梁截面高度与其他跨不同、某跨梁箍筋全长加密等均需原位标注，施工时原位标注取值优先。

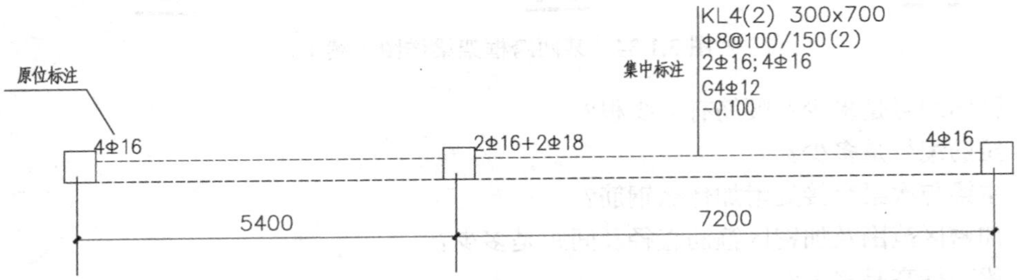

图 3.1.36 梁平法施工图的平面注写方式

原位标注时，上部支座处纵筋注写在梁的支座处上部，下部纵筋注写在梁的下部跨中。

一、基本知识

平法施工图将梁的编号分为 6 种类型，如表 3.1.4 所示。

表 3.1.4 梁编号

梁类型	代号	序号	跨数及是否带有悬挑
楼层框架梁	KL	××	(××)、(××A)或(××B)
屋面框架梁	WKL	××	(××)、(××A)或(××B)
框支梁	KZL	××	(××)、(××A)或(××B)
非框架梁	L	××	(××)、(××A)或(××B)
悬挑梁	XL	××	
井字梁	JZL	××	(××)、(××A)或(××B)

注：(××A)为一端有悬挑，(××B)为两端有悬挑，悬挑不计入跨数。

【例】KL7(5A)表示第 7 号框架梁，5 跨，一端有悬挑；

L9(7B)表示第 9 号非框架梁，7 跨，两端有悬挑。

框架梁：两端与框架柱相连的梁，框架梁是抗震构件，有抗震设防的建筑，其受力筋的锚固长度用 l_{aE}，搭接长度用 l_{lE} 表示。

屋面框架梁：顶层与框架柱相连的梁称为屋面框架梁，其与框架梁的区别是上部纵筋在端支座的锚固长度不同，其他与框架梁完全相同。

框支梁：框支剪力墙结构中，上部楼层的部分剪力墙不能落地，需设置结构转换构件，其中的转换梁就是框支梁。

非框架梁：不与框架柱相连，没有抗震等级要求，一般可不设箍筋加密区。

悬挑梁：一端有支座的梁。

井字梁：由同一平面内相互正交或斜交的梁所组成的结构构件，不分主次梁。

二、识读案例

案例 5：两跨框架梁，如图 3.1.37 所示。

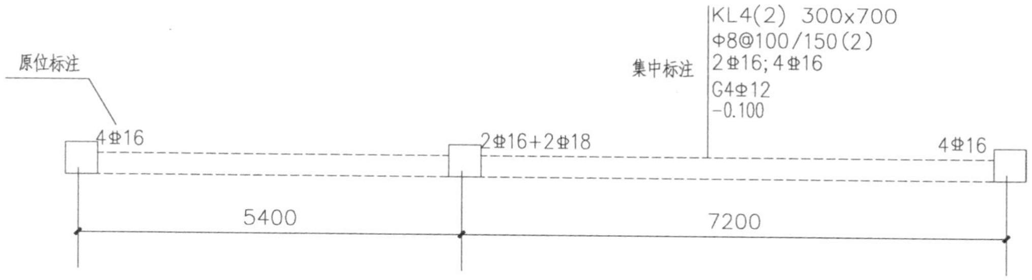

(a) 平法图

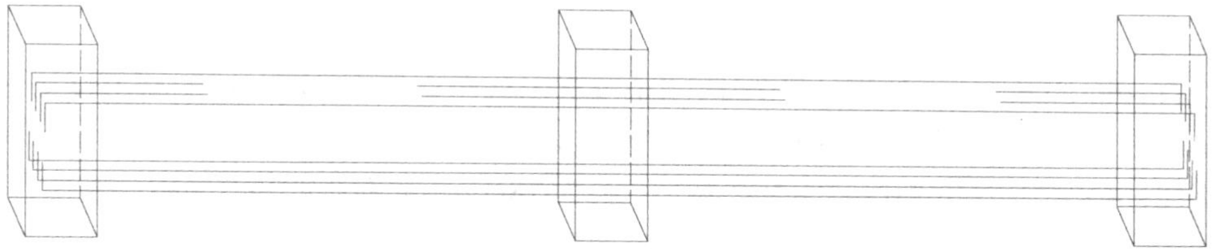

(b) 三维钢筋骨架

图 3.1.37 两跨框架梁平法图及三维钢筋骨架

梁平法施工图由两部分组成，集中标注和原位标注，集中标注表达梁的通用数值，原位标注表达梁的特殊数值。当集中标注的某项数值不适用于梁的某部位时，则将该项原位标注。梁支座上部纵筋、下部纵筋、某跨梁截面高度与其他跨不同、某跨梁箍筋全长加密等均需原位标注，施工时原位标注取值优先。

原位标注时，上部支座处纵筋注写在梁的支座处上部，下部纵筋注写在梁的下部跨中。

集中标注:

KL42 (2)300×700——梁类型及编号（跨数）截面宽×高。

ϕ8@100/150(2)——箍筋直径、加密区间距/非加区间距（箍筋肢数）。

2 Φ 16；4 Φ 16 ——上部通长筋根数、直径（多于一排时用“/”分割）；下部纵向钢筋根数、直径。

G4 Φ 12——受扭腰筋（N）或构造钢筋（G）根数、直径。

–0.100——梁顶标高与结构层标高的差值，负号表示低于结构层标高。

原位标注：

左端支座上部：共有 4 根直径为 16mm 的 HRB400 钢筋，2 根为通长筋，2 根为被截断负筋。

中间支座上部：共有 2 根直径为 16mm 和 2 根直径为 18mm 的 HRB400 钢筋，2 根直径为 16mm 的通长筋，2 根直径为 18mm 的被截断负筋。

右端支座上部：共有 4 根直径为 16mm 的 HRB400 钢筋，2 根为通长筋，2 根为被截断负筋。

案例 6：跨框架梁，如图 3.1.38 所示。

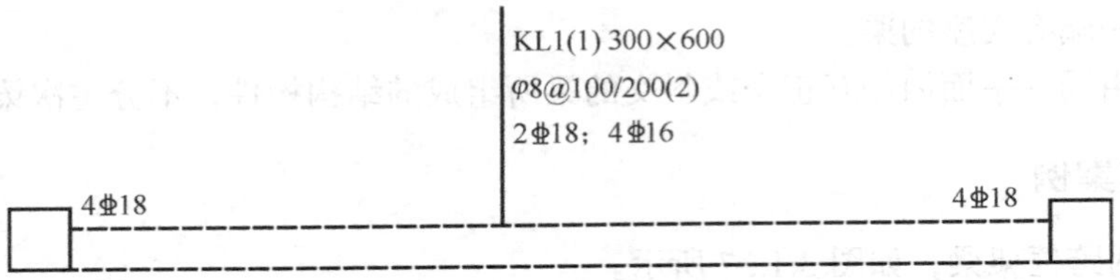

（a）平法图

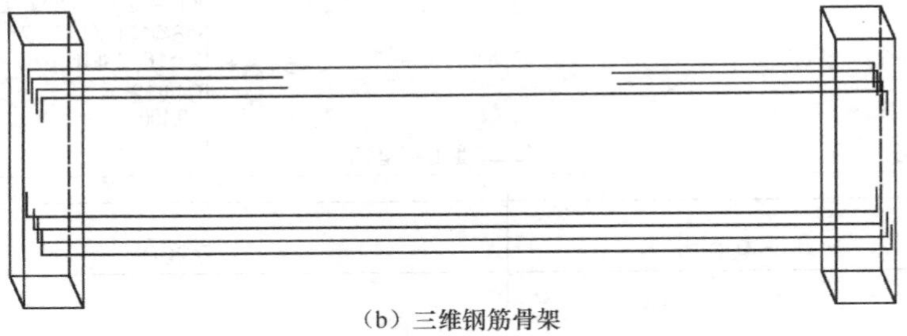

（b）三维钢筋骨架

图 3.1.38　一跨框架梁平法图及三维钢筋骨架

集中标注：

KL1(1)300×600——框架梁编号为 1，共有 1 跨，截面宽度为 300mm，截面高度为 600mm。

φ8@100/200(2)——箍筋直径为 8mm，加密区间距 100mm，非加密区间距 200mm，双肢箍。

2⌀18；4⌀16——上部通常筋有 2 根，直径为 18mm；下部通常筋有 4 根，直径为 16mm。

原位标注：

左端支座上部：共有 4 根直径为 18mm 的 HRB400 钢筋，2 根为通长筋，2 根为被截断负筋。

右端支座上部：共有 4 根直径为 18mm 的 HRB400 钢筋，2 根为通长筋，2 根为被截断负筋。

案例 7：一端悬挑框架梁，如图 3.1.39 所示。

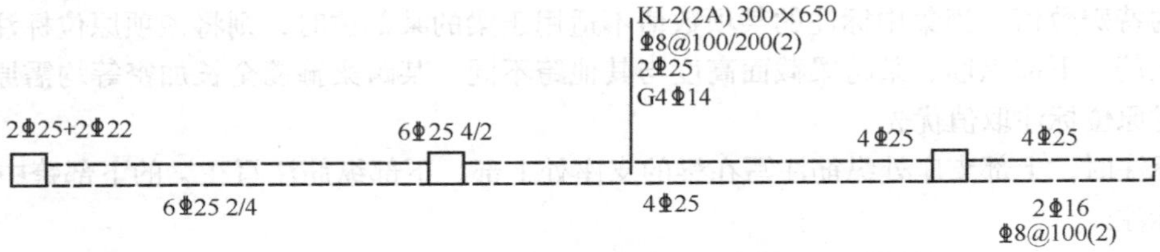

（a）平法图

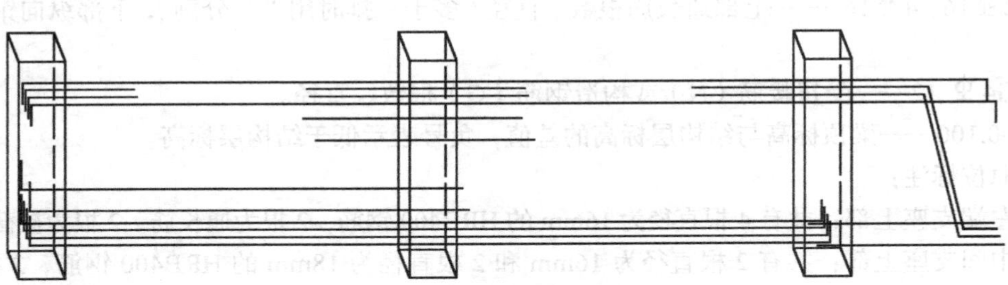

（b）三维钢筋骨架

图 3.1.39　一端悬挑框架梁平法图及三维钢筋骨架

集中标注：

KL2(2A)300×650——框架梁编号为 2，2 跨，一端悬挑，截面宽度为 300mm，截面高度为 650mm。

Φ8@100/200(2)——箍筋直径为 8mm，加密区间距 100mm，非加密区间距 200mm，双肢箍。

2Φ25——通长筋 2 根，直径为 25mm。

G4Φ14——构造腰筋 4 根，直径为 14mm。

梁顶面标高比相应楼层结构标高低 0.1m。

原位标注：

左端支座上部：有 2 根直径为 25mm 的通长筋和 2 根直径为 22mm 的被截断负筋，2 根直径为 25mm 写在前面在梁角部，HRB400。

中间支座上部：有 6 根直径为 25mm 的钢筋，排成 2 排，上排有 4 根，下排有 2 根（三维钢筋示意图未画），HRB400。

右支座上部：有 4 根直径为 25mm 的钢筋，2 根通长，2 根被截断，HRB400。

第一跨下部：纵筋 6 根，直径为 25mm，排成两排，上排有 2 根（三维钢筋示意图未画），下排有 4 根。

第二跨下部：纵筋 4 根，直径为 25mm。

悬挑端上部：有 4 根直径为 25mm 的受力筋，下部有 2 根直径为 16mm 的架立筋，HRB400，悬挑梁箍筋直径为 8mm，间距为 100mm，HPB300，双肢箍。

案例 8：有架立筋框架梁，如图 3.1.40 所示。

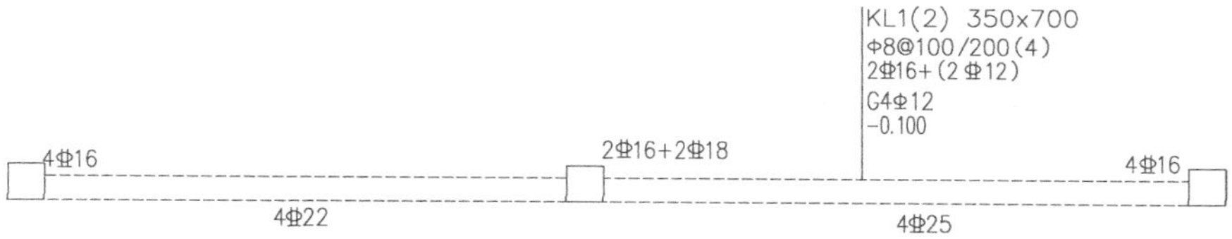

(a) 平法图

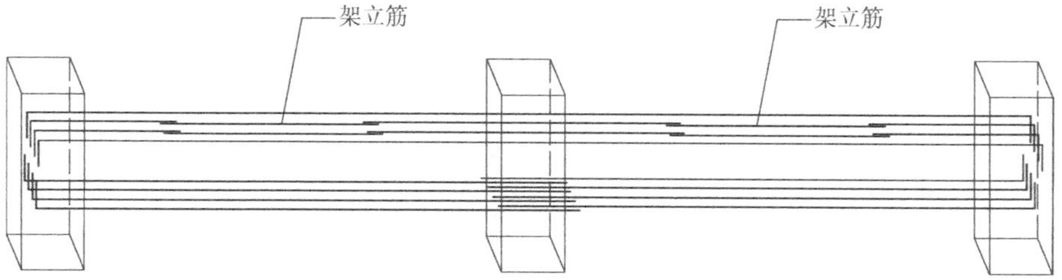

(b) 三维钢筋骨架

图 3.1.40 有架立筋框架梁平法图及三维钢筋骨架

集中标注：

2Φ16+（2Φ12）——负弯矩筋截断后搭接 2 根直径为 12mm 的架立筋（对应四肢箍）。

案例 9：负筋不截断，如图 3.1.41 所示。

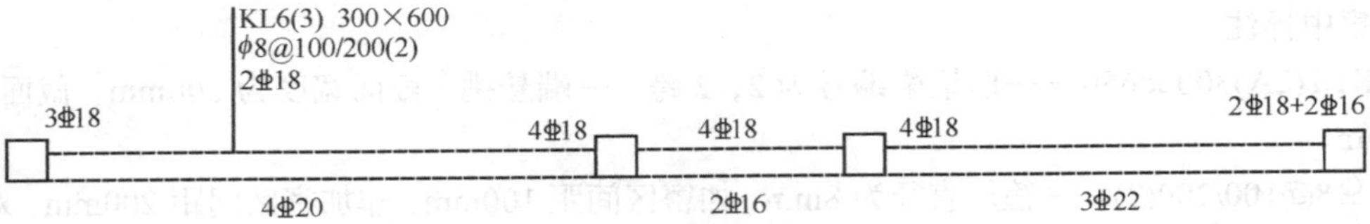

（a）平法图

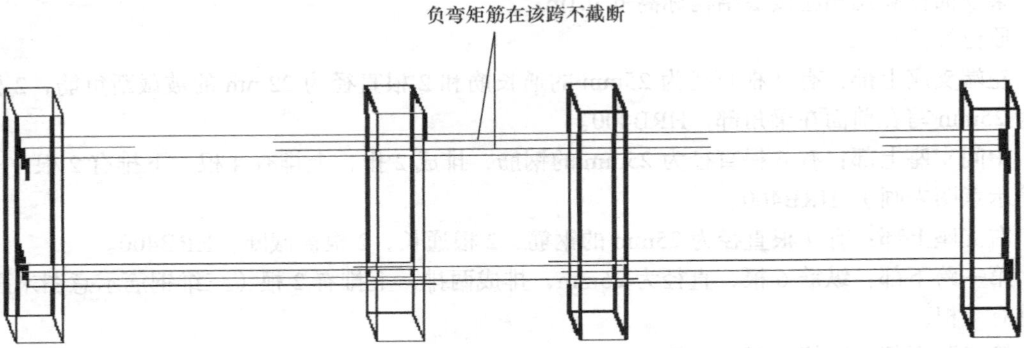

（b）三维钢筋骨架

图 3.1.41　负弯矩筋不截断梁平法图及三维钢筋骨架

原位标注：

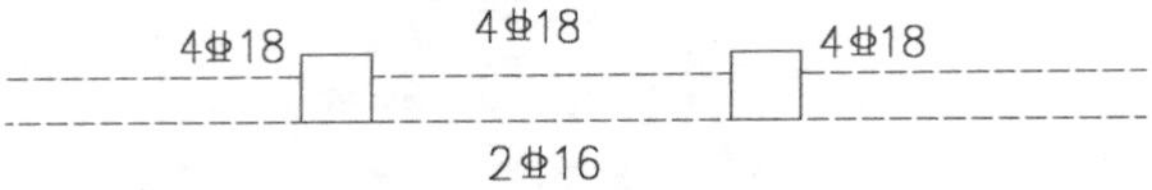

上部跨中注写 4Φ18 表示上部有 4 根直径为 18mm 的钢筋在该跨跨通长，不截断。

案例 10：部分下部纵筋不伸入支座，如图 3.1.42 所示。

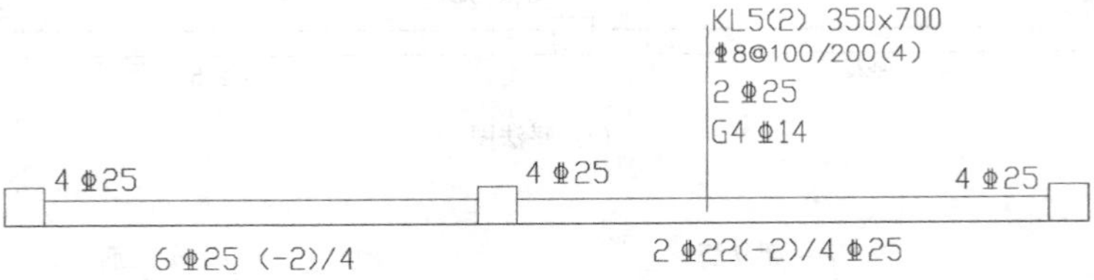

（a）平法图

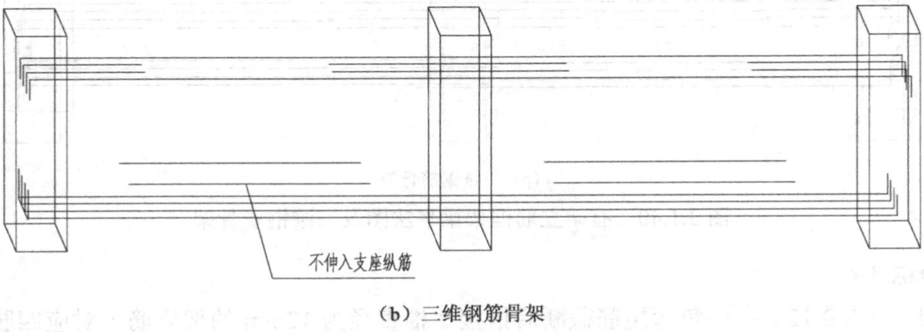

（b）三维钢筋骨架

图 3.1.42　部分下部纵筋不伸入支座梁平法图及三维钢筋骨架

6 Φ25（–2）/4——梁下部有 6 根直径为 25mm 的纵向钢筋，排成两排，上排有 2 根，不伸入支座，下排有 4 根，全部伸入支座。

案例 11：附加箍筋和吊筋，如图 3.1.43 所示。

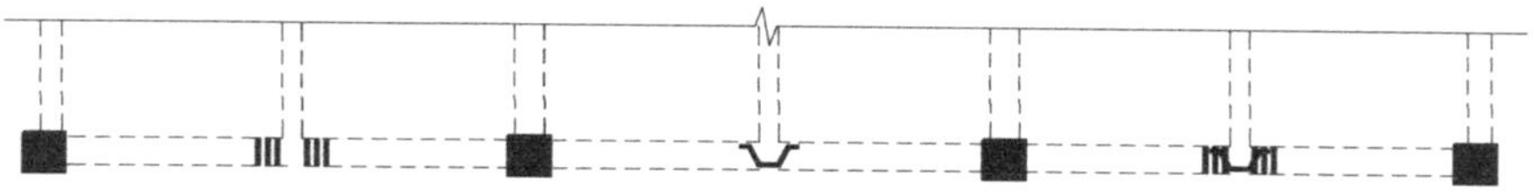

1. 梁与梁交接处设置附加箍筋，未注明箍筋直径均同梁内箍筋直径，梁两侧各设置3道，间距为50mm。
2. 图中未注明附加吊筋均为2 Φ16。

图 3.1.43　附加箍筋和吊筋平法图

案例 12：集中标注与原位标注冲突，如图 3.1.44 所示。

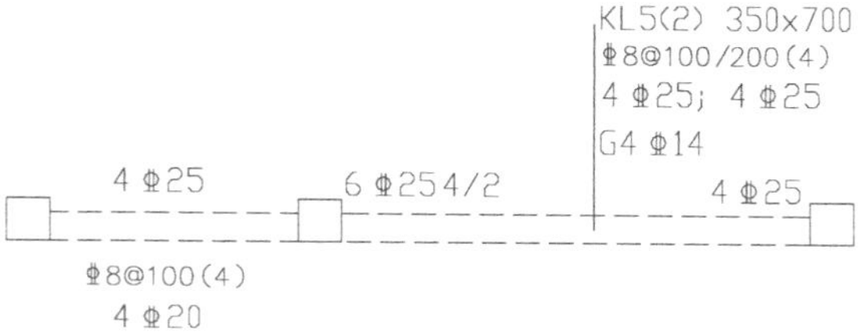

图 3.1.44　集中标注与厚位标注冲突注写示意

集中标注与原位标注冲突时，原位标注取值优先。

如图 3.1.44 所示，梁左跨箍筋 Φ8@100(4)，无非加密区，下部纵筋为 4 Φ20。

案例 13：变截面挑梁，如图 3.1.45 所示。

当有悬挑梁，且根部和端部的高度不同时，用斜线分隔根部和端部的高度值。

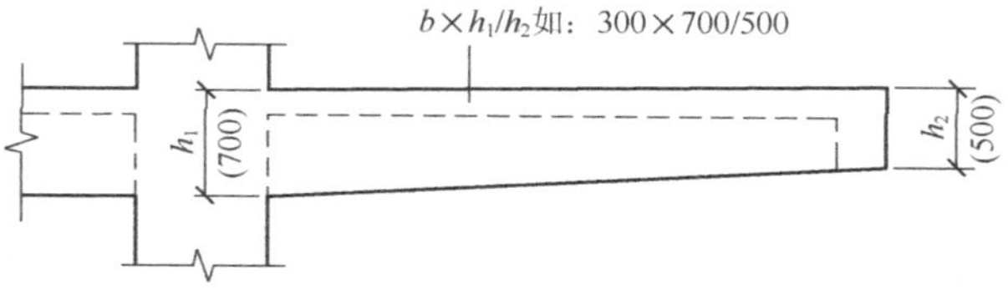

图 3.1.45　变截面挑梁注写示意

案例 14：加腋梁，如图 3.1.46 所示。

当为竖向加腋梁时，用 $b \times h$　GY$c_1 \times c_2$表示，其中 c_1 为腋长，c_2 为腋高。如图 3.1.46（a）所示。

当为水平加腋梁时，一侧加腋时用 $b \times h$　PY$c_1 \times c_2$ 表示，其中 c_1 为腋长，c_2 为腋宽，加腋部位应在平面图中绘制。如图 3.1.46（b）所示。

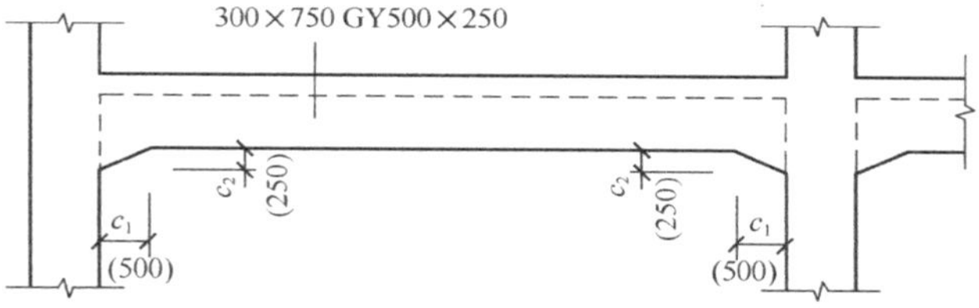

（a）竖向加腋截面注写示意

图 3.1.46　加腋梁注写示意

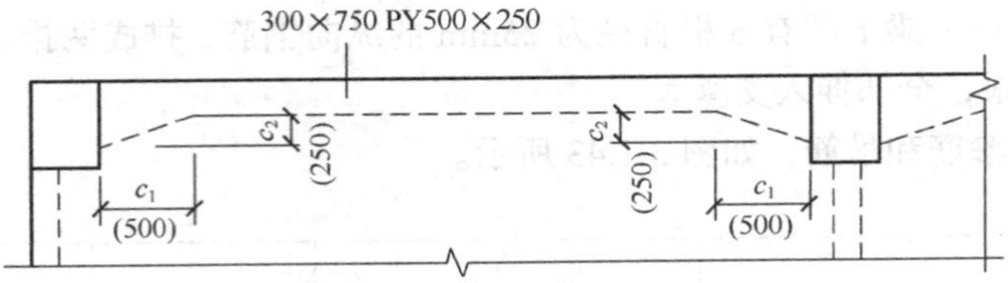

（b）水平加腋截面注写示意

图 3.1.46（续）

课内练习

1. 读图 3.1.47 所示的梁平法施工图，描述梁钢筋。

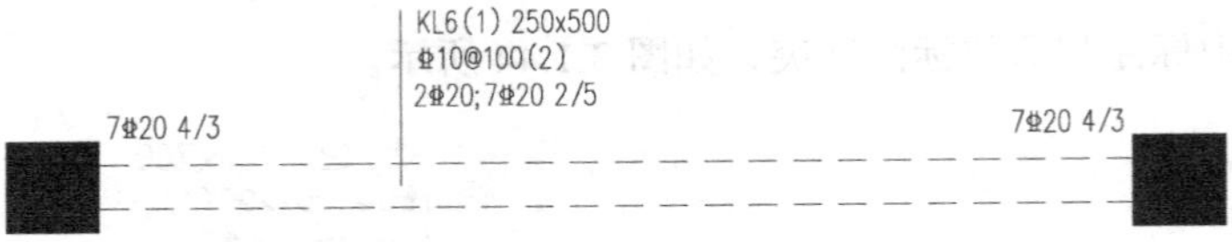

(a)

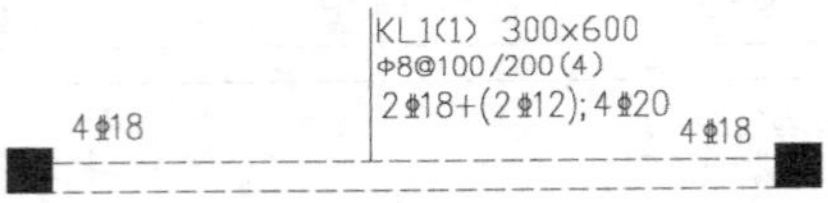

(b)

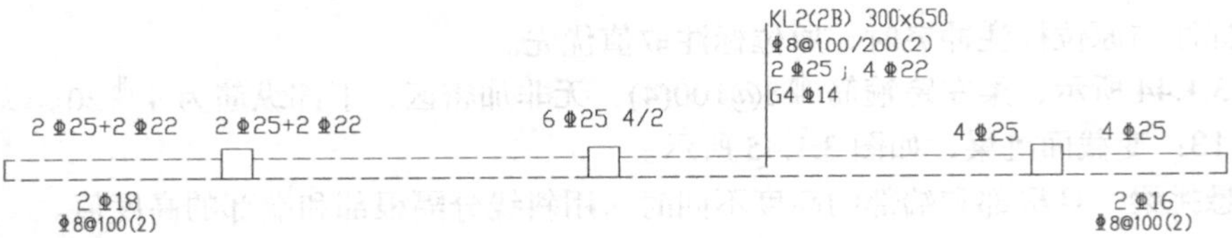

(c)

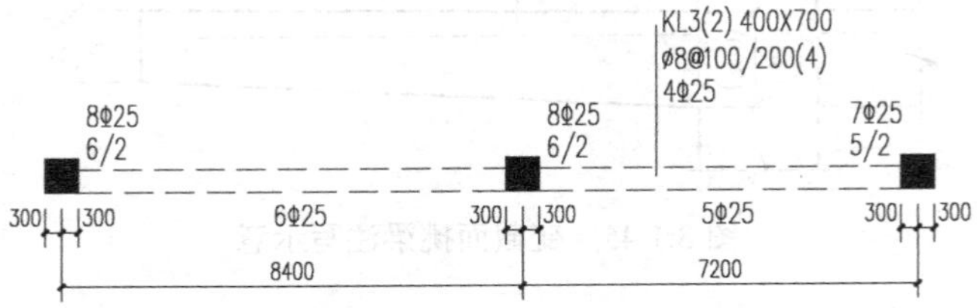

(d)

图 3.1.47

2. 已知框架梁纵筋示意如图 3.1.48 所示，截面宽 300mm，高 500mm，箍筋直径为 10mm，HPB300，加密区间距为 100mm，非加密区间距为 150mm，将该梁标注为平法。

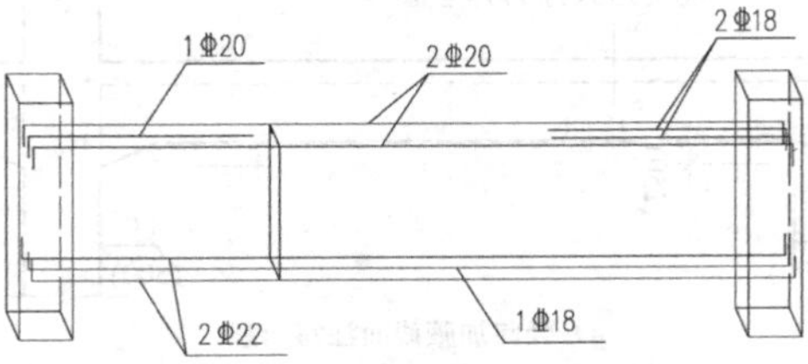

图 3.1.48

3. 已知框架梁纵筋示意如图 3.1.49 所示，截面宽 300mm，高 600mm，箍筋直径为 10mm，HPB300，加密区间距为 100mm，非加密区间距为 200mm，将该梁标注为平法。

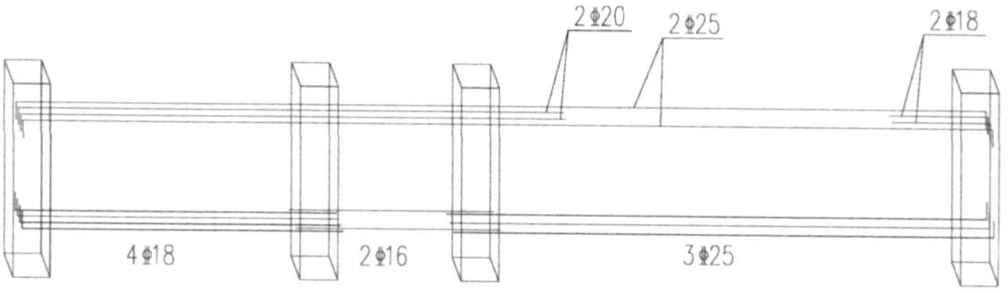

图 3.1.49

4. 读“4.400 梁平法施工图”，如图 3.1.50 所示，描述所有梁平法施工图。

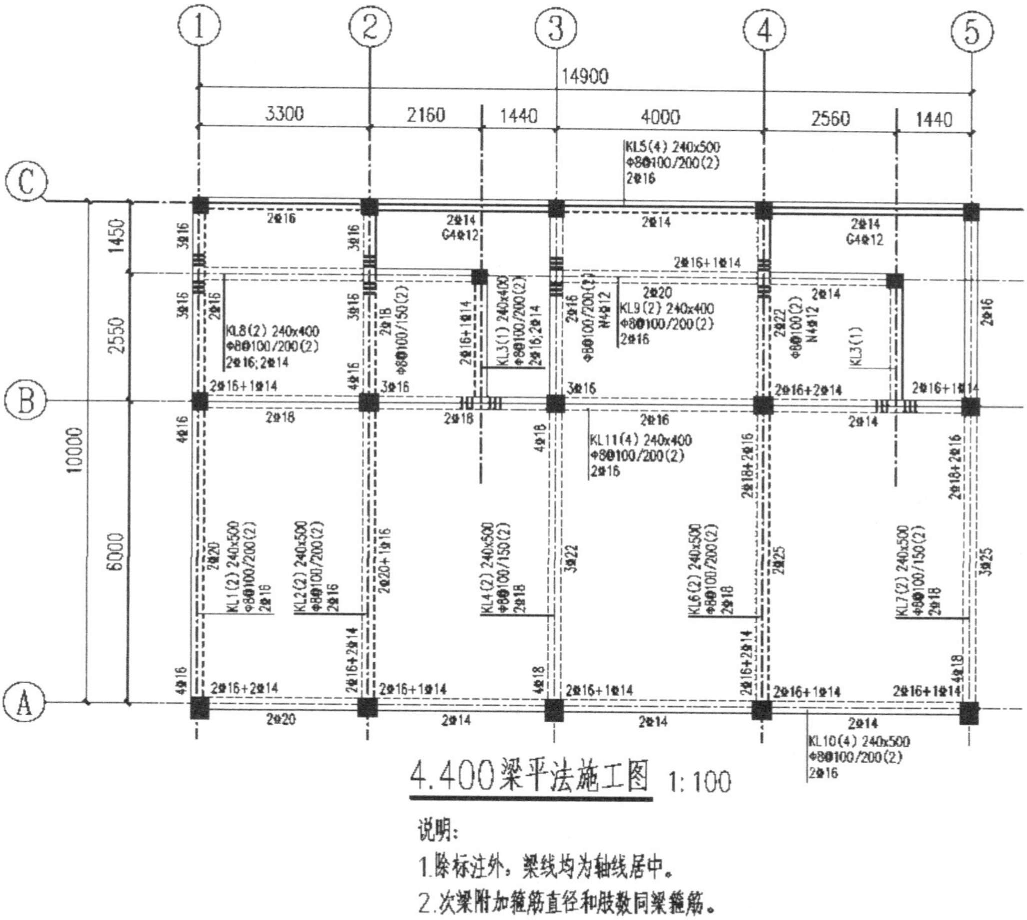

图 3.1.50　4.400 梁平法施工图

3.1.5 梁钢筋工程量计算

案例 15：已知某楼层梁平法施工图如图 3.1.51 所示，梁柱混凝土强度等级均为 C30，抗震等级二级，柱箍筋混凝土保护层厚度 30mm，柱纵筋直径均为 25mm，箍筋直径均为 10mm，梁箍筋混凝土保护层厚度 25mm，钢筋定尺长度 9m，搭接连接，计算梁纵筋工程量。

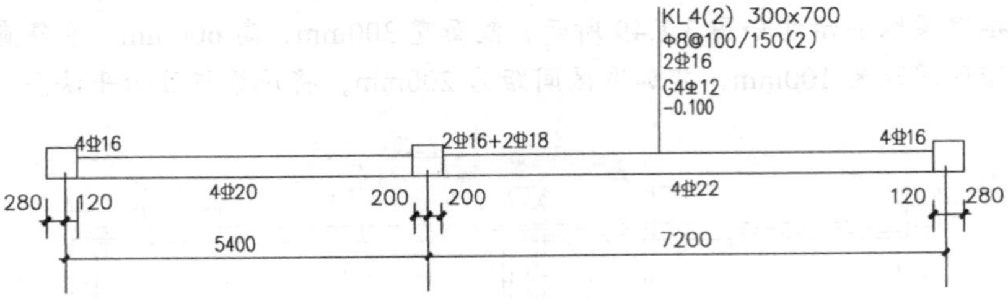

(a) 平法图

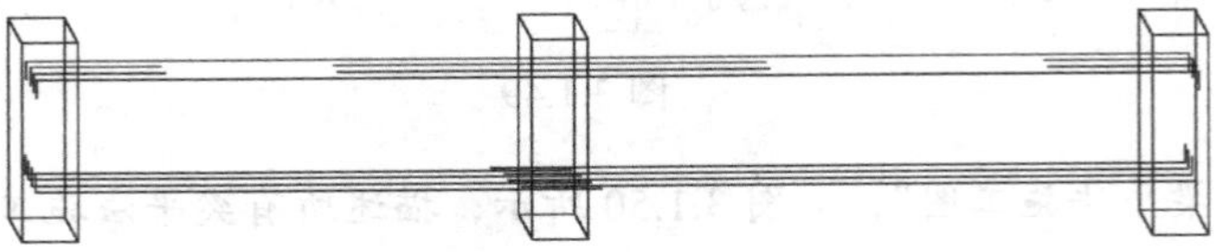

(b) 三维钢筋骨架

图 3.1.51 梁平法图及三维钢筋骨架

第一步，学习 11G101-1 图集关于“抗震楼层框架梁纵向钢筋构造要求”。

抗震楼层框架梁纵向钢筋构造如图 3.1.52 所示。

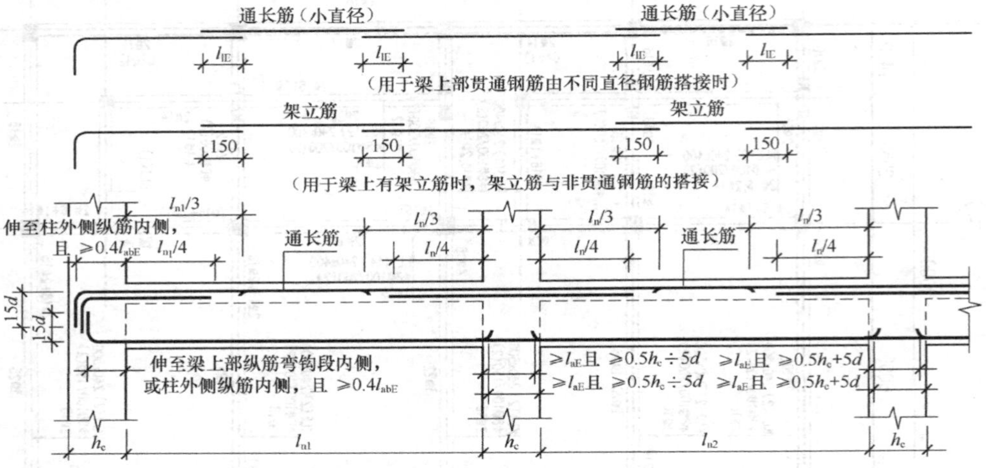

（a）

注 1. 跨度值 l_n 为左跨 l_{ni} 和右跨 l_{ni+1} 之较大值，其中 i=1，2，3，…

2. 图中 h_c 为柱截面沿框架方向的高度。

3. 梁上部通长钢筋与非贯通钢筋直径相同时，连接位置宜位于跨中 $l_{ni}/3$ 范围内；梁下部钢筋连接位置宜位于支座 $l_{ni}/3$ 范围内；且在同一连接区段内钢筋接头面积百分率不宜大于 50%。

4. 一级框架梁宜采用机械连接，二、三、四级可采用绑扎搭接或焊接连接。

5. 钢筋连接要求见 11G101-1 图集第 55 页。

6. 当梁纵筋（不包括侧面 G 打头的构造筋及架立筋）采用绑扎搭接接长时，搭接区内箍筋直径及间距要求见 11G101-1 图集第 54 页。

7. 梁侧面构造钢筋要求见 11G101-1 图集第 87 页。

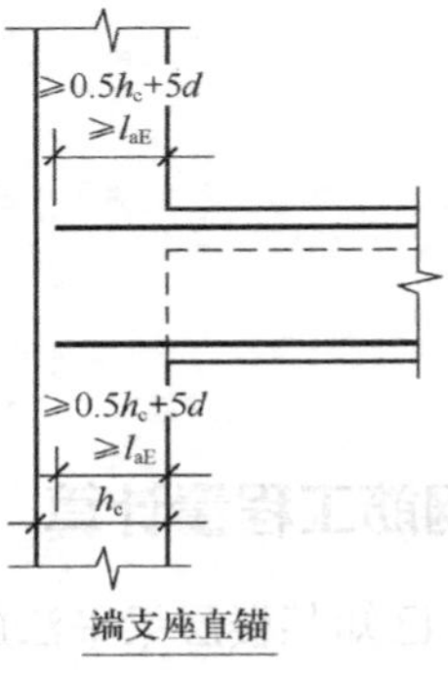

（b）

图 3.1.52 抗震楼层框架梁纵向钢筋构造

边跨梁的下部纵筋在端支座一般为弯锚，锚固长度的水平段伸至柱外部纵筋内侧，竖直段为 $15d$。边跨梁的下部纵筋在中间支座通长为直锚，锚固长度需满足两个条件，即≥l_{aE} 且≥$0.5h_c+5d$。

中间跨梁的下部纵筋在两支座内通常为直锚，锚固长度需满足两个条件，即≥l_{aE} 且≥$0.5h_c+5d$。

上部纵筋在端支座内通长为弯锚，锚固长度的水平段伸至柱外部纵筋内侧，竖直段为 $15d$。

端支座负筋上排伸出支座 1/3 净跨可截断，端支座负筋下排伸出支座 1/4 净跨可截断。中间支座负筋上排伸出左右支座 1/3 净跨可截断，此净跨为左右两跨净跨的较大值，中间支座负筋下排伸出支座 1/4 净跨可截断，此净跨为左右两跨净跨的较大值。

通长筋与架立筋的搭接长度为 150mm，通长筋由不同直径搭接时，搭接长度为 l_{lE}。

上部和下部纵筋在端支座可能为直锚也可能为弯锚，当柱尺寸 $h_c-C \geq l_{aE}$ 且 $h_c-C \geq 0.5h_c+5d$ 时，直锚，反之则为弯锚。

第二步，绘详图。

根据图集要求绘制梁详图结果，如图 3.1.53 所示。

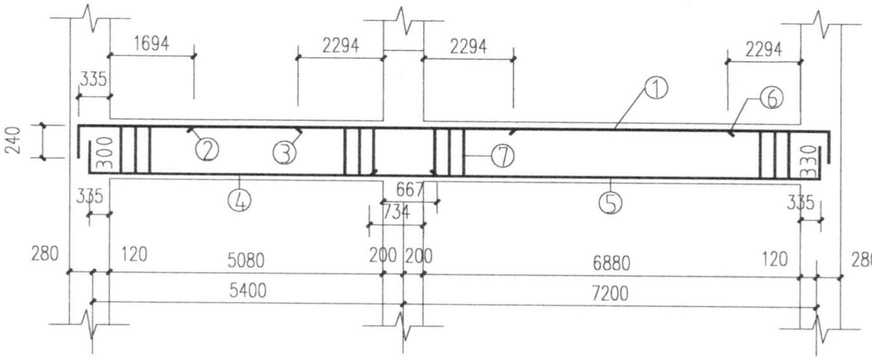

图 3.1.53

第三步，总结公式并计算。

1. 通长筋

计算公式：长度=总净跨长+左支座锚固+右支座锚固

左、右支座可能直锚，也可能弯锚，需要根据计算判断。

判断条件如下。

h_c–保护层（c）≥l_{aE} 时，直锚，锚固长度为 l_{aE} 和 $0.5h_c+5d$ 较大值。

h_c–保护层＜l_{aE} 时，弯锚，锚固长度为 $h_c-c-d_z-d_g+15d$。

（1）求锚固长度 l_{aE}。

$$l_{aE}=1.15\times1.0\times35\times16=644(\text{mm})$$

（2）判断左右支座直锚、弯锚，确定锚固长度。

左支座　　$h_c-c=400-30=370<l_{aE}=644$，弯锚，锚固长度为 $400-30-25-10+15\times16=240+335=575(\text{mm})$

右支座　　$h_c-c=400-30=370<l_{aE}=644$，弯锚，锚固长度为 $400-30-25-10+15\times16=335+240=575(\text{mm})$

（3）确定通长筋长度。

总净跨长=5400+7200–120–120=12360（mm）

单根预算长度 L=12360+575+575=13510（mm）

需一个搭接接头。

根据“注 3”要求，梁通长筋宜在跨中 $l_{ni}/3$ 范围内，且在同一连接区段内钢筋接头面积百分率不宜大于 50%，连接百分率按 50%计算。

$$l_{lE}=1.4l_{aE}=1.4\times644=902(\text{mm})$$

考虑搭接长度后 L=13510+902=14412（mm）

通长筋根数：2⌀16

2. 第一跨下部纵筋

计算公式：长度=本跨净跨长+左支座锚固+右支座锚固

左支座为端支座，需要判断直锚或弯锚。右支座为中支座，且梁截面宽度和高度不变，直锚。

（1）求锚固长度 l_{aE}

$$l_{aE}=1.15\times1.0\times35\times20=805(\text{mm})$$

（2）判断左支座直锚、弯锚，确定锚固长度。

左支座　$h_c-c-d_z-d_g=400-30-10-25=335<l_{aE}$，弯锚，锚固长度为 $400-30-10-25+15\times20=335+300=635(\text{mm})$

右支座直锚，锚固长度为 805mm。

（3）确定长度。

本跨净跨长=5400–120–200=5080(mm)

单根预算长度=5080+635+805=6520(mm)

钢筋长度小于 9m，不需连接。

第一跨下部纵筋根数：4⌀20

3. 左支座负筋

支座负筋按照位置不同分为端支座和中间支座，左支座负筋属于端支座负筋。

计算公式：

第一排长度=左或右支座锚固+净跨长/3

第二排长度=左或右支座锚固+净跨长/4

根据通长筋计算结果，端支座负筋 l_{aE}=644mm，弯锚，锚固长度为 610mm。

第一跨净跨长为 5080mm

L=（240+335）+5080/3=2267(mm)

左支座负筋根数：2⌀16

4. 中间支座负筋

中间支座负筋伸出支座两侧长度相同，第一排为 $l_n/3$，第二排为 $l_n/4$，l_n 为左右两侧净跨的较大值。

计算公式：

上排长度=2×l_n/3+支座宽

下排长度=2×l_n/4+支座宽

L=2×6880/3+400=4987（mm）

中间支座负筋根数：2⏀18

5. 构造腰筋

两跨构造腰筋相同，按通长构造腰筋计算。

计算公式：净跨长+15d×2

$$L=12360+15\times12\times2=12720\ (\text{mm})$$

单根钢筋长度大于 9m，需要搭接，11G101 图集规定，构造腰筋的搭接及锚固长度均为 15d。考虑搭接后，构造腰筋单根预算长度 L=12720+15×12=12900(mm)。

课内练习

计算上题中第二跨下部纵筋和右支座负弯矩筋外皮长度。

案例 16：已知某楼层框架梁平法施工图如图 3.1.51 所示，梁柱混凝土强度等级均为 C30，抗震等级二级，梁箍筋混凝土保护层厚度 25mm，考虑如下两种情况。

（一）假定梁纵向受力钢筋机械连接或焊接，计算梁箍筋工程量。

（二）假定梁纵向受力钢筋搭接连接，计算梁箍筋工程量。

（一）假定梁纵向受力钢筋机械连接或焊接

第一步，学习图集 11G101-1 图集关于梁箍筋构造要求。

箍筋构造要求及箍筋加密区范围及箍筋弯钩构造如图 3.1.54、图 3.1.55 所示。自支座外侧 50mm 处开始放置第一根箍筋。柱两侧箍筋加密，当抗震等级为一级时，加密区范围为 2 倍梁高；当抗震等级为二、三、四级时，加密区范围为 1.5 倍梁高。梁柱节点区无梁箍筋。

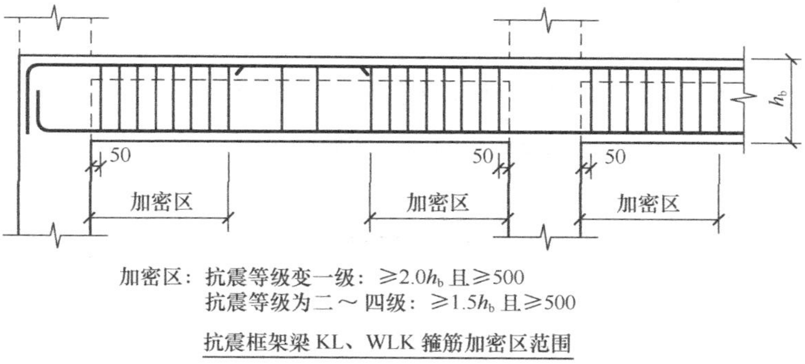

图 3.1.54　箍筋构造要求及加密区范围

有抗震设防的抗震构件，箍筋锚固长度的平直段为 10 倍箍筋直径和 75mm 较大值。

如果梁纵向受力钢筋采用搭接连接（跨中 $l_{ni}/3$ 范围内搭接），搭接范围内箍筋直径及间距要求参见图集 11G101-1 第 54 页，如果纵向钢筋采用机械连接和焊接，连接范围处箍筋不需要加密。

第二步，绘出箍筋布置图。

根据图集箍筋加密区要求范围，绘出箍筋加密区和非加密区示意图，并标注尺寸，如图 3.1.56 所示。

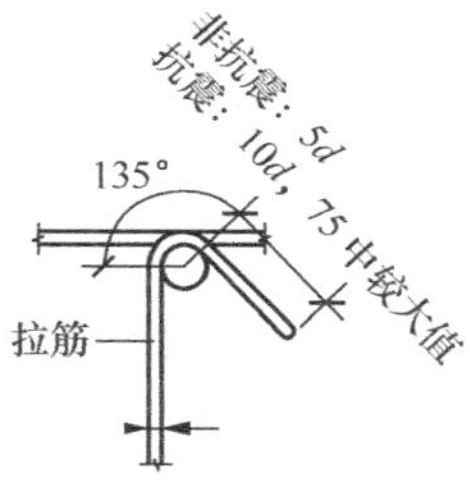

图 3.1.55　箍筋弯钩构造

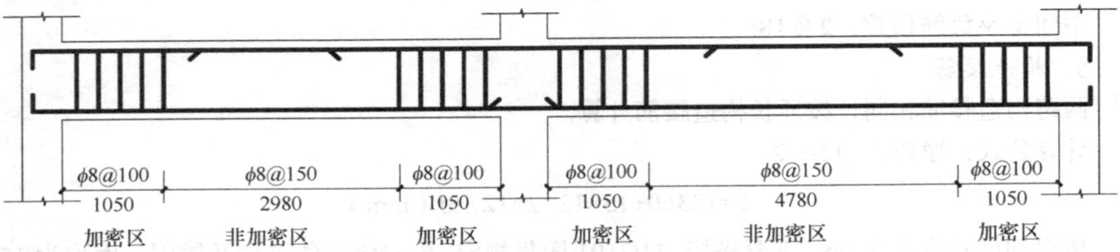

图 3.1.56　箍筋布置图（假定受力纵筋机械连接或焊接）

第三步，计算箍筋长度和根数。

1. 箍筋长度计算

计算公式：

箍筋单根预算长度=周长－8c+max｛10d，75｝×2+1.9d×2

L=(300+700)×2－8×25+80×2+1.9×8×2=1991(mm)

2. 箍筋根数计算

该梁有 4 个加密区，两个非加密区。

$$n=\sum（加密区布置范围/间距+1）+\sum（非加密区布置范围/间距-1）$$

$$n=[(1050-50)/100+1]\times4+[2980/150-1]+(4780/150-1)]=11\times4+19+31=94（根）$$

（二）假定梁纵向受力钢筋搭接连接

第一步，学习图集纵向受力钢筋搭接长度范围内箍筋构造要求。

梁、柱类构件的纵向受力钢筋（不包括构造腰筋和架立筋）搭接长度范围内的箍筋应加密，加密区间距不应大于 100mm 及 5d（d 为纵向钢筋直径），如图 3.1.57 所示。

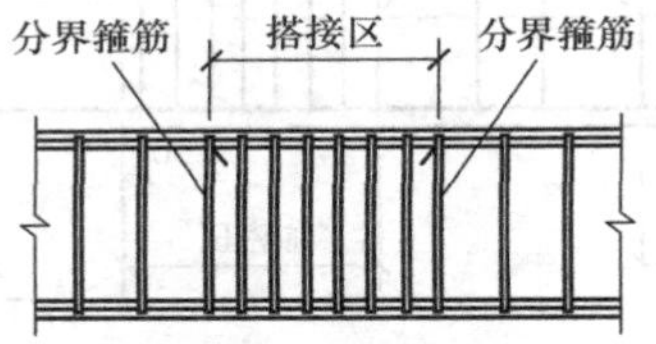

图 3.1.57　纵向受力钢筋搭接区箍筋构造

（1）图 3.1.57 所示用于梁、柱类构件搭接区箍筋设置。

（2）搭接区箍筋直径不小于 d/4（d 为搭接钢筋最大直径），间距不应大于 100mm 及 5d（d 为搭接钢筋最小直径）。

（3）当受压钢筋直径大于 25mm 时，尚应在搭接接头两个端面外 100mm 的范围内各设置两道箍筋。

第二步，绘出箍筋布置图。

根据图集箍筋加密区要求范围，绘出箍筋加密区和非加密区示意图，并标注尺寸。另外，根据图集要求，纵向受力筋搭接范围内，箍筋应加密。根据纵筋计算结果，只有通长筋是受力钢筋，搭接连接。经计算，加密区箍筋间距不应大于 80mm，一个位置的连接百分率是 50%，如图 3.1.58 所示。

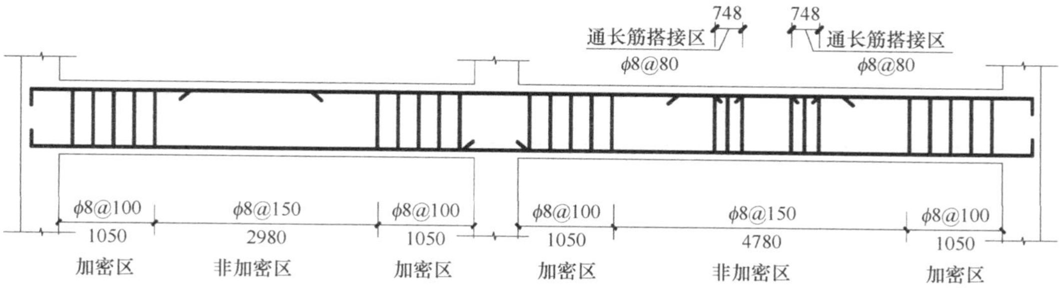

图 3.1.58　箍筋布置示意（假定受力纵筋搭接连接）

第三步，计算箍筋工程量。

本题只需计算箍筋根数。

该梁有 6 个加密区，4 个非加密区。

$$n=\sum（加密区布置范围/间距+1）+\sum（非加密区布置范围/间距-1）$$

$$n=[(1050-50)/100+1]\times4+(748/80+1)\times2+[(2980/150-1)+(4780-(748\times2)/150-3)]$$
$$=11\times4+11\times2+19+19=104(根)$$

式中，4780–(748×2)/150–3 是右跨 3 个非加密区根数的总和，因为有 3 个非加密区，所以要减 3。

案例 17：计算图 3.1.51 所示梁平法图拉筋长度及根数。已知拉筋直径同箍筋直径，间距为非加密区箍筋间距的两倍。

拉筋单根预算长度=梁宽$-2c+\max\{10d, 75\}\times2+1.9d\times2$

$$L=300-2\times25+80\times2+1.9\times8\times2=441(mm)$$

$$根数=排数\times\sum[(净跨长-50\times2)/间距+1]$$

$$根数=2\times\{[(5080-50\times2)/300+1]+[(6880-50\times2)/300+1]\}=2\times(18+24)=84(根)$$

课内练习

1. 已知某楼层梁平法施工图如图 3.1.59 所示，梁柱混凝土强度等级均为 C30，柱箍筋混凝土保护层厚度 30mm，柱纵筋直径均为 25mm，箍筋直径均为 10mm，抗震等级三级，梁箍筋混凝土保护层厚度 30mm，要求参考 11G101-1 图集，请绘出梁详图并计算梁纵筋和箍筋工程量。

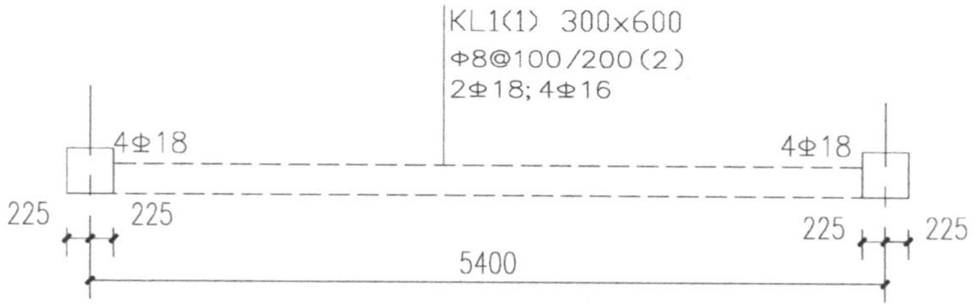

图 3.1.59　某楼层梁平法施工图

2. 已知 11G101-1 图集屋面框架梁纵筋标准构造详图如图 3.1.60 所示，与图 3.1.52 相比，找出屋面框架梁与楼面框架梁纵筋构造的不同点。

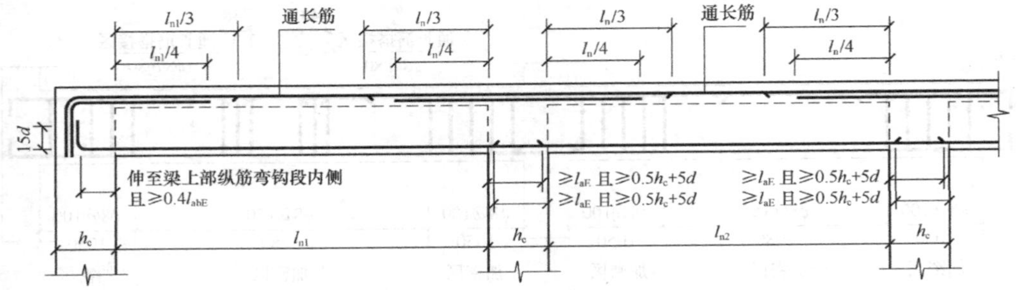

（a）抗震屋面框架梁 WKL 纵向钢筋构造

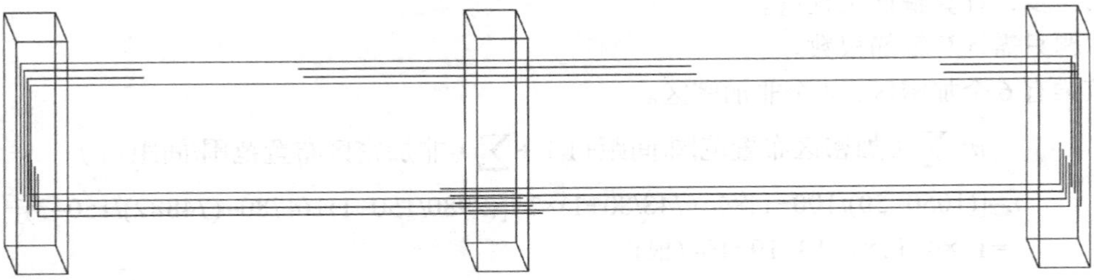

（b）屋面框架梁纵向钢筋三维示意

图 3.1.60

3. 已知 11G101-1 图集中关于“非框架梁配筋构造”要求如图 3.1.61 所示，根据图集要求绘出图 3.1.62 非框架 L4 详图。

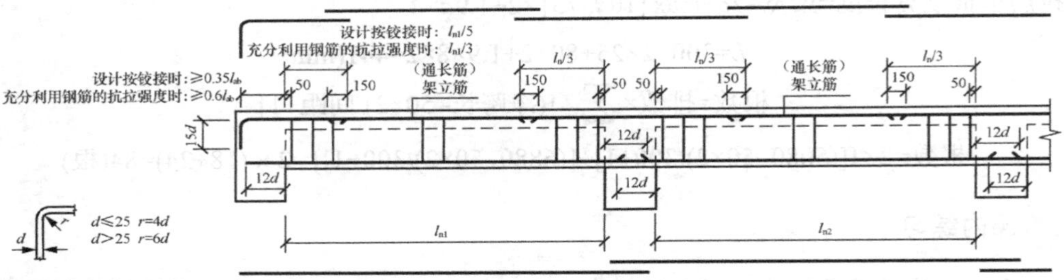

纵向钢筋弯折要求

非框架梁 *L* 配筋构造

（梁上部通长筋连接要求见注 3）

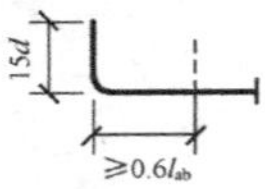

图 1

注：1. 跨度值 l_n 为左跨 l_{ni} 和右跨 l_{ni+1} 之较大值，其中 i=1，2，3...

2. 当端支座为柱、剪力墙（平面内连接）时，梁端部应设箍筋加密区，设计应确定加密区长度。设计未确定时取该工程框架梁加密区长度。梁端与柱斜交，或与圆柱相交时的箍筋起始位置见 11G101-1 图集第 85 页。

3. 当梁上部有通长钢筋时，连接位置宜位于跨中 $l_{ni}/3$ 范围内；梁下部钢筋连接位置宜位于支座 $l_{ni}/4$ 范围内；且在同一连接区段内钢筋接头面积百分率不宜大于 50%。

4. 钢筋连接要求见 11G101-1 图集第 55 页。

5. 当梁纵筋（不包括侧面 G 打头的构造筋及架立筋）采用绑扎搭接接长时，搭接区内箍筋直径及间距要求见 11G101-1 图集第 54 页。

6. 当梁配有受扭纵向钢筋时，梁下部纵筋锚入支座的长度应为 l_a，在端支座直锚长度不足时可弯锚，见图 1。当梁纵筋兼做温度应力筋时，梁下部钢筋锚入支座长度由设计确定。

7. 纵筋在端支座应伸至主梁外侧纵筋内侧后弯折，当直段长度不小于 l_a 时可不弯折。

8. 当梁中纵筋采用光面钢筋时，图中 12*d* 应改为 15*d*。

9. 梁侧面构造钢筋要求见 11G101-1 图集第 87 页。

10. 图中“设计按铰接时”“充分利用钢筋的抗拉强度时”由设计指定。

11. 弧形非框架梁的箍筋间距沿梁凸面线度量。

图 3.1.61

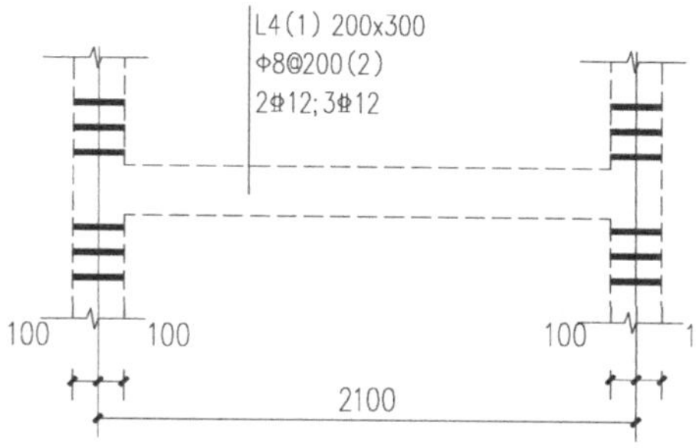

图 3.1.62 非框架 L4 详图

4. 已知 11G101-1 图集中关于“外伸梁配筋构造”，如图 3.1.63 所示，根据图集要求，绘出图 3.1.64 外伸梁悬挑端详图。

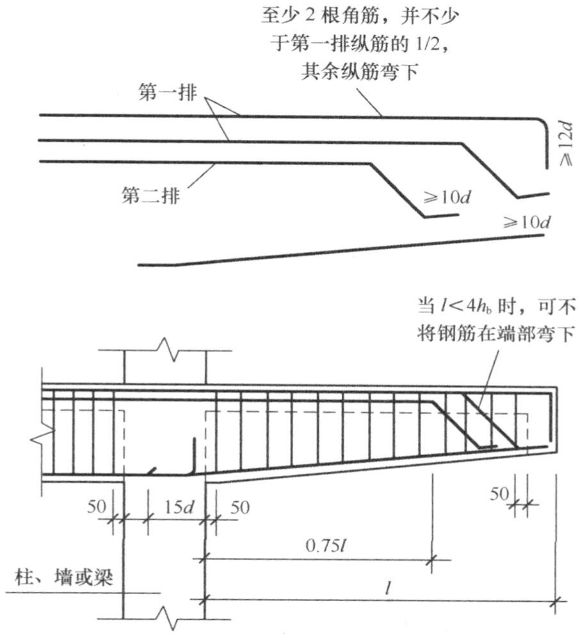

图 3.1.63 外伸梁配筋构造示意

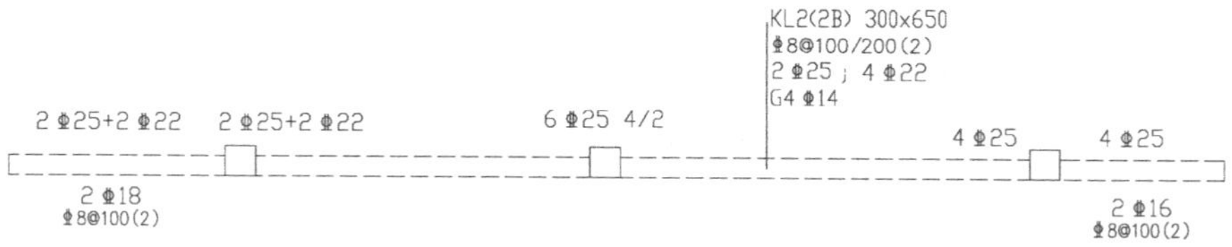

图 3.1.64 外伸梁悬挑端详图

5. 已知 11G101-1 图集中关于变截面梁纵筋构造要求如图 3.1.65 所示，根据图集要求，绘出图 3.1.66 所示变截面梁详图。

6. 已知某楼层梁平法施工图如图 3.1.67 所示，吊筋 2 根直径为 16mm，HRB335，梁柱混凝土强度等级均为 C35，抗震等级二级，梁箍筋混凝土保护层厚度 30mm，柱箍筋混凝土保护层厚度 30mm，柱纵筋直径均为 25mm，箍筋直径均为 10mm，钢筋定值长度 9m，搭接连接，请绘出梁详图并计算梁钢筋工程量。

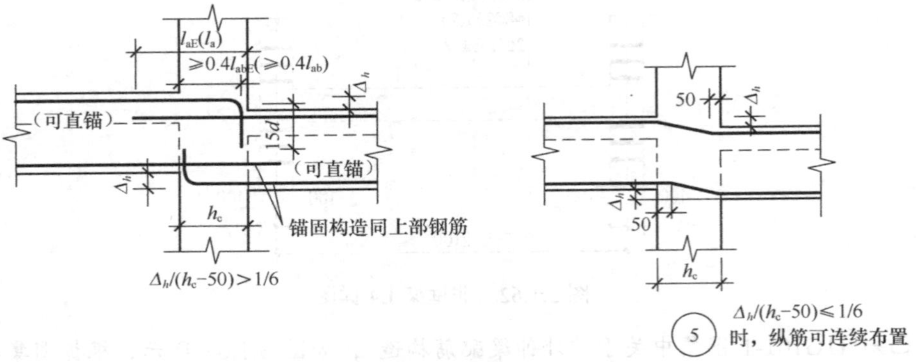

（a）楼层框架梁中间支座纵向钢筋连接构造

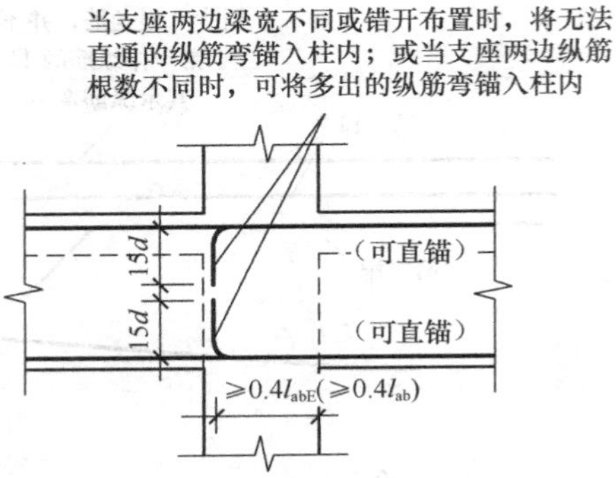

（b）当支座两边梁宽不等时梁纵筋构造

图 3.1.65　变截面梁纵筋构造要求

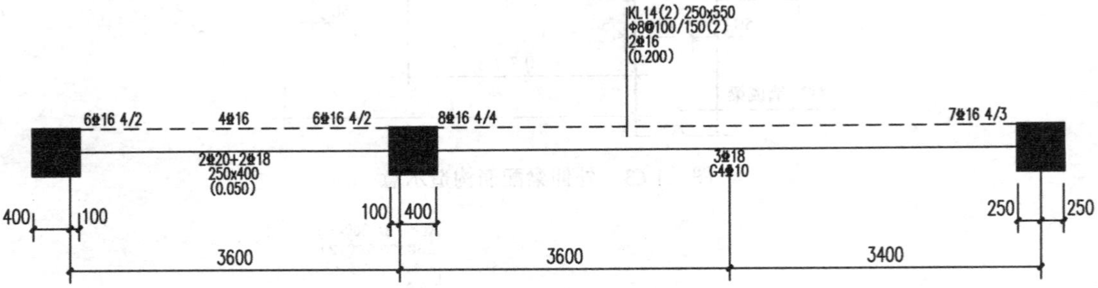

图 3.1.66　变截面梁详图

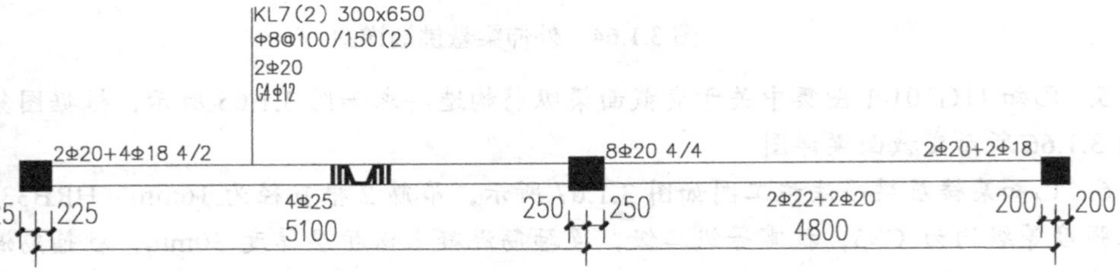

图 3.1.67　某楼层梁平法施工图

3.2 板

3.2.1 现浇板基本知识与配筋构造原理

一、钢筋混凝土楼屋盖分类

按照施工方法不同，楼屋盖可分为现浇整体式、预制装配式、装配整体式楼盖 3 种。

1. 现浇整体式楼盖

现浇钢筋混凝土楼盖是在施工现场立模现浇的，它的整体性好，刚度大，抗震抗冲击性好，防水性好，对不规则平面的适应性强，开洞容易。其缺点是需要大量的模板，现场的作业量大，工期也较长。现浇整体式楼盖是我国目前广泛采用的一种楼盖形式。

2. 预制装配式楼盖

装配式钢筋混凝土楼盖是把楼盖分为板等构件，在工厂或预制场先制作好，然后在施工现场进行安装。装配式楼盖可以节省模板，改善制作时的施工条件，提高劳动生产率，加快施工进度，但整体性、刚度、抗震性能差。

3. 装配整体式楼盖

装配整体式钢筋混凝土楼盖是在预制板吊装就位后，在其上现浇一层钢筋混凝土与之连接成整体，这样就形成了装配整体式楼盖。装配整体式楼盖可加强楼盖的整体性，提高楼盖的刚度和抗震性能；同时又比现浇楼盖节省模板。

按照结构形式不同，钢筋混凝土楼盖分为肋梁楼盖、无梁楼盖、空心楼盖等，如图 3.2.1 所示。下面简要介绍两种形式。

（a）肋形楼盖

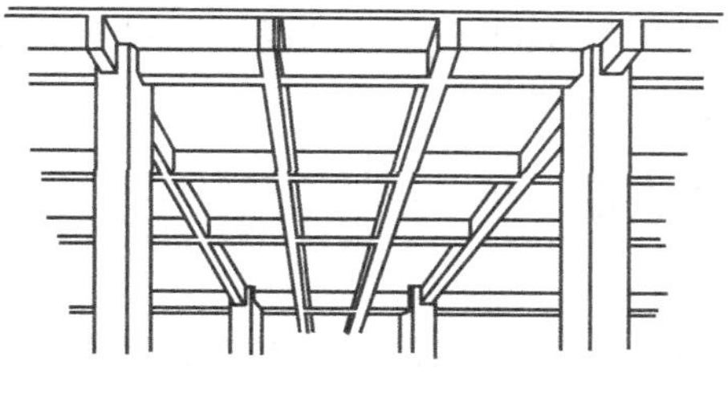

（b）密筋楼盖

（c）井式楼盖

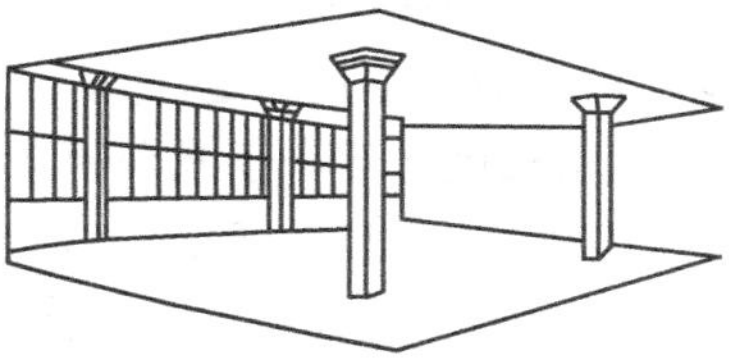

（d）无梁楼盖

图 3.2.1 钢筋混凝土楼屋盖分类

（e）空心楼盖

图 3.2.1　钢筋混凝土楼屋盖分类（续）

1. 肋梁楼盖

肋形楼盖由楼板、次梁和主梁等所组成。无梁楼盖中没有梁，板荷载直接传给柱子。

常见的肋形楼盖有单向板肋形楼盖、双向板肋形楼盖、密肋楼盖、井式楼盖等。

工程中一般情况下把肋距≤1.5 m 的单向或双向肋形楼盖称为密肋楼盖，密肋楼盖中的楼板称为密肋板。这一楼板体系适用于跨度和荷载较大的、大空间的多层和高层建筑，如商业楼、办公楼、图书馆、展览馆、教学楼、研究楼、学校、车站、候机楼等大中型公共建筑，也适用于多层工业厂房、仓库、车库以及地下人防工程和地下车库等工程。与一般的平板、无梁楼板等相比，密肋楼板的刚度大、变形小、抗震性能好。

井式楼盖是由双向板演化来的一种楼盖形式，其主要特点是两个方向的梁截面高度通常相等，不分主次梁，共同承受楼板传来的荷载。

2. 无梁楼盖

使用无梁楼盖的体系叫板柱结构体系，它的特点是室内楼板下不设置梁，空间通畅简洁，平面布置灵活，能降低建筑物层高，适用于多层厂房、仓库，公共建筑的大厅，也可用于办公楼和住宅等。

二、现浇板

1. 分类

现浇整体式楼盖是我国目前广泛采用的一种楼盖形式，且以现浇双向板和单向板楼盖应用最为广泛。

常见的现浇板按受力和传力方式及楼盖形式不同又分为单向板、双向板、密肋板、无梁楼板、悬臂板等。单向板上的荷载仅沿一个方向传递，或者沿另外一个方向传递的荷载可以忽略；双向板上荷载沿两个方向都传递。如图 3.2.2 所示。《混凝土结构设计规范》规定如下。

（1）两对边支撑的板应按单向板计算。

（2）四边支撑的板应按下列规定计算。

① 当长边与短边长度之比小于或等于 2.0 时，应按双向板计算。

② 当长边与短边长度之比大于 2.0，但小于 3.0 时，宜按双向板计算；当按沿短边方向受力的单向板计算时，应沿长边方向布置足够数量的构造钢筋。

③ 当长边与短边长度之比大于或等于 3.0 时，可按沿短边方向受力的单向板计算。

只有一端有支撑的板称为悬臂板，因其只有一端有支撑，对变形比较敏感，所以一般用于工程中受荷载较小的部位，如挑出长度较小的雨篷、挑檐及空调支撑板等。

密肋楼盖中的板称为密肋板，无梁楼盖中的板称为无梁板。

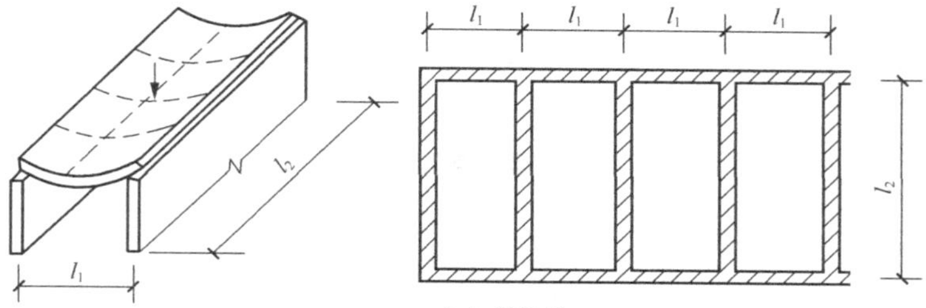

（a）单向板

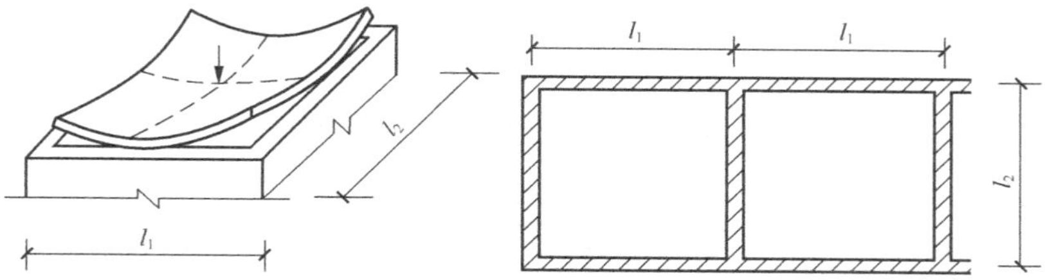

（b）双向板

图 3.2.2

2. 厚度

按构造要求，现浇板的厚度不应小于表 3.2.1 所列数值。现浇板的厚度一般取 10mm 的倍数，工程中现浇板的常用厚度为 60mm、70mm、80mm、100mm、120mm 等。

《混凝土结构设计规范》指出，现浇混凝土板的尺寸宜符合下列规定。

板的跨厚比：钢筋混凝土单向板不大于 30，双向板不大于 40；无梁支承的有柱帽板不大于 35，无梁支承的无柱帽板不大于 30。预应力板可适当增加；当板的荷载、跨度较大时宜适当减小。

对于四边支撑的板，板的跨度指板的短边尺寸。

现浇钢筋混凝土板的厚度不应小于表 3.2.1 规定的数值。

表 3.2.1　现浇钢筋混凝土板的最小厚度　（mm）

板的类别		最小厚度
单向板	屋面板	60
	民用建筑楼板	60
	工业建筑楼板	70
	行车道下的楼板	80
双向板		80
密肋板	面板	50
	肋高	250
悬臂板（根部）	悬臂长度不大于 500mm	60
	板的悬臂长度 1200mm	100
无梁楼板		150
现浇空心楼盖		200

课内练习

某砖混结构住宅楼局部结构施工图如图 3.2.3 所示，板的厚度是否符合规范要求？

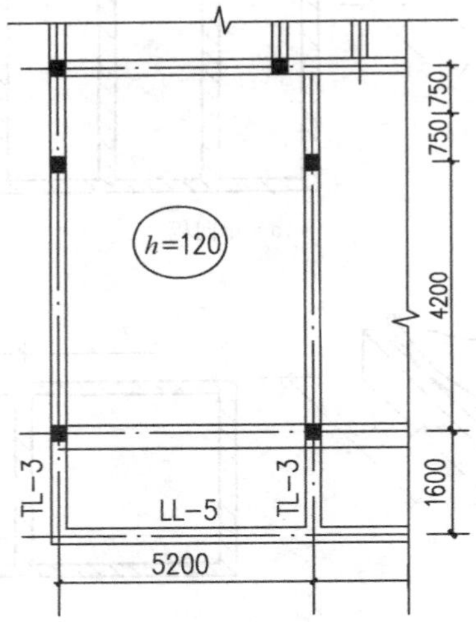

图 3.2.3　住宅楼局部结构施工图

3. 现浇板配筋构造

现浇板的配筋方式有弯起式和分离式两种。弯起式配筋是指受力筋在支座处弯起（承受支座剪力），这种配筋方式钢筋锚固好，整体性强，节约钢材，但施工较为复杂，目前已很少用。分离式配筋指跨中和支座全部采用直钢筋，跨中和支座钢筋各自单独选配，分离式配筋的特点是配筋构造简单，施工方便，耗钢量较多。

板和梁都是受弯构件，因板截面宽度远大于截面高度，混凝土可承担全部截面剪力，一般不配置抗剪钢筋（箍筋），仅配置抗弯钢筋。

（1）简支单向板。这种单向板荷载只沿一个方向传递（即单向板仅考虑一个方向的弯曲变形），沿弯曲变形的方向配置受力钢筋，受力钢筋与受压区混凝土共同承受板内弯矩，受力钢筋配置在板受拉区。简支单向板钢筋如图 3.2.4 所示。

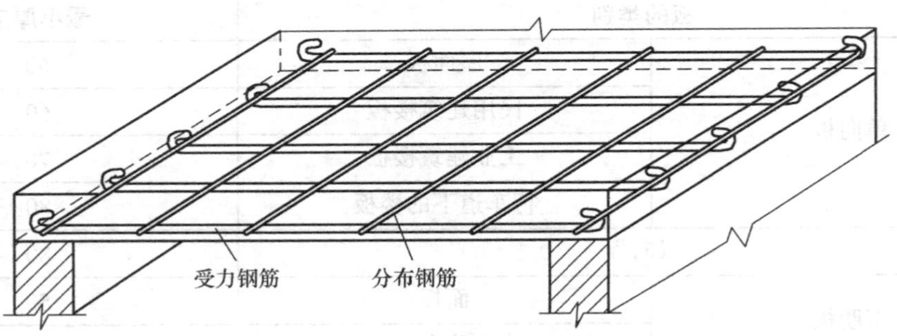

图 3.2.4　单向板钢筋示意

垂直于受力钢筋在受力钢筋内侧配置分布钢筋，分布钢筋作用有 3 个：一是固定受力钢筋的位置形成钢筋网；二是将板上荷载有效地传给受力钢筋；三是防止温度变化或砼收缩等原因使板沿跨度方向产生裂缝。

（2）简支双向板。简支双向板与四边支撑简支单向板钢筋唯一不同点是板下皮两个方向钢筋均为受力钢筋。如图 3.2.5 所示。

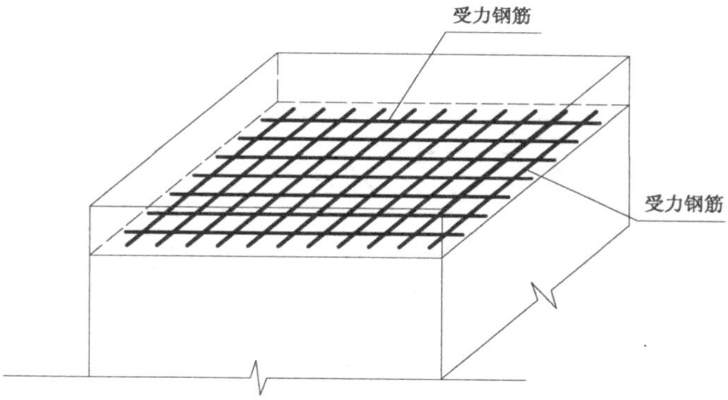

图 3.2.5　简支双向板下皮双向受力钢筋网

（3）连续板。连续板（单向板、双向板）的钢筋分上皮和下皮，板下皮的双向钢筋网与简支单向板和双向板完全相同。因支座处板承受负弯矩（即板上边缘受拉），应在板边上部设置垂直于板边的负弯矩钢筋（负弯矩钢筋伸出支座一定长度加直角弯钩弯至板底），负弯矩钢筋内侧也需布置分布钢筋。连续板钢筋如图 3.2.6 和图 3.2.7 所示。

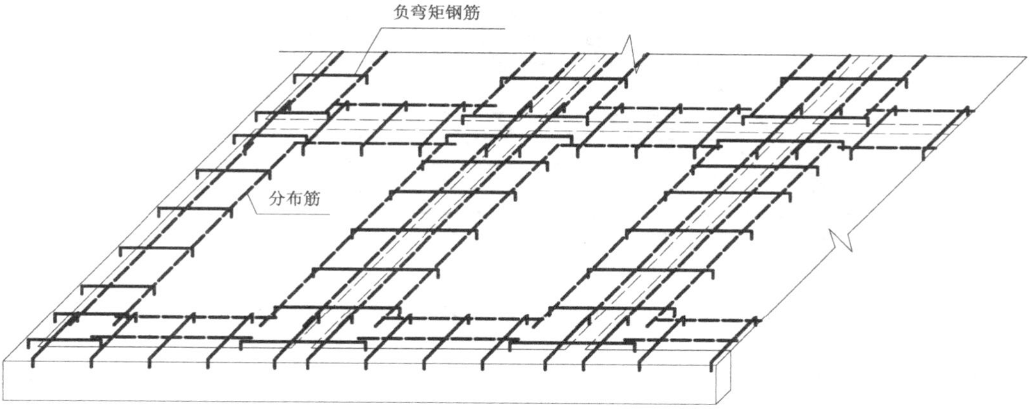

图 3.2.6　板上皮负弯矩筋和内侧分布筋示意

图 3.2.7　现浇板钢筋

板跨中上皮没有受力钢筋，当板厚度较大或者温度变化时混凝土易产生裂缝，此时，宜在板的跨中上皮加设双向钢筋网。按作用不同，板跨中上皮的双向钢筋网分为抗裂构造钢筋和抗温度筋，如图 3.2.8 所示。

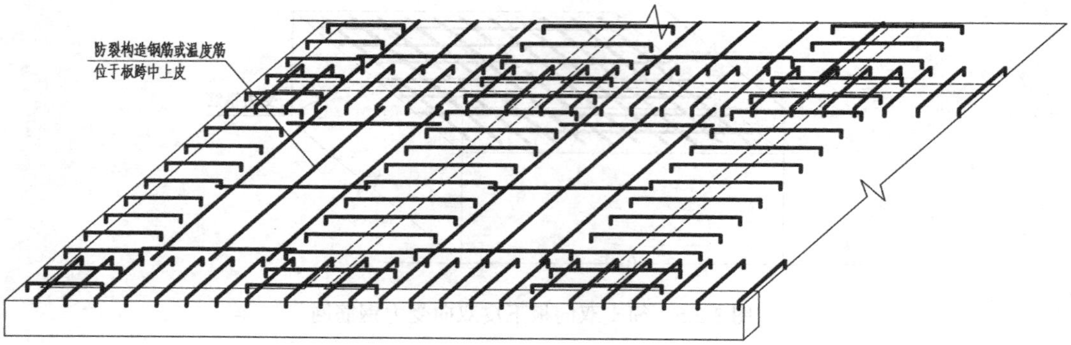

图 3.2.8　防裂构造钢筋或温度筋

防裂构造钢筋或温度筋可利用原有钢筋贯通布置，也可另行设置钢筋并与原有钢筋按受拉钢筋的要求搭接（l_l）或在周边构件中锚固，如图 3.2.9 所示。

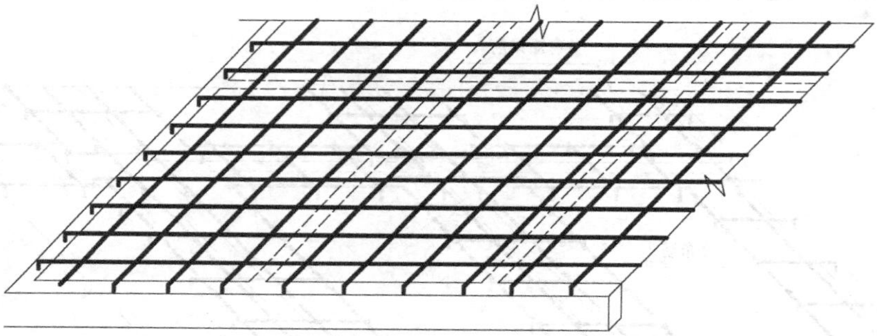

图 3.2.9　板上皮钢筋贯通布置起抗裂、抗温度钢筋作用

（4）悬臂板。悬臂板弯曲变形后上边缘受拉，受力钢筋配置在板上皮，沿受力钢筋内侧配置分布钢筋，分布筋位于受力筋内侧，如图 3.2.10 所示。悬臂板下皮无受力筋，为防止混凝土收缩或温度变化，下皮也可以配置双向钢筋网。

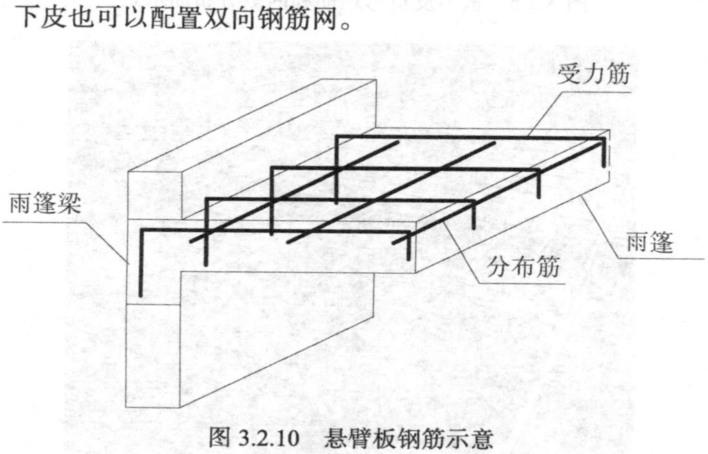

图 3.2.10　悬臂板钢筋示意

3.2.2 现浇板平面图

现浇板施工图分为平面图和平法图，平面图简单、直观，应用更为广泛。下面重点介绍平面图。

平面图是俯视图，无法直接表达钢筋的上下皮位置，制图规则规定通过钢筋的弯钩（HPB300）或截断符号（HRB335、HRB400、RRB400）表达钢筋的上下位置。下皮的钢筋弯钩或截断符号向上和向左，上皮的钢筋弯钩或截断符号向下和向右。

案例 1：某现浇板结构施工图和结构设计说明如表 3.2.2 所示，读图回答下列问题。

表 3.2.2　　施工图、结构设计说明及问题

<table>
<tr><td>施工图</td><td>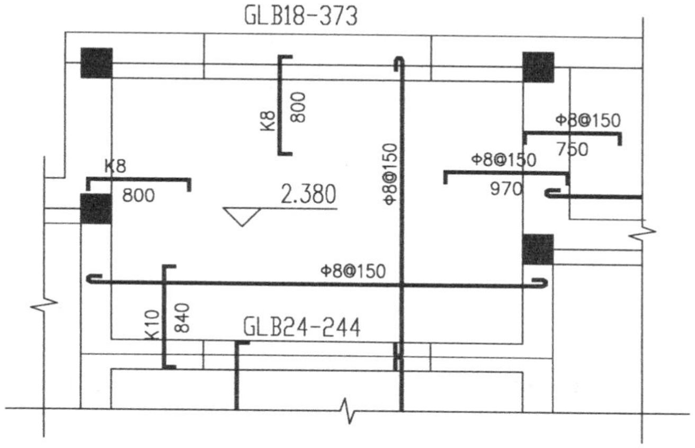

1. 现浇板板顶标高：2.400（特殊注明除外）
2. 图中 K8 表示ϕ8@200；K10 表示ϕ10@200
3. 现浇板厚未注明的均为 100mm
图 3.2.11　现浇板结构施工图</td></tr>
<tr><td>结构设计说明</td><td>1. 管道穿梁处预埋钢套管
2. 板内孔洞尺寸不大于 300mm 时，板筋从洞边绕过不得截断
3. 厨房、卫生间现浇板伸入墙内部分做泛沿处理，现浇板向墙内伸 120mm，向上翻 180mm；厨房、卫生间安装设备的位置用实心配砖或实心砖砌筑
4. 梁跨度大于或等于 4m 时，模板按跨度的 0.2%起拱；悬臂梁按悬臂长度的 0.4%起拱。起拱高度不小于 20mm
5. 板跨度大于或等于 4m 时，要求板跨中起拱高为板跨的 1/400
6. 现浇楼板板内主筋伸入支座锚固长度 $l_a \geqslant 5d$，板内分布筋除特别注明外均为ϕ6@200
7. 上下水管道及设备空洞均需按平面图所示位置及大小预留，不得后凿
8. 当洞边至柱边墙垛尺寸≤130mm 时，墙垛可用素混凝土</td></tr>
<tr><td>问题</td><td>1. 板下皮双向钢筋网的钢筋种类是什么？直径和间距是多少
2. 4 个支座处负弯矩筋的钢筋种类是什么？直径和间距是多少
3. 现浇板的顶面标高是多少
4. 现浇板的厚度是多少
5. 哪些钢筋不在图纸中直接绘出
6. 负弯矩筋内侧的分布筋直径和间距是多少
7. 该板跨中上皮是否设置抗裂钢筋网</td></tr>
</table>

案例 2：某现浇板结构施工图和结构设计说明如表 3.2.13 所示，读图回答下列问题。

表 3.2.3　　施工图、结构设计说明及问题

施工图	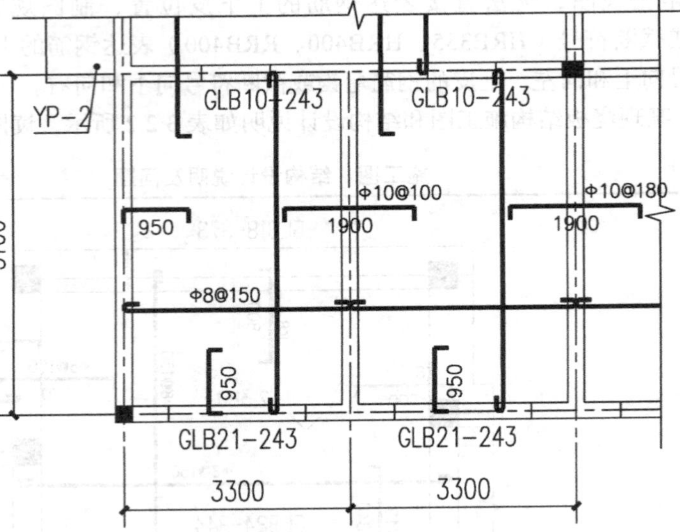 1. 板顶标高：3.550（特殊注明除外），现浇板厚都是 100mm（特殊注明除外） 2. 图中没注明钢筋都是ϕ8@200；K10 表示ϕ10@200 图 3.2.12　现浇板结构施工图
结构设计说明	1. 板跨度大于或等于 4m 时，要求板跨中起拱高为板跨的 1/400 2. 现浇楼板板内主筋伸入支座锚固长度 $l_a \geqslant 5d$，板内分布筋除特别注明外均为ϕ6@200 3. 上下水管道及设备空洞均需按平面图所示位置及大小预留，不得后凿 4. 过梁未注明的均选一级过梁；预制过梁遇梁柱时改为现浇 5. 当洞边至柱边墙垛尺寸≤130mm 时，墙垛可用素混凝土 6. 现浇板跨中上皮按省院通用图 YBG10 和设抗裂钢筋网（SN4）
问题	1. 板下皮双向钢筋网的钢筋种类是什么？直径和间距是多少？哪个方向钢筋位于外侧 2. 4 个支座处负弯矩筋的钢筋种类是什么？直径、间距和水平长度是多少 3. 两块现浇板的顶面标高是否相同 4. 两块现浇板的厚度是多少 5. 哪些钢筋不在图纸中直接绘出 6. 负弯矩筋内侧的分布筋直径和间距是多少 7. 该板跨中上皮是否设置抗裂钢筋网 8. 图中板是单向板还是双向板

案例 3：某现浇板局部结构施工图和结构设计说明如表 3.2.4 所示，读图回答下面问题。

表 3.2.4　　　　　　　　　　施工图、结构设计问题

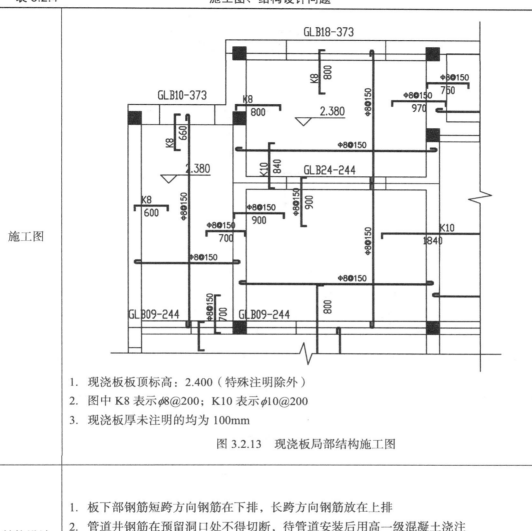

施工图	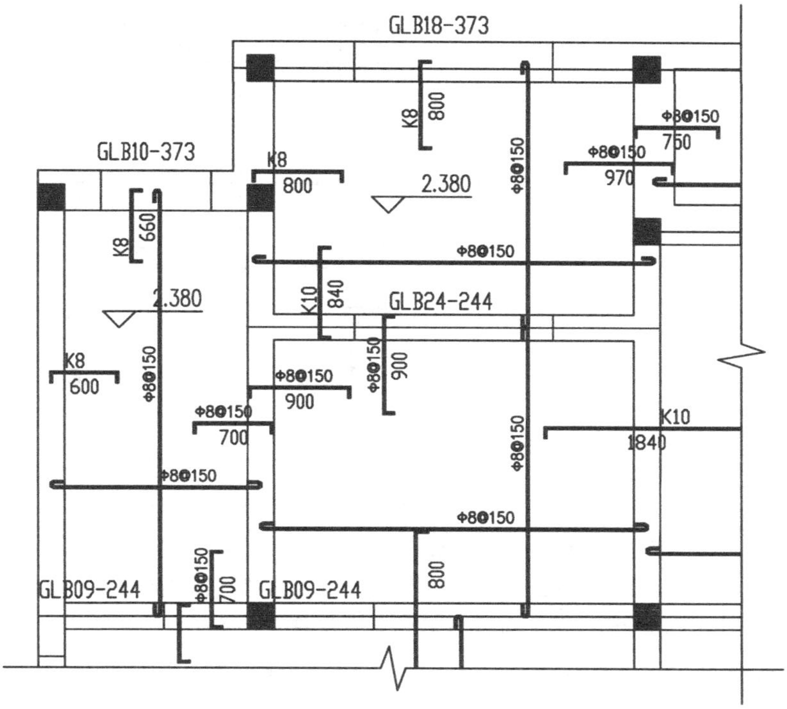 1. 现浇板板顶标高：2.400（特殊注明除外） 2. 图中 K8 表示ϕ8@200；K10 表示ϕ10@200 3. 现浇板厚未注明的均为 100mm 图 3.2.13　现浇板局部结构施工图
结构设计说明	1. 板下部钢筋短跨方向钢筋在下排，长跨方向钢筋放在上排 2. 管道井钢筋在预留洞口处不得切断，待管道安装后用高一级混凝土浇注 3. 卫生间现浇板沿墙上翻 200mm，以防水混凝土浇筑，厚度同墙厚 4. 现浇板钢筋未注明分布筋均为ϕ6@200；短跨≥3.3m 的现浇板上表面素砼区需增设构造钢筋网，做法详见 L03G323 第 47 页
问题	1. 各现浇板的顶面标高是否相同 2. 相邻板为什么不共同使用同一负弯矩筋

案例 4：某现浇板局部结构施工图和结构设计说明如表 3.2.5 所示，读图回答下列问题。

表 3.2.5 施工图及问题

<table>
<tr><td>施工图</td><td>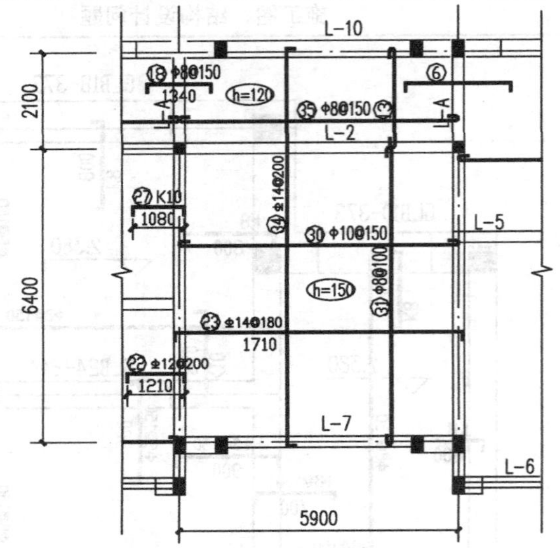

图 3.2.14 现浇板局部结构施工图</td></tr>
<tr><td>问题</td><td>1. 厚度为 150mm 现浇板板下皮双向钢筋网的编号是什么？上皮双向钢筋网编号是什么
2. 厚度为 120mm 现浇板内侧⑭、⑲号负弯矩筋内侧是否设分布筋
3. ㉝号筋在厚 120mm 板内侧是否需要加分布筋</td></tr>
</table>

案例 5：某砌体结构住宅楼挑檐板角部附加钢筋如表 3.2.15 所示，读图回答下列问题。

表 3.2.6 施工图及问题

<table>
<tr><td>施工图</td><td>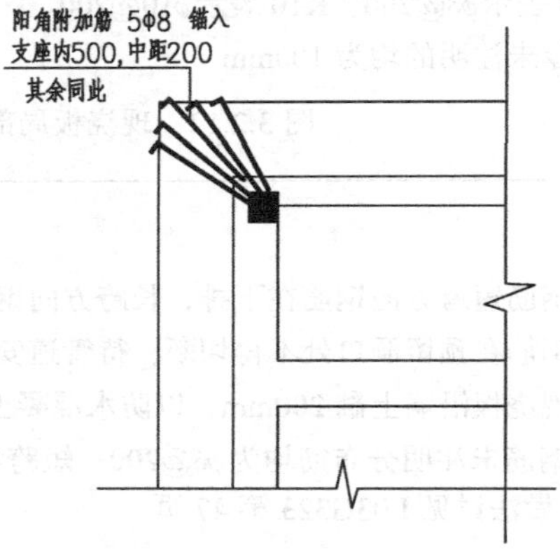

图 3.2.15 悬臂板阳角附加钢筋</td></tr>
<tr><td>问题</td><td>1. 挑檐板角部附加钢筋的根数是多少？附加钢筋位置在板上皮还是下皮
2. 为什么要在挑檐板角部附加钢筋</td></tr>
</table>

课内练习

已知砌体结构砌体墙厚均为 240mm，定位轴线居中。读图 3.2.16，回答问题。

1. 说出图中每一块板顶面标高和厚度。
2. 说出雨篷板的顶面板高和厚度，说出其受力筋和分布筋。

3. 描述 CE13 轴围成现浇板钢筋。
4. 描述 AB12 轴围成现浇板钢筋。
5. 描述 45BC 轴围成现浇板钢筋。
6. 板跨中上皮是否设置抗裂构造钢筋网？哪些板跨中上皮需加设？

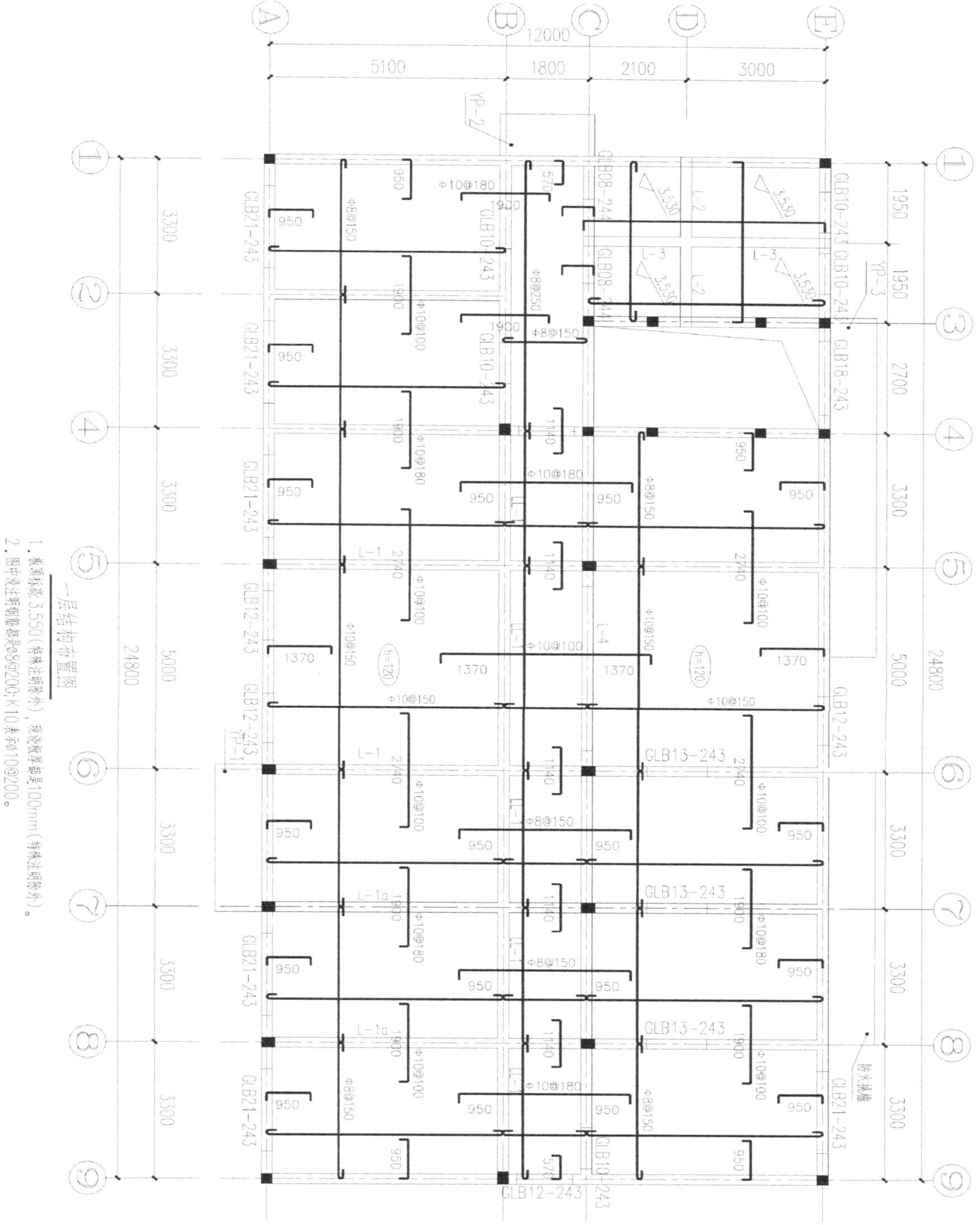

图 3.2.16

结构设计说明

1．管道穿梁处预埋铜套管。

2．板内孔洞尺寸不大于 300mm 时，板筋从洞边绕过，不得截断。

3．卫生间现浇板伸入墙内部分做泛沿处理，现浇板向墙内伸 120mm，向上翻 180mm；卫生间安装设备的位置用实心配砖或实心砖砌筑。

4．板跨度大于或等于 4m 时，要求板跨中起拱高为板跨的 1/140，梁跨度大于或等于 4m 时，模板按跨度的 0.2%起拱。

5．现浇楼板板内主筋伸入支座锚固长度 $l_a \geq 5d$，板内分布筋除特别注明外均为 ϕ6@200。

6．上下水管道及设备空洞均需按平面图所示位置及大小预留，不得后凿。

7．当洞边至柱边墙垛尺寸≤130mm 时，墙垛可用素混凝土。

8．现浇板跨中上皮按省院通用图 YBG101 加设抗裂钢筋网（SN4）。

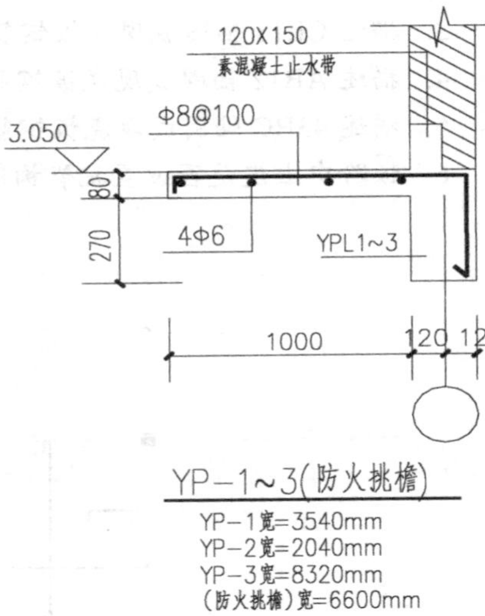

图 3.2.16（续）

3.2.3 有梁板平法图

有梁板平法图包括板块集中标注和板支座原位标注两部分。为方便设计表达和施工识图，制图规则规定当两向轴网正交布置时，图面从左至右为 X 向，从下至上为 Y 向。

板块集中标注的内容为板块编号、板厚、贯通纵筋以及当板面标高不同时的高差。板块代号如表 3.2.7 所示。

表 3.2.7　板块代号

板类型	代号	序号
楼面板	LB	××
屋面板	WB	××
悬挑板	XB	××

案例 6：某现浇板平面图与平法图对比如图 3.2.17 所示，描述平法图集中标注和原位标注，找出平面图和平法图不同点。

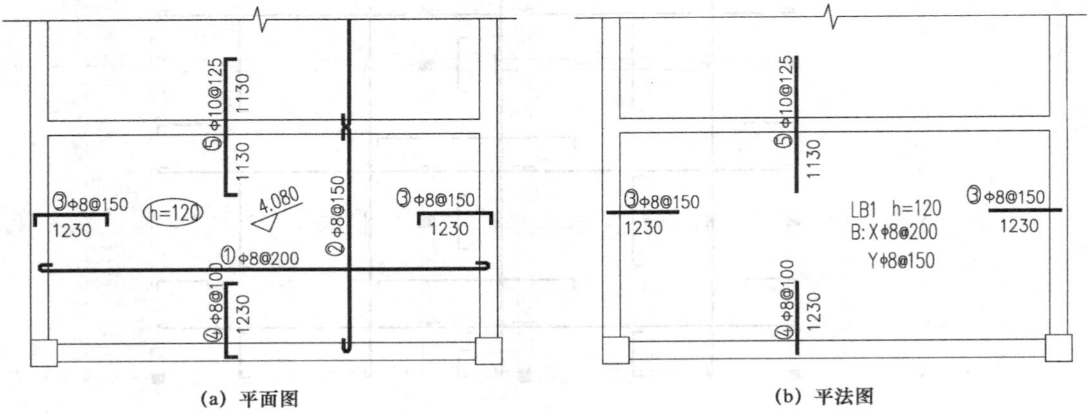

图 3.2.17　现浇板平面图与平法图

集中标注如下。

LB1　h=120

B:Xϕ8@200

　Yϕ8@200

　(4.080)

表示楼板 1，板厚为 120mm，板下部配置的贯通纵筋，自左至右直径均为 8mm，间距为 200mm，自下至上直径为 8mm，间距为 150mm，板顶标高为 4.080m，板上部未配置贯通纵筋。

原位标注如下。

左支座负筋编号为③，水平长度为 1230mm。

右支座负筋编号为③，水平长度为 1230mm。

下支座负筋编号为④，水平长度为 1230mm。

上支座负筋编号为⑤，对称伸出，自支座中心线一侧伸出长度为 1130mm。

平面图与平法图不同点如下。

（1）在平法图中贯通筋采用集中标注，不需绘出钢筋。

（2）平面图中板负筋绘出直角钩，平法图中不绘直角钩。

（3）平面图中板上部负筋标注两个长度，平法图中只标注一个长度。

案例 7：某现浇板平法图如图 3.2.18 所示，描述集中标注和原位标注表达的信息。

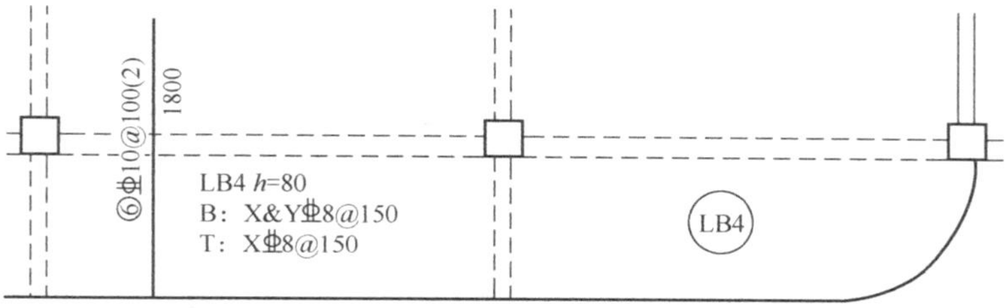

图 3.2.18　现浇板平法图原位标注

集中标注如下。

表示楼板 4，板厚为 80mm，板下部配置的贯通纵筋自左至右、自下至上均为直径均为 8mm 间距 150mm，板上部自左至右通长筋为直径 8mm，间距 150mm。

原位标注如下。

板上皮自下而上的钢筋编号为⑥，覆盖悬挑板一侧的伸出长度不注，自支座中心线伸出 1800mm 截断，⑥号筋沿支撑梁连续布置两跨。

案例 8：描述图 3.2.19 板原位标注表达信息。

表示板支座负筋编号为③，自支座中心线向左伸出 1800mm，向右伸出 1400mm。

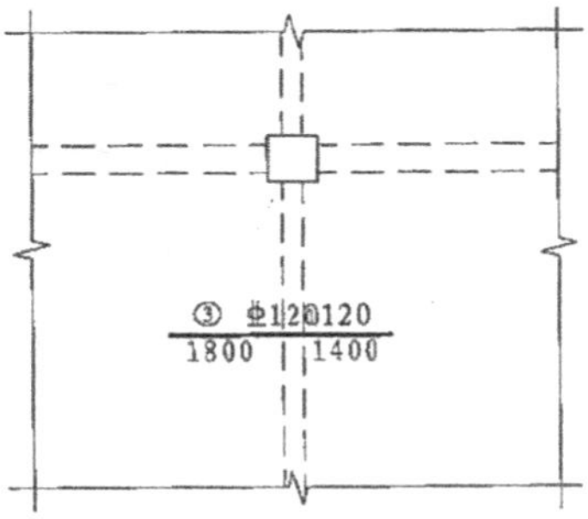

图 3.2.19　现浇板平法图原位标注

课内练习

读图 3.2.20 所示“15.870 板平法施工图”，说出图中每一块板的顶面标高、厚度、下皮双向钢筋网直径及间距，各支座负筋及负筋内侧分布的直径及间距，并说出哪些板上皮有通长筋，通长筋是 X 向还是 Y 向。

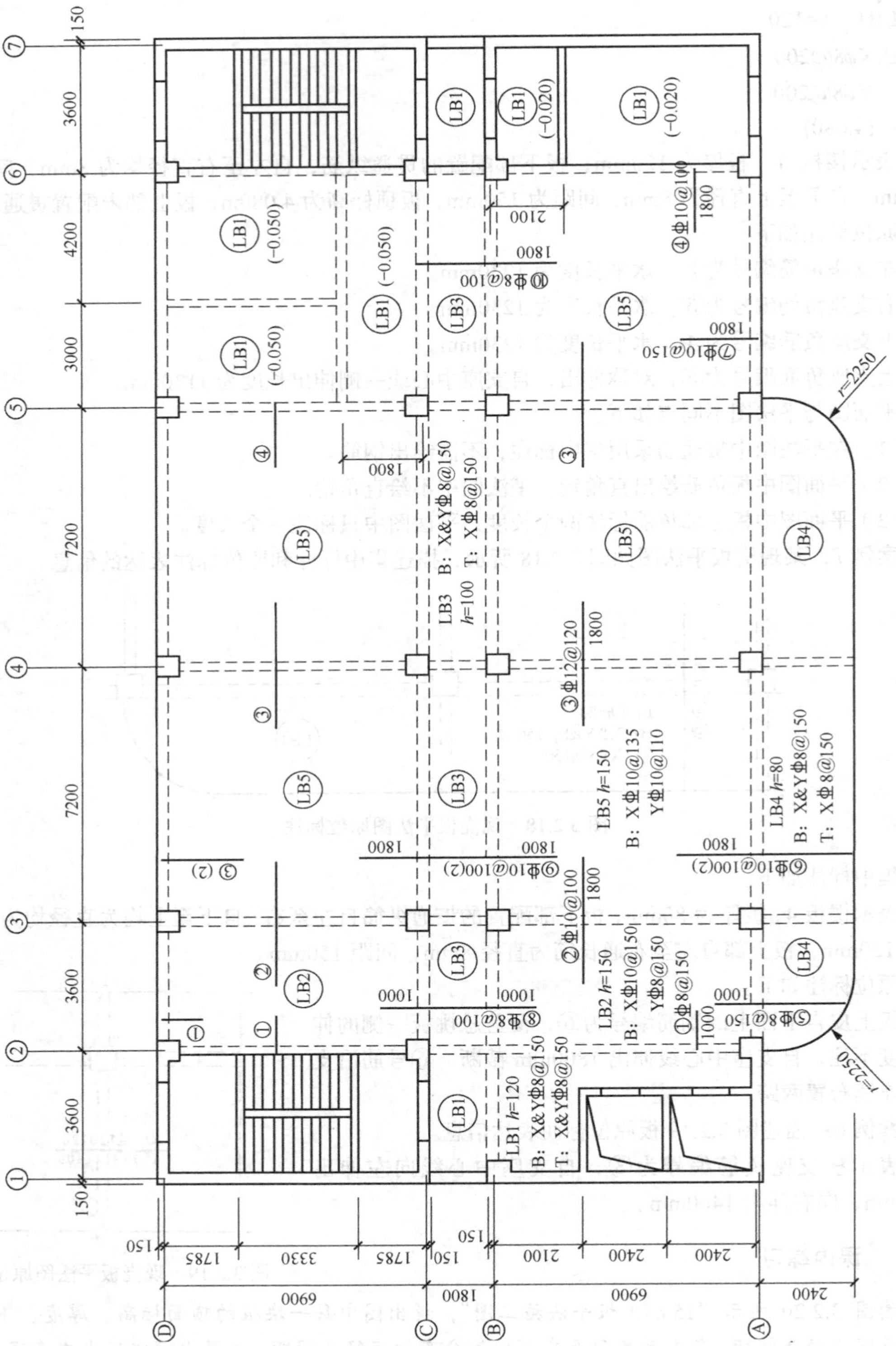

图 3.2.20　15.870　板平法施工图（未注明分布筋均为φ6@200）

3.2.4　现浇板钢筋工程量计算

现浇双向板内需计算钢筋如表 3.2.8 所示。

表 3.2.8　　　　现浇双向板内需计算钢筋

<table>
<tr><td colspan="2">下皮通长筋</td></tr>
<tr><td rowspan="2">上皮支座处截断负筋</td><td>端支座负筋</td></tr>
<tr><td>中间支座负筋</td></tr>
<tr><td colspan="2">上皮通长筋</td></tr>
<tr><td colspan="2">分布筋</td></tr>
<tr><td colspan="2">温度筋</td></tr>
</table>

案例 9：某现浇板平面图及柱梁截面位置尺寸示意如图 3.2.21、图 3.2.22 所示，计算①②③④⑤⑥号筋及分布筋、温度筋的长度及根数，统计板的钢筋工程量。已知梁箍筋混凝土保护层厚度 20mm，梁箍筋直径 10mm，纵筋直径 20mm，板混凝土保护层厚度 15mm，混凝土强度等级 C30。

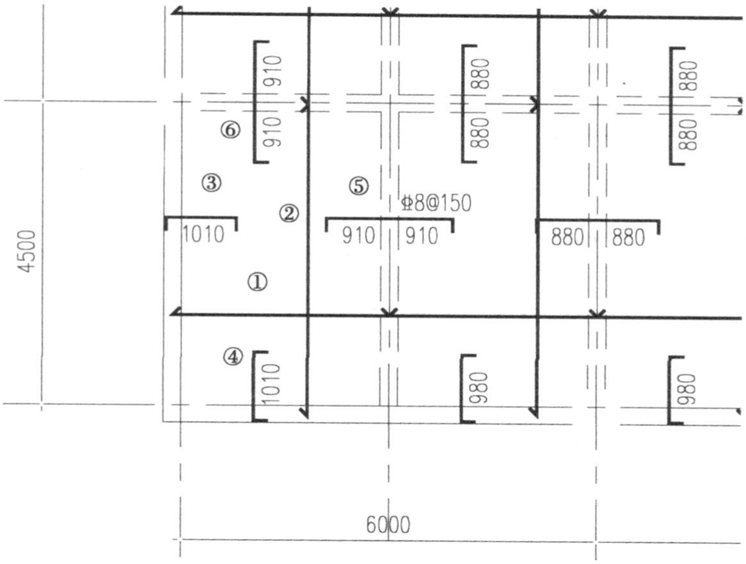

未注明现浇板厚 100mm，未注明受力筋为 Φ8@200，未注明分布筋为ϕ6@200，温度筋ϕ4@200。

图 3.2.21　4.980 板平面图

第一步：学习 11G101-1 图集关于现浇板钢筋构造的内容。

如图 3.2.23 所示，板下皮受力筋伸入支座内长度需满足两个条件：≥5d 且至少到梁的中线，距离支座 1/2 板筋间距放置第一根板筋，板负筋在板内直角钩长度为板厚减去两个保护层。板负筋伸至边支座外侧梁角筋内侧，竖直段为 15d，如图 3.2.24 所示。

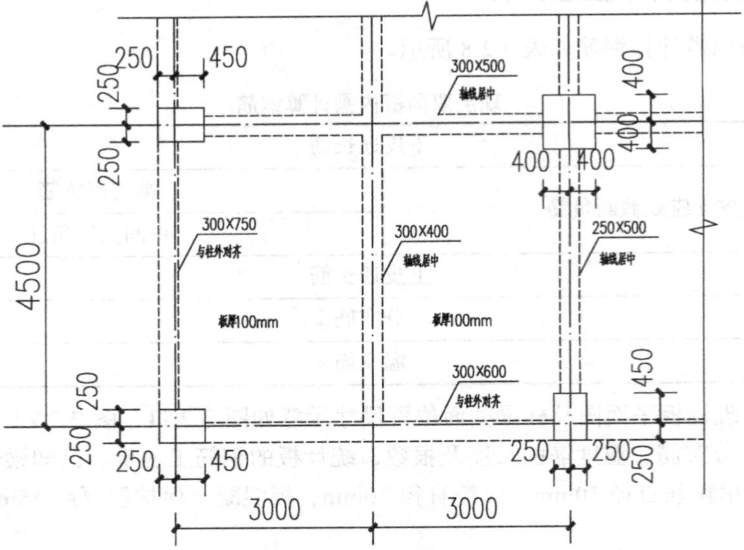

图 3.2.22　柱、梁截面尺寸示意

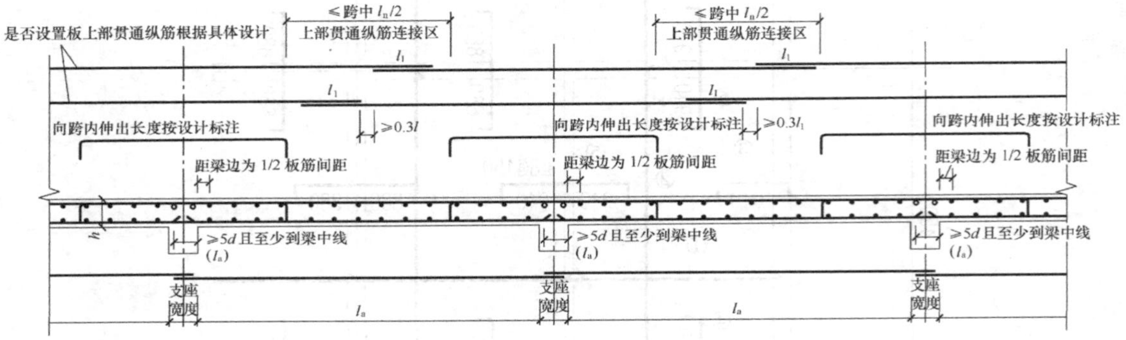

1. 当相邻等跨或不等跨的上部贯通纵筋配置不同时，应将配置较大者越过其标注的跨数终点或起点伸出至相邻跨的跨中连接区域连接。
2. 除本图所示搭接连接外，板纵筋可采用机械连接或焊接连接。接头位置：上部钢筋见11G101-1图所示连接区，下部钢筋宜在距支座 1/4 净跨内。
3. 板贯通纵筋的连接要求见11G101-1图集第55页，且同一连接区段内钢筋接头百分率不宜大于50%。不等跨板上部贯通纵筋连接构造详见11G101-1图集第93页。
4. 当采用非接触方式的绑扎搭接连接时，要求见11G101-1图集第94页。
5. 板位于同一层面的两向交叉纵筋何向在下何向在上，应按具体设计说明。
6. 图中板的中间支座均按梁绘制，当支座为混凝土剪力墙、砌体墙或圈梁时，其构造相同。
7. 纵筋在端支座应伸至支座（梁、圈梁或剪力墙）外侧纵筋内侧后弯折，当直段长度≥l_a时可不弯折。
8. 图中“设计按铰接时”“充分利用钢筋的抗拉强度时”由设计指定。

图 3.2.23　有梁楼盖楼面板和屋面板钢筋构造

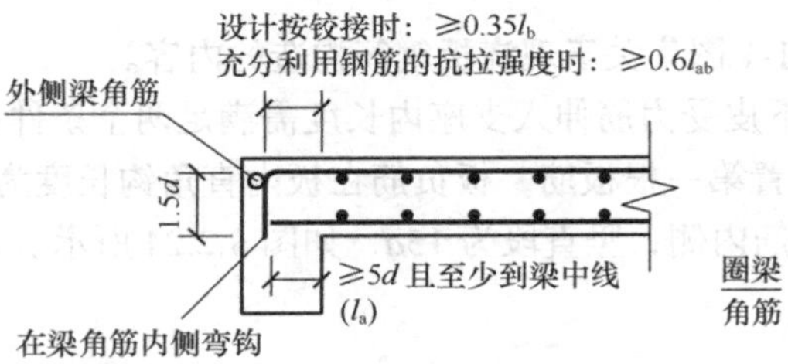

图 3.2.24　板端部支座为梁时锚固构造

第二步：分别绘出板下皮和上皮钢筋布置，如图 3.2.25 所示。

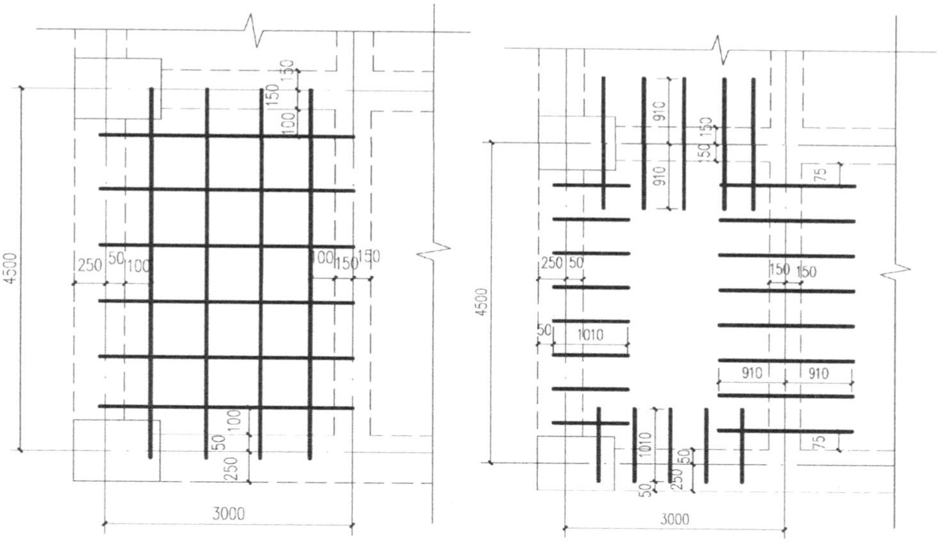

（a）下皮钢筋排布　　（b）上皮钢筋排布

图 3.2.25　下皮钢筋排布与上皮钢筋排布示意

第三步：总结计算公式并计算。

1．板底通长筋

（1）计算公式。

底筋长度=板净跨长+左伸进长度+右伸进长度

当受力筋为 HPB300 时，底筋长度=板净跨长+左伸进长度+右伸进长度+ $6.25d\times2$

左伸进长度=max{$5d$，左支座宽/2}

右伸进长度=max{$5d$，右支座宽/2}

板底钢筋长度计算示意如图 3.2.26 所示。

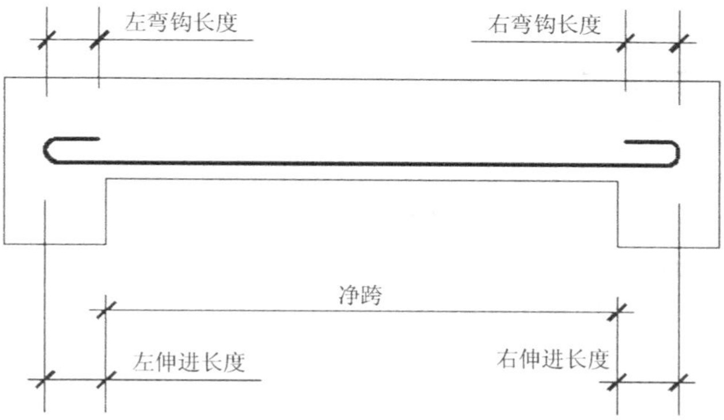

图 3.2.26　板底钢筋长度计算示意

板底筋根数=（净跨−板筋间距）/板筋间距+1

板底钢筋根数计算示意如图 3.2.27 所示。

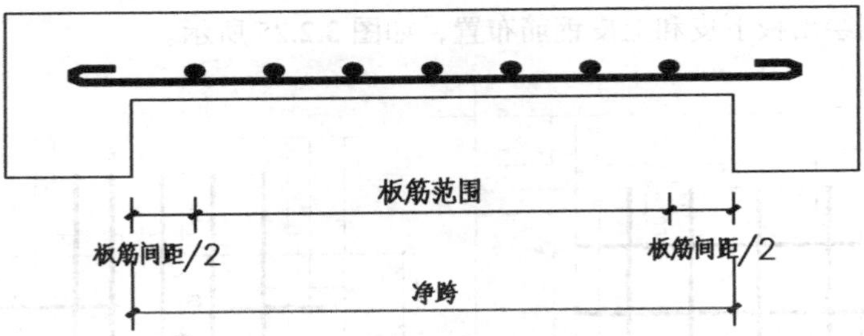

图 3.2.27　板底钢筋根数计算示意

（2）计算过程。

① 号筋长度=(3000–50–150)+150+150=3100（mm）

根数=[(4500–150–50)–200]/200+1=22（根）

② 号筋长度=(4500–50–150)+150+150=4600（mm）

根数=[(3000–150–50)–200]/200+1=14（根）

2. 支座负筋

（1）计算公式。

中间支座负筋长度=水平长度+左弯折长度+右弯折长度

弯折长度=h–2c

式中：h——现浇板厚；c——现浇板保护层。

注意左右弯折长度在不同板块中，厚度和保护层都可能不同，需要分别计算。

边支座负筋长度=水平长度+左弯折长度+右弯折长度

板中弯折长度=h–2c

支座中弯折长度=15d

支座负筋根数的计算方法与板底筋完全相同。

（2）计算过程。

③④号筋为端支座负筋，⑤⑥号筋为中支座负筋。

③号筋长度=1010+15×8+(100–15×2)=1200（mm）

③号筋根数=①号筋根数=22（根）

④号筋长度=③号筋长度=1200（mm）

④号筋根数=②号筋根数=14（根）

⑤号筋长度=910+910+(100–15×2)+(100 – 15×2)=1960（mm）

⑤号筋根数=[(4500–150–50) –150]/150+1=29（根）

⑥号筋长度=⑤号筋长度=1960（mm）

⑥号筋根数=②号或④号筋根数=14（根）

3. 分布筋

（1）计算公式。

跨中上皮无温度筋时，分布筋与另一方向负筋的重合长度为150mm。如图 3.2.28 所示。

分布筋长度=负筋净距+150×2

跨中上皮有温度筋时，分布筋与另一方向负筋的重合长度为搭接长度 l_l，搭接百分率为100%。如图 3.2.29 所示。

分布筋长度=负筋净距+$2l_l$

分布筋根数=（支座负筋板内净长−1/2 板筋间距）/分布筋间距+1

分布筋根数、分布筋长度及根数平面示意如图 3.2.30、图 3.2.31 所示。

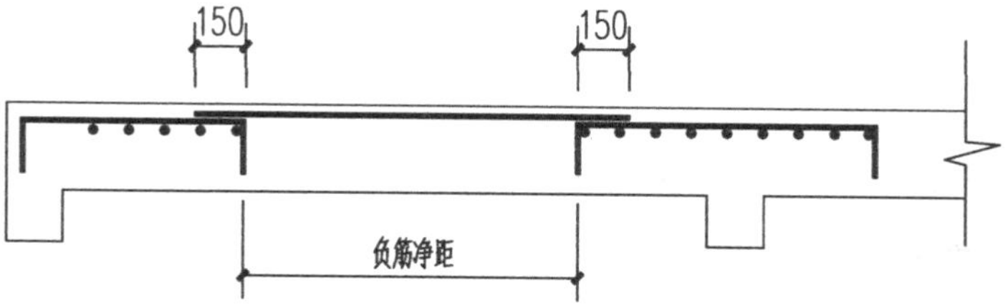

图 3.2.28　分布筋计算长度示意（无温度筋）

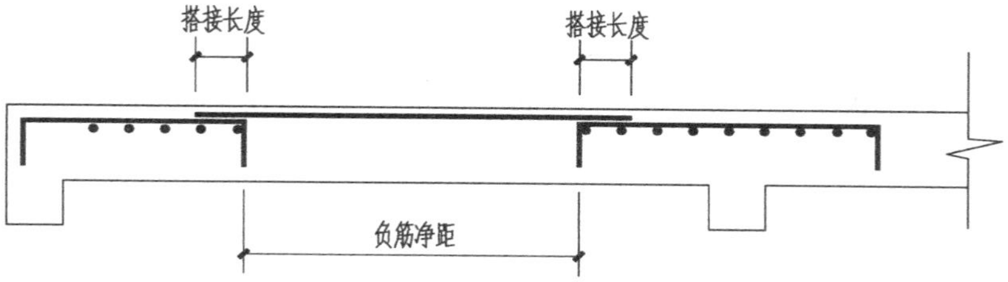

图 3.2.29　分布筋计算长度示意（有温度筋）

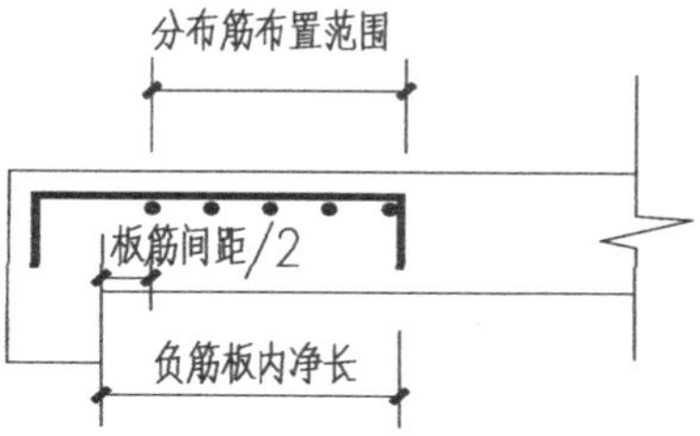

图 3.2.30　分布筋根数示意

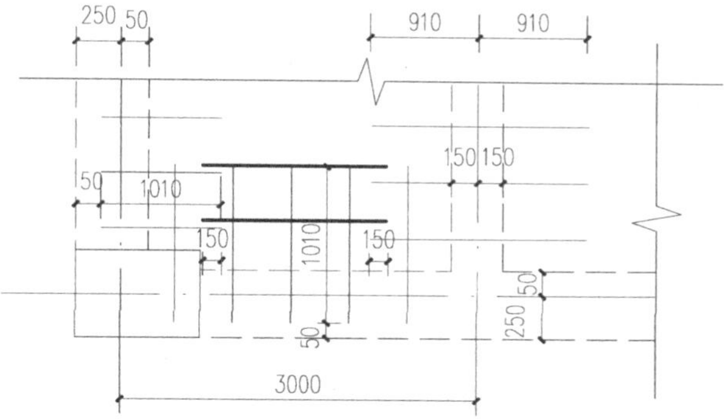

图 3.2.31　分布筋长度及根数平面示意

（2）计算过程。

③号筋内侧分布筋长度及根数（有温度筋）计算如下。

长度=支座负筋净距+搭接长度×2=4500+250−910−20−1010+2×336=3482（mm）

根数=(1010+50−300−100)/200+1=5（根）

4. 温度筋

（1）计算公式。

温度筋长度=两支座负筋净距+搭接长度×2

温度筋根数=另一方向支座负筋净距/间距−1

（2）计算结果。

X 方向温度筋长度及根数计算如下。

长度=支座负筋净距+搭接长度×2=3000+250−20−1010−910+2×1.6×35×4=1758（mm）

根数=Y方向支座负筋净距/间距$-1=(4500+250-20-1010-910)/200-1=13$（根）

案例 10：计算图 3.2.16 中 13CE 轴间上部贯通筋长度。已知砌体结构，墙厚 240mm，定位轴线居中，梁箍筋混凝土保护层厚度 20mm，箍筋直径 10mm，纵筋直径 20mm。

$$X\text{向上部贯通筋长度}=(1950+1950+240-2\times 50)+15\times 8\times 2=4280\text{（mm）}$$

课内练习

计算图 3.2.16 中 24AB 轴间现浇板钢筋工程量。

3.2.5　预制板基本知识与识图

预制构件，即构件在工厂或预制场先制作好，然后在施工现场进行安装。预制构件的优点是可以节省模板，改善制作时的施工条件，提高劳动生产率，加快施工进度；缺点是整体性、刚度、抗震性能差。预制板是我国早期建筑中的楼板主要形式。当下，有些预制板因为承载力高、跨度大、施工速度快等优点在建筑工程中也有应用，常见的有预应力混凝土空心板（YKB）、SP 板、双 T 板等。

一、预应力混凝土空心板

预制空心板分为非预应力空心板和预应力空心板两类，其中非预应力空心板现在已经很少采用。预应力空心板采用的钢筋有冷轧带肋钢筋、冷拔螺旋钢筋和冷拔钢丝等。冷拔钢丝因与混凝土结合力较差而不再使用。

现以山东省建筑标准设计《预应力混凝土空心板》（螺旋肋钢丝）L04G401 为例说明空心板的选用。

1. *表示方法*

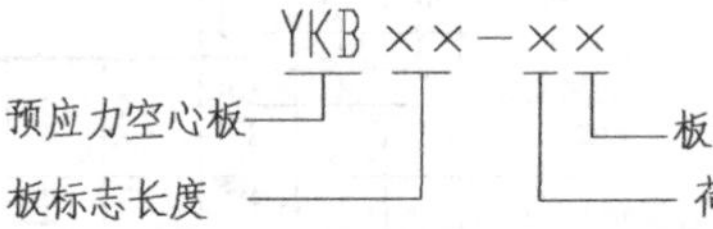

（1）板型。预应力空心板的厚度有 120mm 和 180mm 两种，板宽有 500mm、600mm、900mm、1200mm 4 种。不同板宽和板厚组合出 7 种板型，如表 3.2.4 所示。

表 3.2.9　**板型**　（mm^2）

板型	截面尺寸（mm）	实际截面尺寸（mm）	板型	截面尺寸（mm）	实际截面尺寸（mm）
1 型板	500×120	490×120	5 型板	600×180	590×180
2 型板	600×120	590×120	6 型板	900×180	890×180
3 型板	900×120	890×120	7 型板	1200×180	1190×180
4 型板	1200×120	1190×120			

（2）荷载等级。

表 3.2.10　**荷载等级**

可变荷载等级	2	3	4	5	6	7	8	9
可变荷载标准值（kN/m^2）	2.0	3.0	4.0	5.0	6.0	7.0	8.0	≥9.0

（3）板标志长度。

1～4 型板：标志长度为 2400～4200mm，以模数 300mm 递增；5～7 型板：标志长度为 3900～6000mm，以模数 300mm 递增。

板构造长度=标志长度−20mm（板缝）

2. 选用实例

板轴线跨度为 3900mm，可变荷载等级为 5，板厚 120mm，板宽 900mm，则选用 YKB39-53。

课内练习

板轴线跨度为 5400mm，可变荷载等级为 6，板厚 180mm，板宽 1200mm，试确定选用构件编号？

3. 施工图识读

识读图 3.2.32 所示预制板施工图，解释板表示方式及各字符含义。

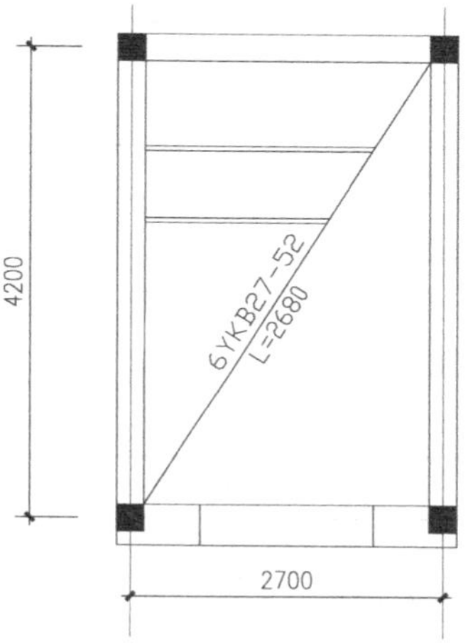

图 3.2.32 预制板平面图

4. 制作运输与安装要求

（1）预应力钢筋的保护层厚度为 20mm。

（2）运输及堆放时，垫木距离端部不得大于 300mm，每垛不得超过 10 块，并做到上下对齐，垫平垫实，不得有一角脱空的现象，堆放、起吊、运输过程中不得将板翻身侧放。

（3）板拼缝下宽不宜小于 40mm，板缝用掺有微膨胀剂的细石混凝土灌实，灌缝时间应在上一层楼板铺设以后，灌缝前缝内必须清洗干净，并用清水充分湿润，浇捣必须密实，注意浇水养护，灌缝后的楼板应严格静养 3 天，混凝土立方体抗压强度达到 7.5MPa 以上方可进行下一步工序。

（4）穿过楼面的管道应在现浇板带中预留孔洞，板上开孔时严禁伤及板肋，严禁伤及预应力筋。

（5）板安装前支座应整平，并用 M5 砂浆座浆。

（6）现场不允许随意切割预制板。

（7）板出厂前用 C20 混凝土预制堵块及 M5 砂浆将孔洞堵严。

二、SP 板

1. 基本知识

SP 板是引进美国 SPANCRETE 公司设备及工艺流程、专利技术和商标使用权所生产的大跨度预应力混凝土。该产品采用高强度低松弛钢绞线为预应力主筋挤压机对特殊配合比的干硬性混凝土进行冲捣挤压一次成型。SP 板只有受力主筋，无分布筋。标准宽度为 1200mm，需要时可在 1200mm 范围内生产多种宽度。板的标准厚度为 100mm、120mm、150mm、180mm、200mm、250mm、300mm 和 380mm 8 种规格，板的长度可以根据设计任意切割，最长可达 18m。

SP 板保护层有 20mm 和 40mm 两种。在 SP 板顶面经过人工处理成凹凸不小于 4mm 的粗糙面后与现浇细石混凝土叠合粘结成整体，共同受力的板称为 SPD 叠合预应力空心板（所用 SP 板保护层为 20mm）。其中跨中叠合层厚度为 50mm 或 60mm。

SP 板具有以下优点。

（1）跨度大，最大跨度可达 18m，可满足不同建筑大开间跨度的要求，可减少梁柱，改善使用功能。SP 板高与轴跨对应关系如表 3.2.11 所示。

表 3.2.11　SP 板高与轴跨对应关系

SP 板高（mm）		100	120	150
轴跨（mm）	SP	3000 ~ 5100	3000 ~ 6000	4500 ~ 7500
	SPD	4200 ~ 6300	4800 ~ 7200	5400 ~ 9000
SP 板高（mm）		180	200	250
轴跨（mm）	SP	4800 ~ 9000	5100 ~ 10200	5700 ~ 12600
	SPD	6900 ~ 10200	7200 ~ 10800	8400 ~ 13800
	40SP	4800 ~ 9000	5100 ~ 10200	5700 ~ 12600
SP 板高（mm）		300	380	
轴跨（mm）	SP	6900 ~ 15000	8400 ~ 18000	
	SPD	9600 ~ 15000	1200 ~ 18000	
	40SP	6900 ~ 15000	8400 ~ 18000	

（2）承载力高。它采用高强度低松弛钢绞线为受力主筋，采用高强度混凝土（C40、C45、C50）为承压材料，不但板的承载力高而且可以节省钢材，满足多层工业厂房、仓库、停车场等重载场所的荷载需求。其中 SPD 板叠合层的混凝土强度等级为 C30。预应力筋类型代号、强度及直径如表 3.2.12 所示。

表 3.2.12　预应力筋类型代号、强度及直径

预应力筋类型代号	A	B	C	D
钢绞线类型	1 × 7	1 × 7	1 × 7	1 × 3
强度 f_{ptk}（N/mm^2）	1860	1860	1860	1570
直径（mm）	12.7	11.1	9.5	8.6

（3）生产不需要模板，不需蒸汽养护。

（4）抗震性能好，美国、日本已将 SP 板应用于高层建筑。

（5）板表面平整，可直接进行喷涂或装饰，不必抹灰。

（6）可根据需要灵活开洞，无需梁支撑。

2. SP 板系列标注方法

SP 板系列标注方法如图 3.2.33 所示。

3. SPD 板系列标注方法

SPD 板系列标注方法如图 3.2.34 所示。

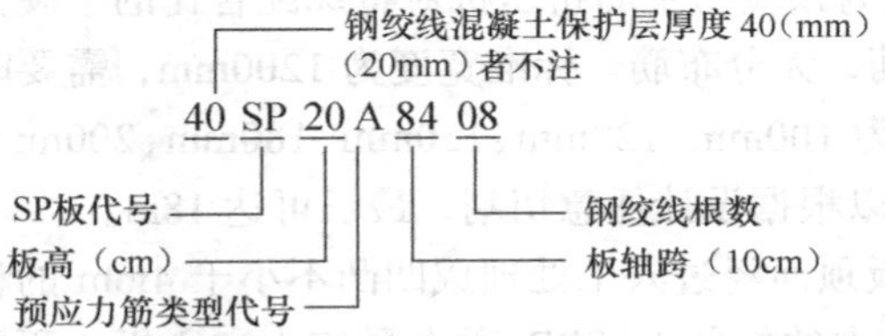

图 3.2.33　SP 板系列标注方法

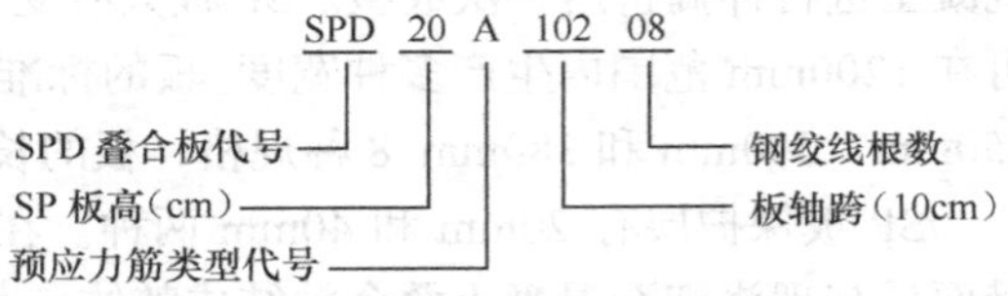

图 3.2.34　SPD 板系列标注方法

4. SP 板详图识读

如图 3.2.35 所示，6SP18C7208　*L*=7180 表示：6 块 SP 板（保护层默认为 20mm），板厚度 180mm，钢绞线类型代号为 C（1×7，直径 9.5mm），板轴线跨度为 7200mm，钢绞线根数为

8 根。板构造尺寸为 7180mm。

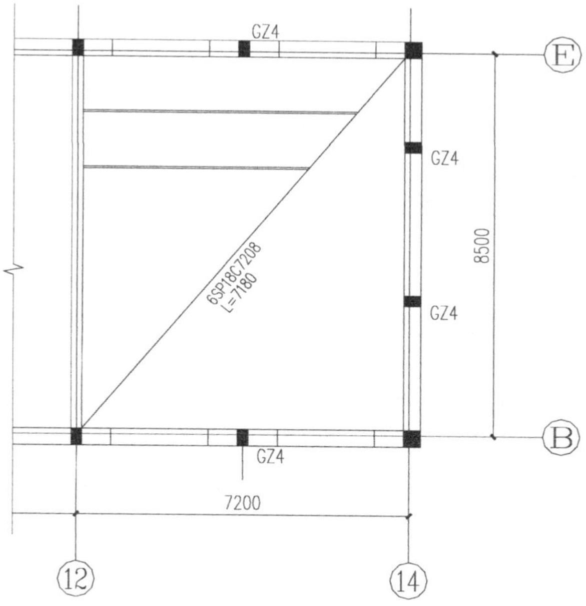

图 3.2.35　预制板局部平面图

3.3　柱

3.3.1　柱基本知识、配筋构造原理与详图

一、基本知识

1. 构件类型

柱是建筑结构中承受轴向压力为主的构件，主要承受梁和板传来的压力。此外，柱还承受梁传来的弯矩及水平风荷载和地震作用下产生的弯矩和剪力，柱是承受轴向压力、弯矩、剪力的组合受力构件，称为偏心受压柱。水平荷载作用下柱变形示意如图 3.3.1 所示。

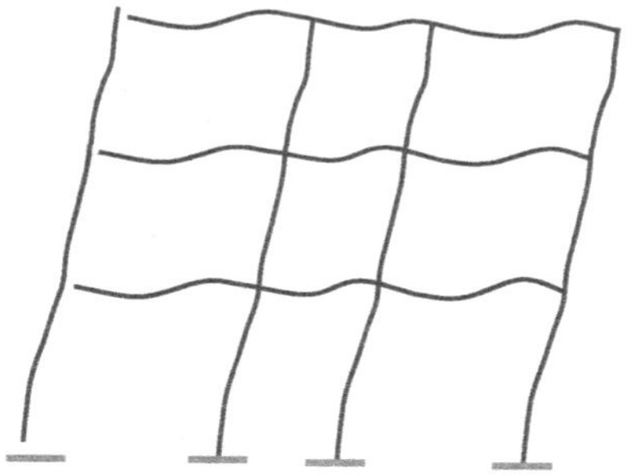

图 3.3.1　水平荷载作用下柱变形

2. 截面形式及尺寸

柱截面形式一般为正方形或接近正方形的矩形，也有圆形。为满足梁纵筋锚固要求，《高层建筑混凝土结构技术规程》规定如下。

矩形截面柱的边长，非抗震设计时不宜小于 250mm，抗震设计时，四级不小于 300mm，一、二、三级不宜小于 400mm；圆柱直径，非抗震和四级抗震设计时不宜小于 350mm，一、二、三级时不宜小于 450mm。

柱截面长边与短边比值不宜大于 3。

二、配筋及构造要求

柱钢筋主要分为纵筋和箍筋。

1. 纵向钢筋

柱中纵向钢筋有以下作用。

（1）协助混凝土承受压力。

（2）承受可能的弯矩。

（3）承受混凝土收缩和温度变形引起的拉应力。

（4）防止构件突然的脆性破坏。

抗震设计时，纵向钢筋宜对称配置。截面尺寸大于 400mm 的柱，纵向钢筋间距不宜大于 200mm，钢筋净距≥50mm。

框支柱及一、二级抗震等级的框架柱、三级抗震等级框架柱的底层宜采用机械连接或焊接，三级抗震等级的其他部位及四级抗震等级的框架柱，可采用绑扎搭接或焊接。

位于同一连接区段内的受拉钢筋的接头面积百分率不宜超过 50%。

现浇框架柱纵筋应插入基础内，插筋下端宜做成直钩放在基础底板钢筋网上。当柱为轴心受压、小偏心受压且基础高度大于或等于 1200mm 及柱为大偏心受压且基础高度大于或等于 1400mm 时，可仅将四角筋伸至底板钢筋网上，其余钢筋锚入基础顶面以下 l_{aE} 即可。

柱纵筋不得与箍筋、拉筋或预埋件等焊接。

2. 箍筋

柱中箍筋有以下作用。

（1）保证纵向钢筋的位置正确。

（2）抵抗水平荷载作用下在柱内产生的剪力。

（3）防止纵向钢筋压屈，从而提高柱的承载能力。

抗震设计时，箍筋应为封闭式。矩形柱内箍筋形式有普通矩形箍筋、复合箍筋，复合箍筋指由矩形、多边形、圆形或拉筋组成的箍筋，复合箍筋复合方式如图 3.3.2 所示。抗震设计时，箍筋末端应做成 135° 弯钩，弯钩端头平直段长度不应小于箍筋直径的 10 倍且不应小于 75mm。

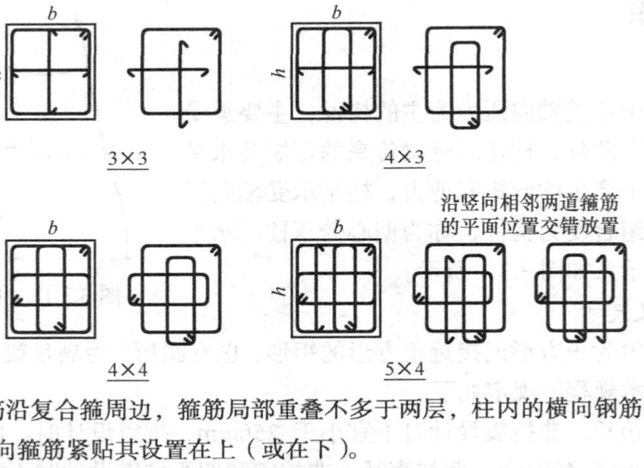

注：1. 非焊接复合箍筋沿复合箍周边，箍筋局部重叠不多于两层，柱内的横向钢筋紧贴其设置在下（或在上），柱内纵向箍筋紧贴其设置在上（或在下）。

2. 若在同一组内复合箍筋各肢位置不能满足对称性要求，沿柱竖向相邻两组箍筋应交错放置。

图 3.3.2　非焊接封闭矩形箍筋的复合方式

圆形柱可采用环状箍筋或螺旋箍筋。其构造要求如图 3.3.3 所示。

应鼓励采用焊接封闭箍筋、连续螺旋箍筋或连续复合螺旋箍筋。

有抗震设防要求的框架柱端部（含梁、柱节点核心区）箍筋应加密，加密区箍筋的直径和间距应符合表 3.3.1 所列要求。

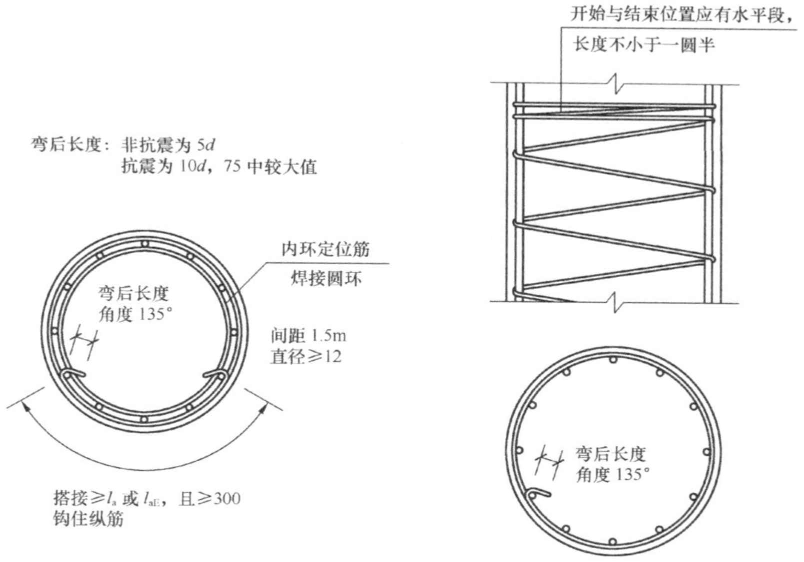

（a）环状或螺旋箍筋搭接构造　　（b）螺旋箍筋端部构造要求

图 3.3.3　环状箍筋和螺旋箍筋构造要求

表 3.3.1　框架柱端部箍筋加密区构造　（mm）

抗震等级	箍筋最大间距	箍筋最小直径
一级	柱纵筋直径的 6 倍和 100 中的较小值	10
二级	柱纵筋直径的 8 倍和 100 中的较小值	8
三级	柱纵筋直径的 8 倍和 150（柱根 100）中的较小值	8
四级	柱纵筋直径的 8 倍和 150（柱根 100）中的较小值	6（柱根 8）

框架柱非加密区箍筋最大间距不宜大于加密区箍筋间距的 2 倍并应满足抗剪要求，一、二级框架柱不应大于 10 倍纵向钢筋直径，三、四级框架柱不应大于 15 倍纵向钢筋直径。

框架柱端部箍筋加密区箍筋肢距应满足表 3.3.2 所列要求。

表 3.3.2　框架柱端部箍筋加密区箍筋肢距　（mm）

抗震等级	箍筋最大肢距
一级	不宜大于 200
二、三级	不宜大于 250 和 20 倍箍筋直径的较大值
四级	不宜大于 300

框架柱端部箍筋加密区范围应符合表 3.3.3 所列要求

表 3.3.3　框架柱端箍筋加密区范围

1	底层柱上端和其他层柱两端，取截面长边尺寸（圆柱直径）、柱净高的 1/6 和 500mm 中的最大值
2	底层柱根部以上 1/3 柱净高范围
3	当有刚性地面时，尚应在刚性地面上、下各 500mm 范围内加密箍筋
4	框支柱、剪跨比不大于 2 的框架柱和因设置填充墙等形成的柱净高与柱截面高度之比不大于 4 的柱全高范围

（续表）

5	一、二级抗震等级的角柱应沿全高加密
6	需要提高变形能力的柱的全高范围
7	与连体结构相连框架柱在连体高度范围及其上、下层箍筋沿全柱段加密

框架柱箍筋每隔一根纵向钢筋宜在两个方向有箍筋或拉筋约束，当采用拉筋且箍筋与纵向钢筋有绑扎时，拉筋宜紧靠纵向钢筋并钩住箍筋；当拉筋间距符合箍筋肢距的要求，纵筋与箍筋有可靠拉结时，拉筋也可紧靠箍筋并钩住纵筋。

课内练习

某抗震框架柱断面详图如图 3.3.4 所示，请问该柱箍筋是否符合规范至少“隔一拉一”构造要求。

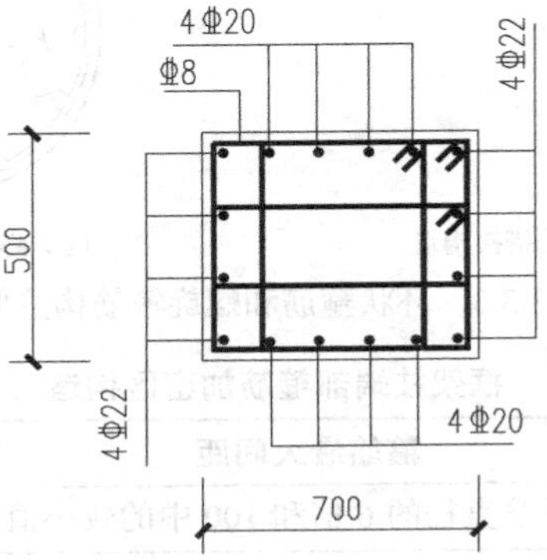

图 3.3.4　某抗震框架柱断面详图

3.3.2　柱平法施工图

柱平法施工图在柱平面布置图上采用列表方法或截面方法表达。

柱代号如表 3.3.4 所示。

表 3.3.4　**柱代号**

柱类型	代号	序号
框架柱	KZ	××
框支柱	KZZ	××
芯柱	XZ	××
梁上柱	LZ	××
剪力墙上柱	QZ	××

编号时，当柱的总高、分段截面尺寸和配筋均对应相同，仅截面与轴线的关系不同时，仍可将其编为同一柱号，但应在图中注明截面与轴线的关系。

案例 1：某框架结构柱平法施工图列表表示方法及柱表如图 3.3.5 所示，描述 KZ1 ~ KZ19 钢筋。

KZ1 平法图识读举例：从基础底 ~ 3.600 标高处，柱截面尺寸是 350mm × 350mm，角筋为 4Φ20，*b* 边一侧中部筋 1Φ18，*h* 边一侧中部筋 1Φ18，箍筋类型编号为 1，复合箍筋 3 × 3，箍筋直径为 10mm，加密区间距 100mm，非加密区间距 200mm。

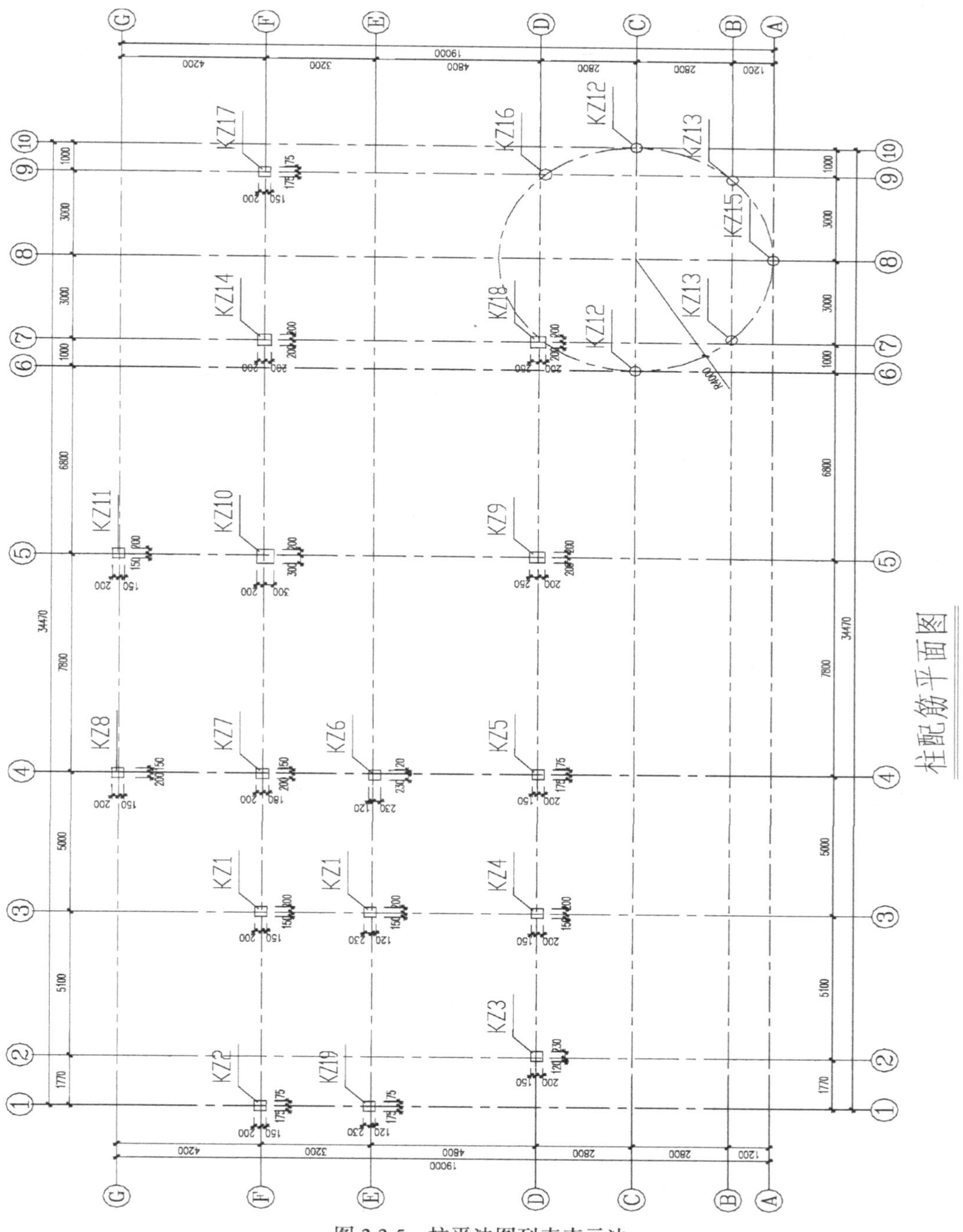

图 3.3.5 柱平法图列表表示法

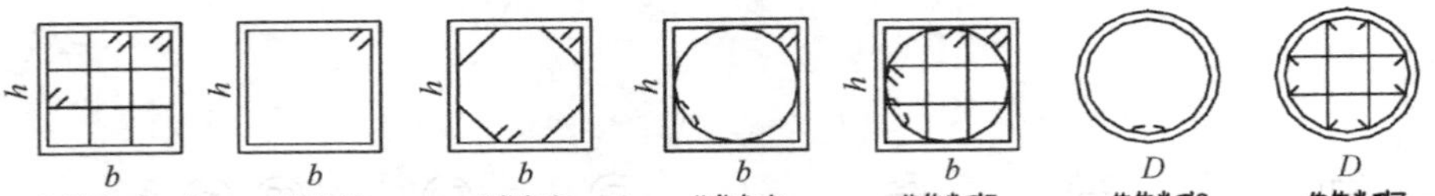

箍筋类型1.(mxn)　箍筋类型2.　箍筋类型3.　箍筋类型4.　箍筋类型5.　箍筋类型6.　箍筋类型7.

柱号	标高	bxh（圆柱直径D）	b_1	b_2	h_1	h_2	全部纵筋	角筋	b边一侧中部筋	h边一侧中部筋	箍筋类型号	箍筋	备注
KZ1	基底－ 3.600	350x350	150	200	120	230		4Φ20	1Φ18	1Φ18	1(3x3)	Φ10@100/200	
	3.600－ 10.800	350x350	150	200	120	230	8Φ16				1(3x3)	Φ8@100/200	
	10.800－ 13.500	350x350	150	200	120	230	8Φ16				1(3x3)	Φ8@100	
KZ2	基底－ 10.800	350x350	175	175	150	200	8Φ16				1(3x3)	Φ8@100	
	10.800－ 13.500	350x350	175	175	150	200	8Φ16				1(3x3)	Φ8@100	
KZ3	基底－ 3.600	350x350	120	230	200	150		4Φ20	1Φ18	1Φ16	1(3x3)	Φ8@100/200	
	3.600－10.800	350x350	120	230	200	150	8Φ16				1(3x3)	Φ8@100/200	
KZ4	基底－ 3.600	350x350	150	200	200	150		4Φ18	1Φ18	1Φ16	1(3x3)	Φ8@100/200	
	3.600－10.800	350x350	150	200	200	150	8Φ16				1(3x3)	Φ8@100/200	
KZ5	基底－ 3.600	350x350	175	175	200	150		4Φ20	1Φ18	1Φ18	1(3x3)	Φ10@100/200	
	3.600－ 7.200	350x350	175	175	200	150		4Φ16	1Φ16	1Φ18	1(3x3)	Φ8@100/200	
	7.200－10.800	350x350	175	175	200	150	8Φ16				1(3x3)	Φ8@100/200	
KZ6	基底－ 3.600	350x350	230	120	230	120		4Φ20	1Φ18	1Φ18	1(3x3)	Φ10@100/200	
	3.600－10.800	350x350	230	120	230	120	8Φ16				1(3x3)	Φ8@100/200	
KZ7	基底－ 3.600	350x380	200	150	180	200	8Φ22				1(3x3)	Φ10@100/200	
	3.600－ 7.200	350x380	200	150	180	200		4Φ16	1Φ16	1Φ25	1(3x3)	Φ8@100/200	
	7.200－10.800	350x380	200	150	180	200	8Φ16				1(3x3)	Φ8@100/200	
KZ8	基底－ 3.600	350x350	200	150	150	200		4Φ18	1Φ16	1Φ22	1(3x3)	Φ8@100/200	
	3.600－ 7.200	350x350	200	150	150	200		4Φ16	1Φ16	1Φ22	1(3x3)	Φ8@100/200	
	7.200－10.800	350x350	200	150	150	200		4Φ16	1Φ16	2Φ18	1(3x4)	Φ8@100/200	
KZ9	基底－ 3.600	400x450	200	200	200	250		4Φ25	2Φ22	2Φ22	1(4x4)	Φ10@100/200	
	3.600－ 7.200	400x450	200	200	200	250		4Φ25	1Φ20	1Φ16	1(3x3)	Φ10@100/200	
	7.200－10.800	400x450	200	200	200	250		4Φ18	1Φ18	1Φ16	1(3x3)	Φ8@100/200	
KZ10	基底－ 3.600	500x500	300	200	300	200		4Φ25	1Φ25/2Φ22	2Φ22/1Φ25	1(4x4)	Φ10@100/200	
	3.600－ 7.200	500x500	300	200	300	200		4Φ22	2Φ20	2Φ16	1(4x4)	Φ8@100/200	
	7.200－10.800	500x500	300	200	300	200		4Φ18	2Φ16	2Φ16	1(4x4)	Φ8@100/200	
KZ11	基底－ 3.600	350x350	150	200	150	200		4Φ18	1Φ16	1Φ22	1(3x3)	Φ8@100/200	
	3.600－10.800	350x350	150	200	150	200		4Φ16	1Φ16	1Φ25	1(3x3)	Φ8@100/200	
KZ12	基底－10.800	D350					8Φ16				7	Φ8@100/200	
KZ13	基底－10.800	D350					8Φ16				7	Φ8@100/200	
KZ14	基底－ 3.600	400x400	200	200	200	200		4Φ25	2Φ22	1Φ16	1(4x3)	Φ12@100/200	
	3.600－ 7.200	400x400	200	200	200	200		4Φ25	1Φ20	1Φ16	1(3x3)	Φ10@100/200	
	7.200－10.800	400x400	200	200	200	200		4Φ22	1Φ20	1Φ16	1(3x3)	Φ8@100/200	
KZ15	基底－10.800	D350					8Φ16				7	Φ8@100/200	
KZ16	基底－ 7.200	D400					8Φ22				7	Φ8@100/200	
	7.200－10.800	D400					8Φ20				7	Φ8@100/200	
KZ17	基底－ 3.600	350x350	175	175	150	200		4Φ22	1Φ22	1Φ16	1(3x3)	Φ10@100/200	
	3.600－ 7.200	350x350	175	175	150	200		4Φ20	1Φ20	1Φ16	1(3x3)	Φ8@100/200	
	7.200－10.800	350x350	175	175	150	200		4Φ22	1Φ18	1Φ16	1(3x3)	Φ8@100/200	
KZ18													
	3.600－ 7.200	400x450	200	200	200	250		4Φ25	1Φ20	1Φ16	1(3x3)	Φ10@100/200	
	7.200－10.800	400x450	200	200	200	250		4Φ18	1Φ18	1Φ16	1(3x3)	Φ8@100/200	
	10.800－ 13.100	D350					8Φ16				7	Φ8@100	
KZ19	基底－ 3.600	350x350	175	175	120	230		4Φ20	1Φ18	1Φ18	1(3x3)	Φ8@100	
	3.600－ 10.800	350x350	175	175	120	230	8Φ16				1(3x3)	Φ8@100	
	10.800－ 13.500	350x350	175	175	120	230	8Φ16				1(3x3)	Φ8@100	

图 3.3.5　柱平法图列表表示法（续）

案例 2：某框架结构柱平法施工图截面表示方法如图 3.3.6 所示，描述 KZ1、KZ1a、KZ2、KZ2a 钢筋。

平法图识读举例：KZ1 的截面尺寸是 600mm×600mm，角筋 4 Φ22，*b* 边一侧中部筋 2 Φ20，*h* 边一侧中部筋 2 Φ20，箍筋直径 8mm，加密区间距 100mm，非加密区间距 200mm。

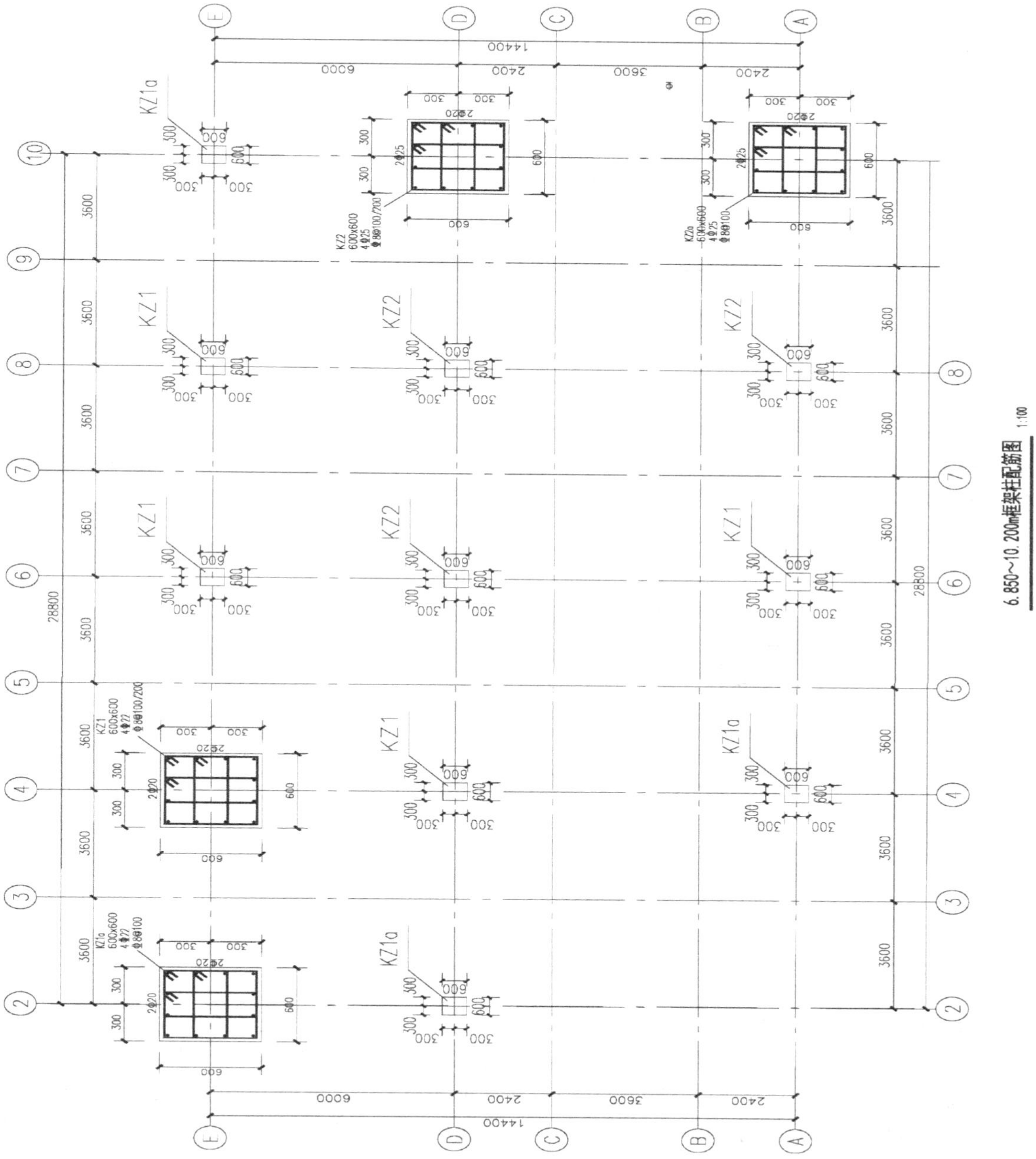

图 3.3.6　柱平法图截面表示法

3.3.3 柱钢筋工程量计算

案例 3（无地下室、机械连接）：已知三层钢筋混凝土框架中柱混凝土强度等级为 C30，抗震等级三级，基础保护层厚度 40mm，柱混凝土保护层厚度 30mm，各层钢筋混凝土梁的高度均为 600mm，无地下室，一层顶至屋顶结构层标高分别为 4.500、7.800、11.100，机械连接。基础详图如图 3.3.8 所示，柱平法施工图如图 3.3.7 所示，计算柱钢筋工程量。

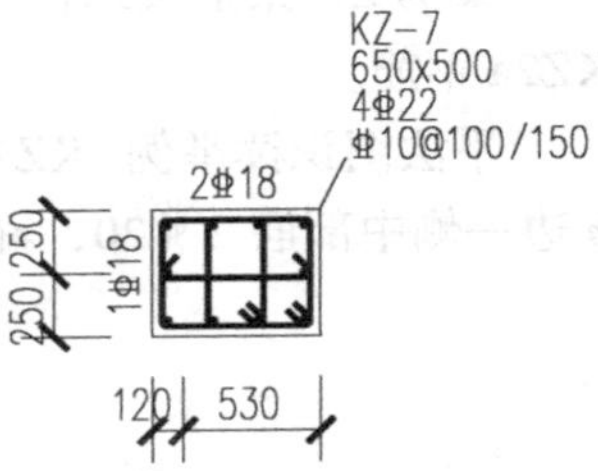

图 3.3.7　柱详图

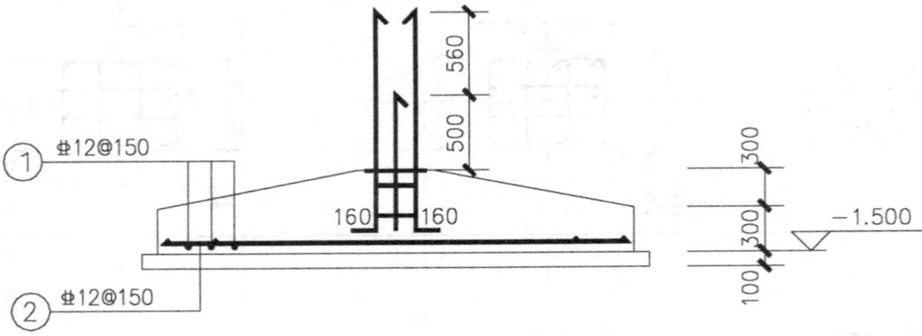

图 3.3.8　基础详图

第一步：学习图集 11G101-1 关于框架柱纵向钢筋和箍筋的构造要求。

有抗震设防要求，无地下室，基础插筋构造要求参考图 3.3.9，纵向钢筋连接构造参考图 3.3.10，箍筋加密区范围参考图 3.3.11，柱顶纵筋构造参考图 3.3.12。

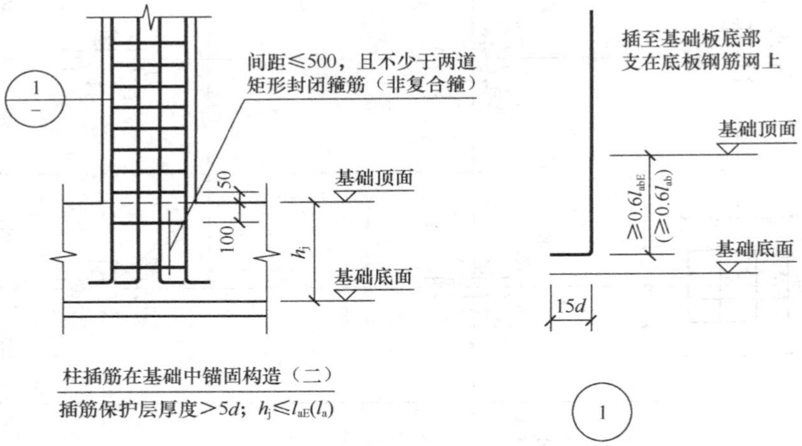

图 3.3.9　柱插筋在基础中锚固构造

从图集 11G101-1 中可知，柱纵向钢筋同一位置接头百分率不宜超过 50%，无地下室时，基础插筋与一层纵筋的非连接区长度为一层净高的 1/3，机械连接时，高低位置高差为 35d，d 为纵筋较小直径。中间层柱纵向钢筋连接位置在高出楼面一定高度处，高出楼面距离需满足 3 个条件：≥H_n/6、h_c 和 500 的较大值。柱纵向钢筋在伸至柱（留一个保护层）后水平弯折，弯折后水平长度为 12d，当梁截面高度足够时也可直锚。

柱箍筋应在柱根部、梁柱节点及柱端上下一定范围内加密，柱根部箍筋加密区范围为净高的 1/3，柱端上、下加密区范围取截面长边尺寸 h_c（圆柱直径）、柱净高的 1/6 和 500mm 中的最大值。

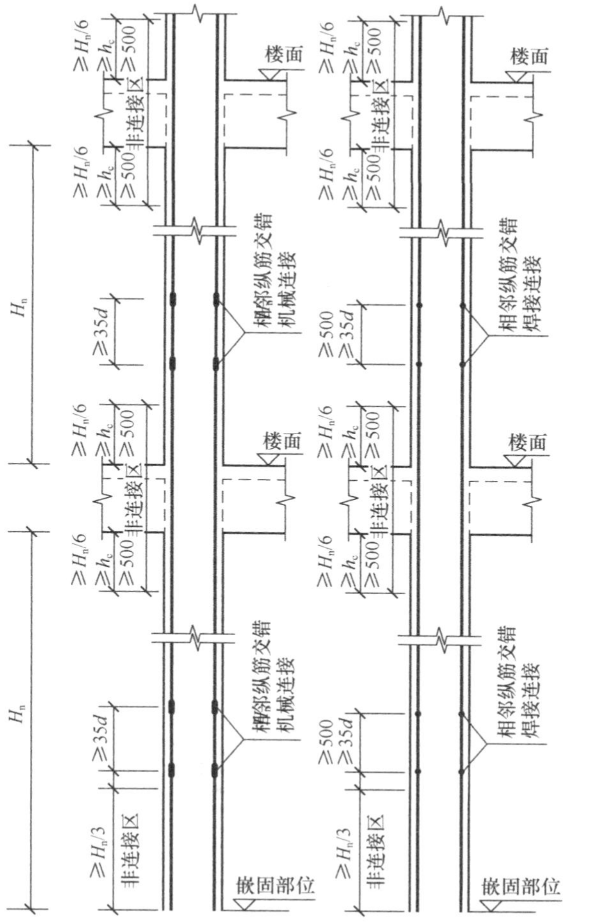

（a）**机械连接**

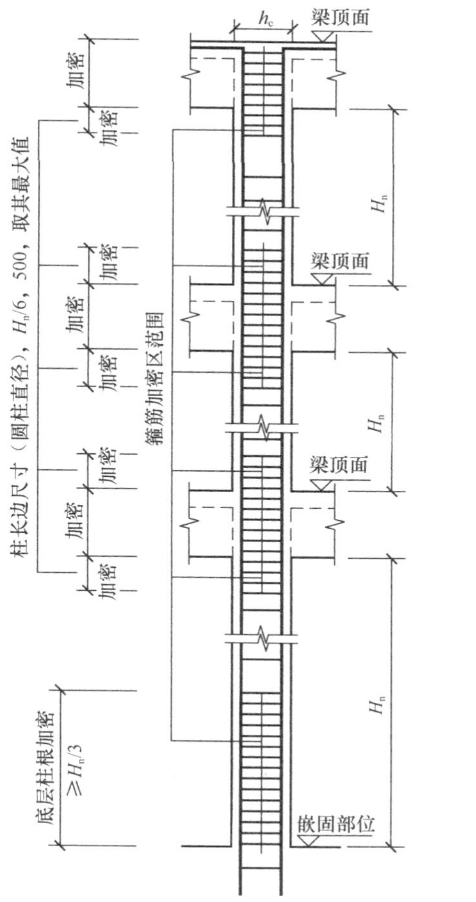

（b）**焊接**

注：1. 柱相邻纵向钢筋连接接头相互错开。在同一截面内钢筋接头面积百分率不宜大于50%。

2. 图中 h_c 为柱截面长边尺寸（圆柱为截面直径），H_n 为所在楼层的柱净高。

3. 柱纵筋绑扎搭接长度及绑扎搭接、机械连接、焊接连接要求见11G101-1图集第55页。

4. 轴心受拉及小偏心受拉柱内的纵向钢筋不得采用绑扎搭接接头，设计者应在柱平法结构施工图中注明其平面位置及层数。

5. 上柱钢筋比下柱多时见图1，上柱钢筋直径比下柱钢筋直径大时见图2，下柱钢筋比上柱多时见图3，下柱钢筋直径比上柱钢筋直径大时见图4。图中为绑扎搭接，也可采用机械连接和焊接连接。

6. 当嵌固部位位于基础顶面以上时，嵌固部位以下地下室部分柱纵向钢筋连接构造见11G101-1图集第58页。

图 3.3.10　抗震框架柱纵向钢筋连接构造

注：1. 除具体工程设计标准注有箍筋全高加密的柱外，柱箍筋加密区按本图所示。

2. 当柱纵筋采用搭连接时，搭接区范围内箍筋构造见11G101-1图集第54页。

3. 为便于施工时确定柱箍筋加密区的高度，可按第62页的图表查明。

4. 当柱在某楼层各向均无梁连接时，计算箍筋加密范围采用的 H_n 按该跃层柱的总净高取用，其余情况同普通柱。

5. 墙上起柱，在墙顶面标高以下锚固范围内的柱箍筋按上柱非加密区箍筋要求配置。梁上起柱，在梁内设两道柱箍筋。

6. 墙上起柱（柱纵筋锚固在墙顶部时）和梁上起柱时，墙体和梁的平面外方向应设梁，以平衡柱脚在该方向的弯矩；当柱宽度大于梁宽时，梁应设水平加腋。

图 3.3.11　抗震框架柱箍筋加密区构造

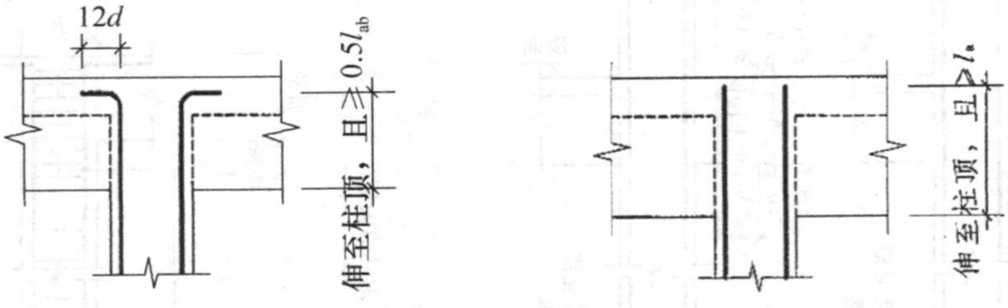

（a）当柱顶有不小于 100mm 厚的现浇板　　（b）当直锚长度≥l_a时

图 3.3.12　中柱柱顶纵筋构造要求

第二步：绘出柱纵筋和箍筋布置图。

柱纵筋和箍筋布置图如图 3.3.13 和图 3.3.14 所示。

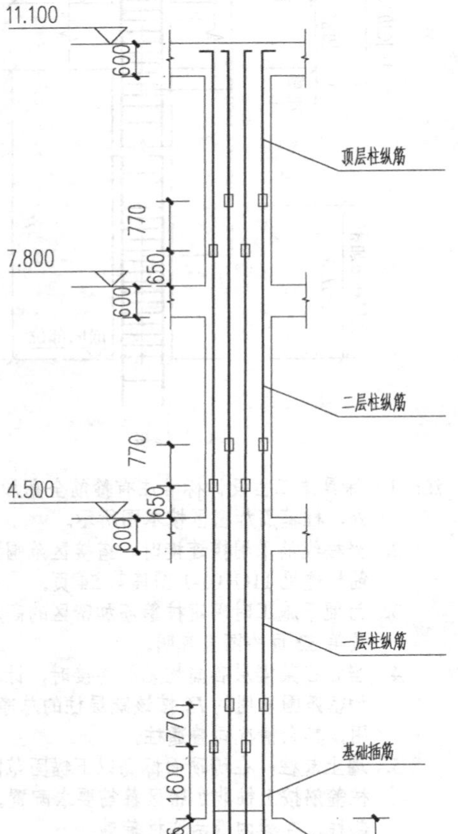

图 3.3.13　柱纵筋布置图

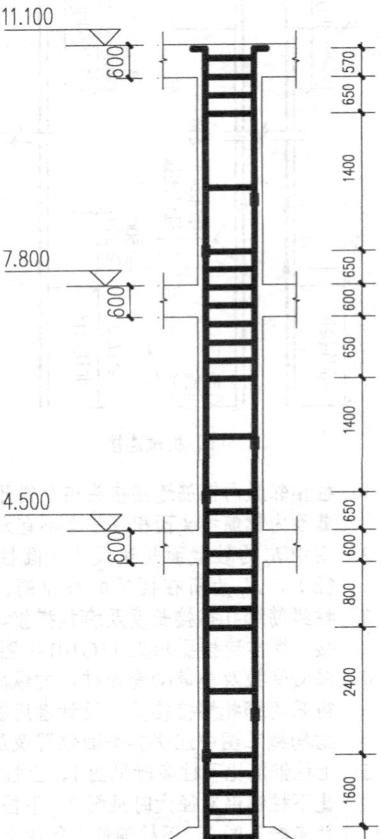

图 3.3.14　柱箍筋布置图

第三步：总结公式并计算。

一层层高 H_1=5400mm　　二、三层层高 H_2=H_3=3300mm

一层净高 H_{n1}=4800mm　　二、三层净高 H_{n2}=2700mm

1. 基础插筋

（1）计算公式。

基础插筋长度 1（低）=水平长度+（基础高度–保护层–基础双向钢筋网直径）+$H_n/3$

基础插筋长度 2（高）=水平长度+（基础高度–保护层–基础双向钢筋网直径）+$H_n/3+35d$

（2）计算过程。

基础插筋长度 1（低）：160+(600–40–12×2)+4800/3=2296（mm） 根数 2Φ22+3Φ18

基础插筋长度 2（高）：160+(600–40–12×2)+4800/3+770=3066（mm） 根数 2Φ22+3Φ18

2. 一层纵筋

（1）计算公式。

一层纵筋长度 = 首层层高–首层非连接区 $H_n/3+\max(H_n/6, h_c, 500)$

（2）计算过程。

一层纵筋长=5400–4800/3+650=4450（mm） 根数 4Φ22+6Φ18

3. 二层纵筋

（1）计算公式。

中间层纵筋长度 = 中间层层高–当前层非连接区+（当前层+1）非连接区

非连接区 max（$H_n/6$、500、H_c）

（2）计算过程。

二层纵筋长=3300–650+650=3300（mm） 根数 4Φ22+6Φ18

4. 顶层中柱纵筋

（1）计算公式。

因高低错位连接，顶层纵筋有以下两种预算长度。

顶层纵筋长度 1（低）= 顶层层高–顶层非连接区–保护层+$12d$

顶层纵筋长度 2（高）= 顶层层高–顶层非连接区–$35d$–保护层+$12d$

非连接区 = max（$1/6H_n$、500、H_c）

（2）计算过程。

顶层纵筋长度 1（低）=3300–650–30+12×22=2884（mm） 根数 2Φ22+3Φ18

顶层纵筋长度 2（高）=3300–650–30+12×22–35×22=2114（mm） 根数 2Φ22+3Φ18

5. 箍筋长度

该柱箍筋为非焊接封闭复合箍筋 4×3，由 3 根钢筋复合而成，编号如图 3.3.15 所示。1、3 号箍筋计算公式与梁箍筋计算公式完全相同，2 号箍筋按照纵向钢筋中心距相等，长度算至箍筋外皮的原理计算，要计算 2 号箍筋外皮长度，需先计算纵筋中心距，如图 3.3.16 所示。

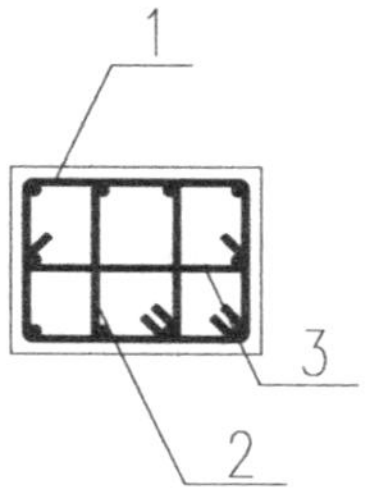

图 3.3.15 箍筋编号

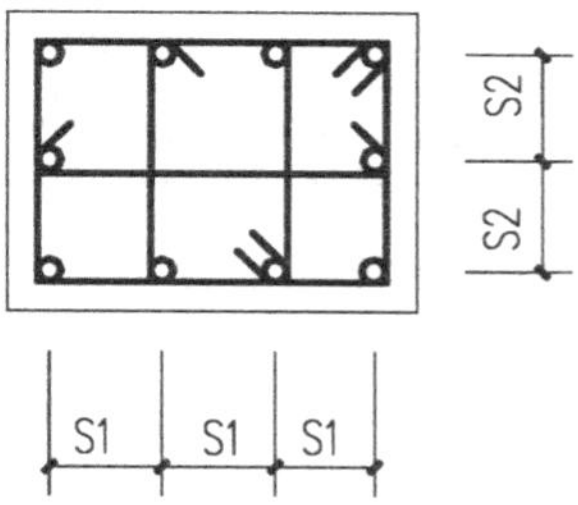

图 3.3.16 纵向钢筋中心距相等

（1）计算公式。

1、3 号箍筋计算公式与梁箍筋计算公式完全相同。

1 号箍筋长度=周长−8c+1.9d×2+max(10d,75) ×2

3 号箍筋=边长−2c+1.9d×2+max(10d,75) ×2

（2）计算过程。

1 号箍筋长度=（650+500）×2−8×30+10×10×2+1.9×10×2=2298mm

2 号箍筋

$$S_1=(650-30\times2-10\times2-22)/3=183\text{mm}$$

2 号箍筋长度=(183+18+10×2)×2+(500−30×2)×2+1.9×10×2+10×10×2=1560mm

3 号箍筋长度=650−30×2+1.9×10×2+10×10×2=828mm

1、2、3 号箍筋的总长度=4686mm

6. 箍筋根数

（1）计算公式。

柱插筋在基础中锚固构造详见图集 11G101-3 第 50 页，基础高度 h_j=600<l_{aE}，应选用详图二。图集表示，基础外部自基础顶面 50mm 摆放第一个柱箍筋，基础内部自顶面以下 100mm 放置第一个箍筋，基础插筋柱在基础中箍筋数量不少于 2 道，且间距≤500mm，本案例基础高度为 600mm，2 道箍筋满足要求。

依据图集 11G101-1 和 211G101-3 绘出箍筋加密区和非加密区范围示意图。

$$\text{箍筋总根数}=\sum\text{加密区箍筋根数}+\sum\text{非加密区箍筋根数}+\text{基础中箍筋根数}$$

（2）计算过程。

$$\text{箍筋总根数}=\left(\frac{1600\text{-}50}{100}+1\right)+\left(\frac{800+600+650}{100}+1\right)+\left(\frac{650+600+650}{100}+1\right)+\left(\frac{650+570}{100}+1\right)+\left(\frac{2400}{150}-1\right)+\left(\frac{1400}{150}-1\right)\times2+2=17+22+20+13+15+9\times2+2=107\text{ 根}$$

案例 4（上柱钢筋直径比下柱钢筋直径大）：某框架柱平法施工图柱表如表 3.3.5 所示，已知柱抗震等级为三级，柱纵筋采用焊接连接，绘出柱纵筋连接示意图。已知基础顶面标高为 −0.900m，各楼层框架梁高为 600mm。

表 3.3.5 柱表

柱号	标高	$b\times h$（圆柱直径 D）	b_1	b_2	h_1	h_2	全部纵筋	角筋	b 边一侧中部筋	h 边一侧中部筋	箍筋类型号	箍筋	备注
KZ16	0.00–4.100	400×400	200	200	280	120		4⏀18	1⏀14	1⏀14	1(3×3)	ϕ8@100/200	
	4.100–7.700	400×400	200	200	280	120		4⏀22	1⏀18	1⏀14	1(3×3)	ϕ8@100/200	
	7.700–11.000	400×400	200	200	280	120		4⏀18	1⏀16	1⏀14	1(3×3)	ϕ8@100/200	

该柱二层纵筋直径比一层纵筋直径大，上柱钢筋直径比下柱钢筋直径大时如图 3.3.17（以搭接连接为例）所示，从图中可知，柱非连接区边界位于楼层框架梁下 max｛H_n/6, h_c,500｝。

柱纵筋连接示意图结果如图 3.3.18 所示。

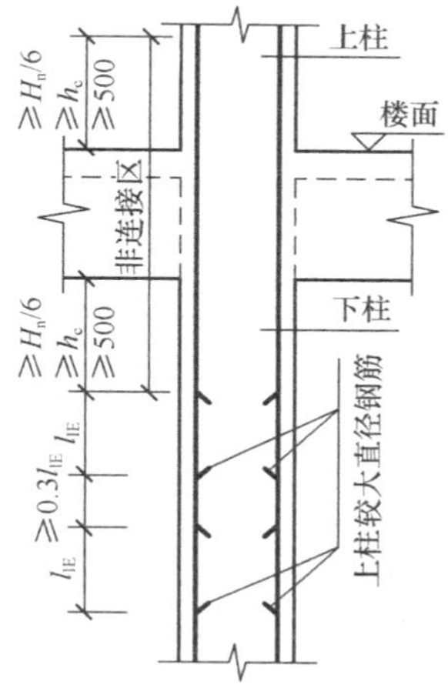

图 3.3.17　上柱钢筋直径比下柱钢筋直径大

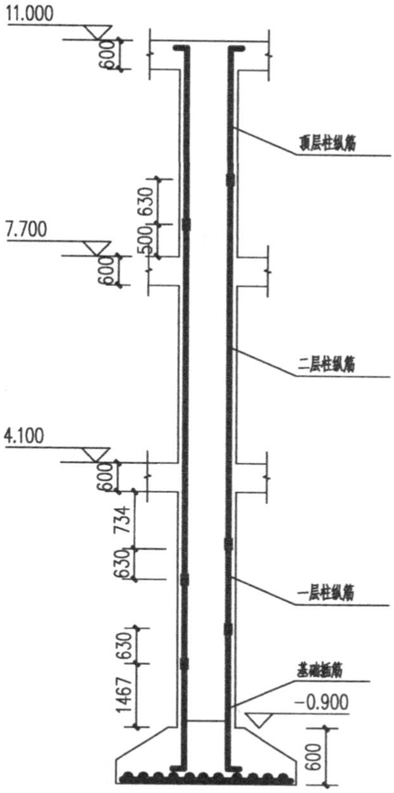

图 3.3.18　柱纵筋连接示意

课内练习

已知三层钢筋混凝土框架中柱混凝土强度等级为 C30，抗震等级三级，基础保护层厚度 40mm，柱混凝土保护层厚度 30mm，各层钢筋混凝土梁的高度均为 500mm，无地下室，机械连接。基础详图如图 3.3.19（a）所示，柱平法施工图如图 3.3.19（b）所示，计算柱钢筋工程量。

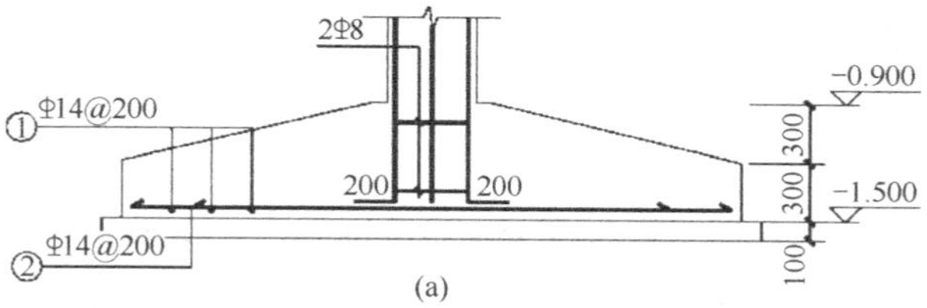

(a)

柱号	标高	$b\times h$（圆柱直径 D）	b_1	b_2	h_1	h_2	全部纵筋	角筋	b 边一侧中部筋	h 边一侧中部筋	箍筋类型号	箍筋
KZ17	基础顶-4.100	450×450	330	120	225	225		4⏀22	1⏀20	1⏀20	1(3×3)	ϕ8@100/200
	4.100-7.700	450×450	330	120	225	225		4⏀22	1⏀20	1⏀20	1(3×3)	ϕ8@100/200
	7.700-11.000	450×450	330	120	225	225		4⏀22	1⏀20	1⏀20	1(3×3)	ϕ8@100/200

图 3.3.19　基础详图

3.4 基　　础

3.4.1 基础概念与分类

一、概念

基础是建筑物埋在地面以下的承重构件，用以承受房屋的全部荷载，并将荷载及其自重一起传给地基。室外地坪面到基础底面的垂直距离称为基础埋深，如图 3.4.1 所示。一般认为：$H>5\text{m}$ 为深基础，$H\leqslant 5\text{m}$ 为浅基础。对于一般民用建筑应尽量考虑设计浅基础，且基础埋深不得小于 0.5m。

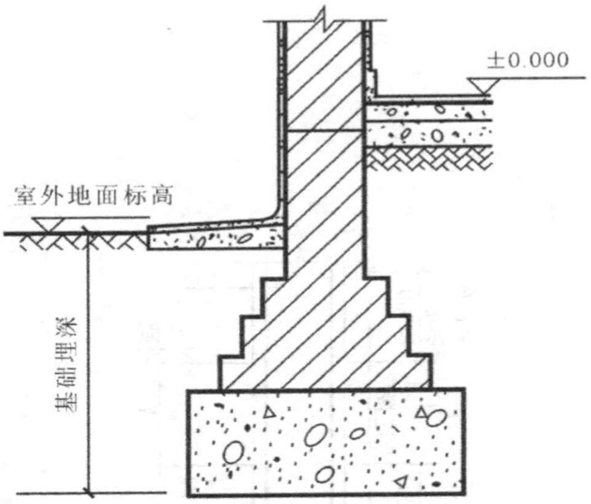

图 3.4.1　基础埋深示意

二、分类

按照组成基础的材料和受力特点不同，基础分为刚性基础和柔性基础。

刚性基础又称无筋扩展基础，材料抗压强度大，抗拉强度小，不发生或稍微发生弯曲变形。常见的刚性基础如砖基础、毛石基础、混凝土基础等。

刚性基础中压力分布角 α 称为刚性角，在设计中，为确保基础底面不产生拉应力，最大限度地节约基础材料，应尽量使基础大放脚与基础材料的刚性角相一致，若基础刚性角超过材料刚性角，超出刚性角部分会被破坏，如图 3.4.2 所示。

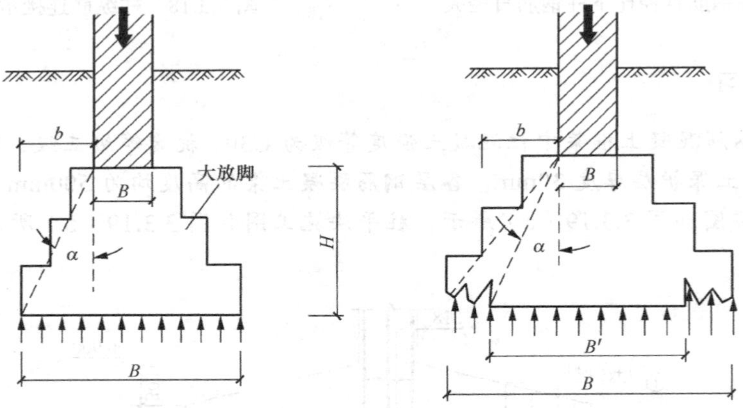

（a）刚性基础刚性角示意　（b）超出刚性角部分被破坏

图 3.4.2　基础刚性角及超出刚性角部分被破坏

设计时，通过限制基础宽高比保证基础内刚性角不超出规范要求。刚性基础台阶宽高比允许值如表 3.4.1 所示。

表 3.4.1　刚性基础台阶宽高比允许值

基础材料	质量要求	台阶宽高比的允许值		
		$p_k\leqslant 100$	$100<p_k\leqslant 200$	$200<p_k\leqslant 300$
混凝土基础	C15 混凝土	1∶1.00	1∶1.00	1∶1.25
毛石混凝土基础	C15 混凝土	1∶1.00	1∶1.25	1∶1.50

（续表）

基础材料	质量要求	台阶宽高比的允许值		
		$p_k \leqslant 100$	$100 < p_k \leqslant 200$	$200 < p_k \leqslant 300$
砖基础	砖不低于 MU10、砂浆不低于 M5	1：1.50	1：1.50	1：1.50
毛石基础	砂浆不低于 M5	1：1.25	1：1.50	—
灰土基础	体积比为 3：7 或 2：8 的灰土，其最小干密度： 粉土 1.55t/m^3 粉质黏土 1.50t/m^3 黏土 1.45t/m^3	1：1.25	1：1.50	—
三合土基础	体积比 1：2：4～1：3：6（石灰：砂：骨料），每层约虚铺 220mm，夯至 150mm	1：1.50	1：2.00	—

为满足刚性基础台阶宽高比限值要求，砖基础有两种砌筑方法，两皮一收和二一间隔收，如图 3.4.3 所示。两皮一收台阶高 120mm，二一间隔收台阶 120mm 高和 60mm 高，台阶宽均为 60mm。

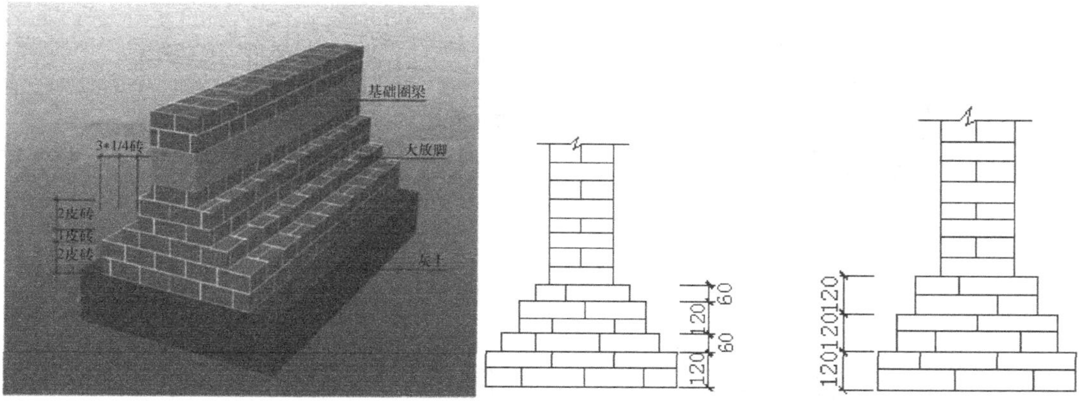

(a) 砖基础（二一间隔收砌筑法）　　(b) 砖基础（两皮一收砌筑法）

图 3.4.3　砖基础砌筑方法

课内练习

某小区门卫室墙下条形基础详图如图 3.4.4 所示，300mm 灰土垫层上砌筑砖基础。砖基础采用哪种砌法？检验砖基础是否满足台阶宽高比限值的要求。灰土垫层的最大宽度是多少？

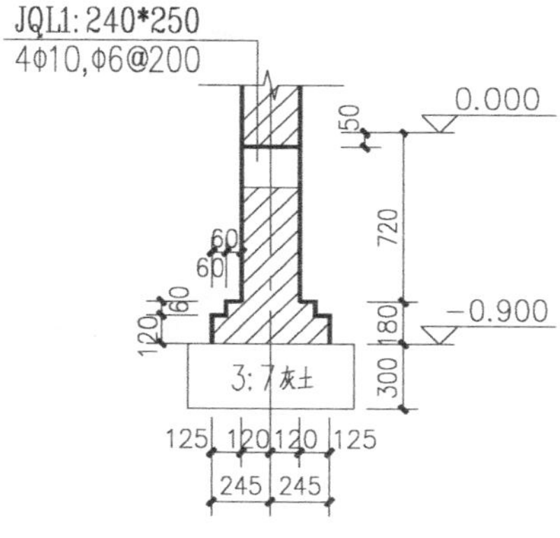

1—1

图 3.4.4　墙下条形基础断面图

柔性基础，指钢筋混凝土基础，如墙下钢筋混凝土条形基础和柱下钢筋混凝土独立基础，如图 3.4.5 所示。

按基础构造形式不同，基础可分为独立基础、条形基础、筏板基础、箱型基础和桩基础等，如图 3.4.6 所示。

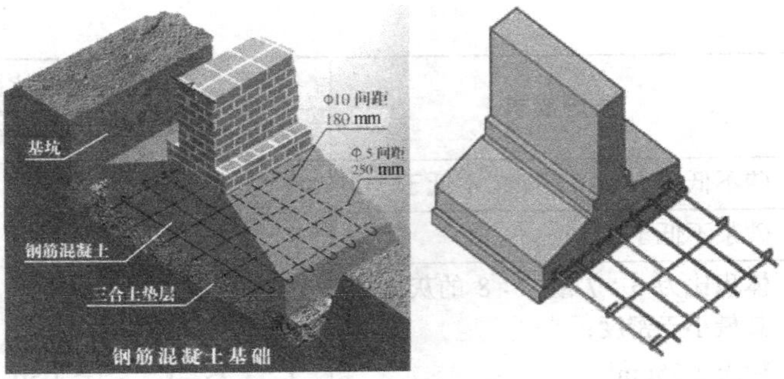

图 3.4.5　柔性基础

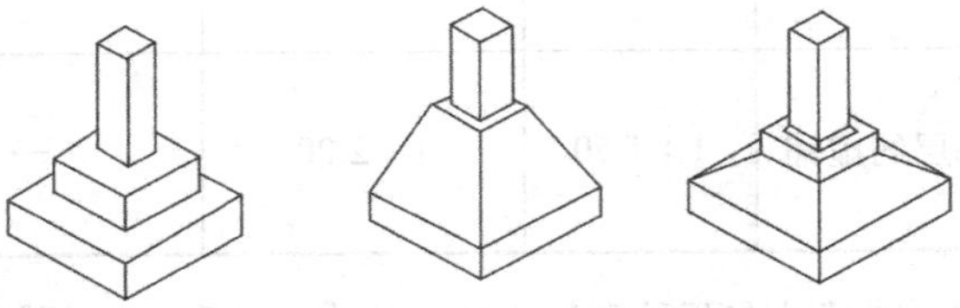

(a) 独立基础

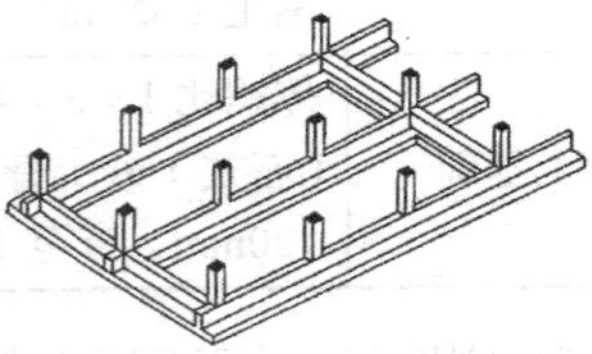

(b) 柱下条形基础

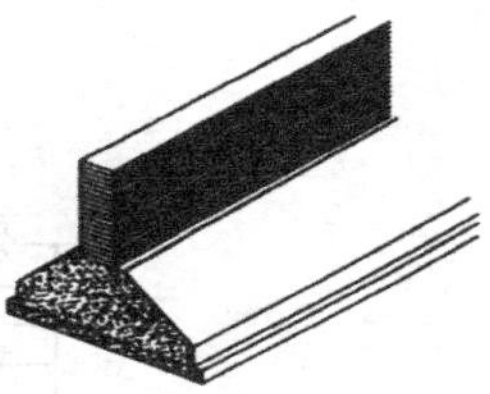

(c) 墙下条形基础

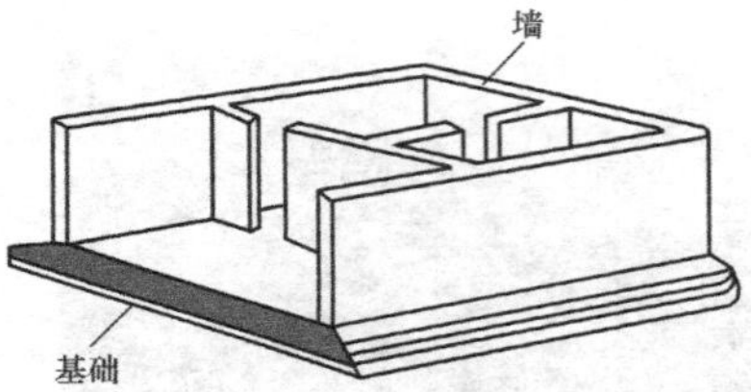

(d) 平板式筏板基础

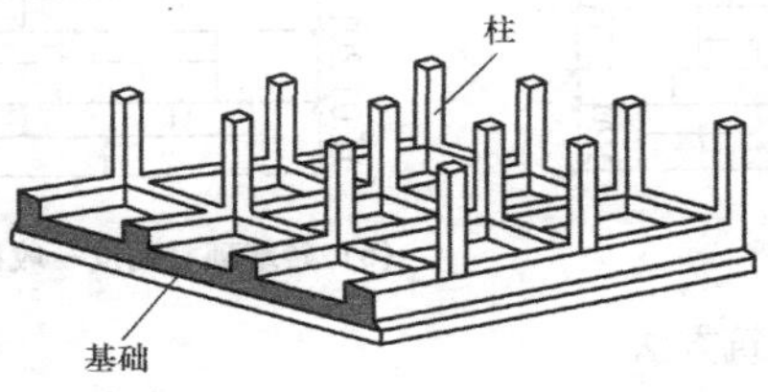

(e) 梁板式筏板基础

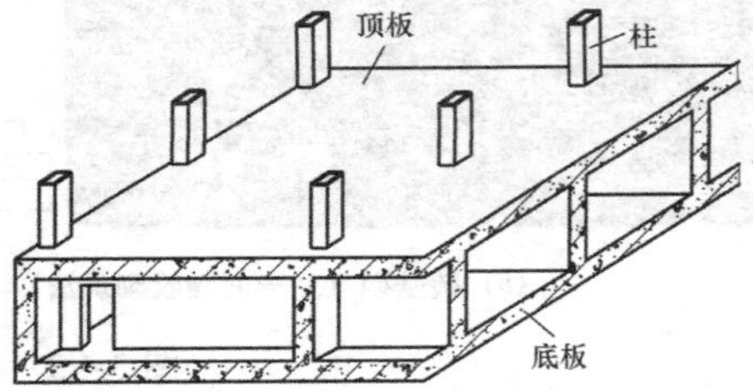

(f) 箱型基础

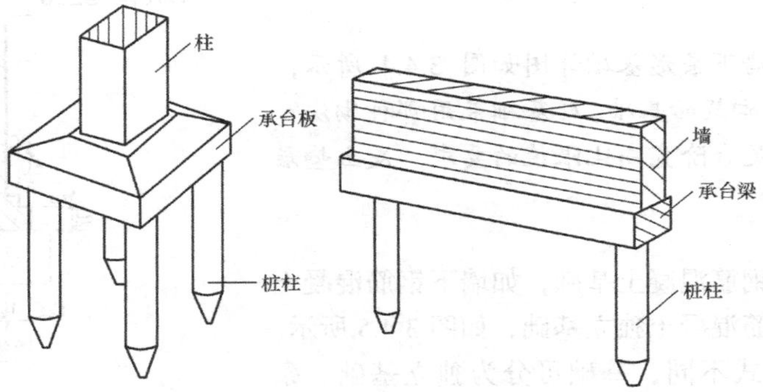

(g) 桩基础

图 3.4.6　基础类型

3.4.2　基础配筋构造、施工图与钢筋计算

一、独立基础

1. 配筋构造

承重柱下优先选用独立基础。独立基础常用断面形式有阶梯型、锥形、杯形。当柱为现浇时，独立基础与柱子是整浇在一起的；当柱子为预制时，通常将基础做成杯口形，然后将柱子插入，并用细石混凝土嵌固，此时称为杯口基础。

上部荷载作用下，独立基础双向弯曲变形，基础底部配置双向受力钢筋网，两个方向钢筋都是受力钢筋，长方向是主要的弯曲变形方向，钢筋在下。

独立基础通常为单柱独立基础，如图 3.4.7 所示，也可为多柱独立基础（双柱或四柱等）。当为双柱独立基础且柱距较小时，通常仅配置基础底部钢筋，如图 3.4.10 所示，当柱距较大时，除基础底部配筋外，尚需在两柱间配置基础顶部钢筋或设置基础梁，如图 3.4.11 和图 3.4.12 所示。

为增强独立基础的整体性，防止地基的不均匀沉降，独立基础之间常设置基础梁，如图 3.4.8 所示。

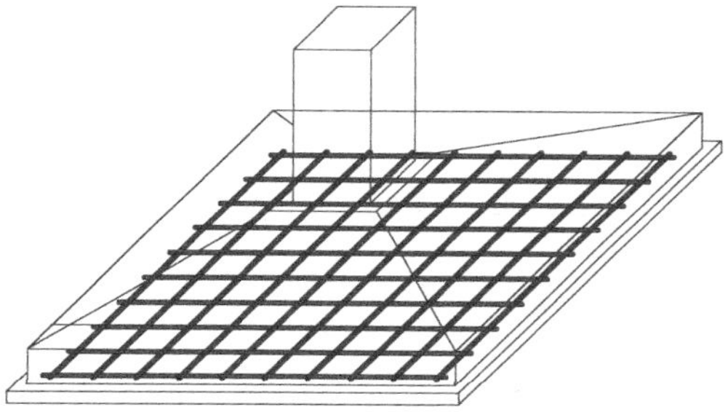

图 3.4.7　单柱独立基础

图 3.4.8　基础梁

2. 施工图识读

案例 1：普通独立基础，如图 3.4.9 所示。

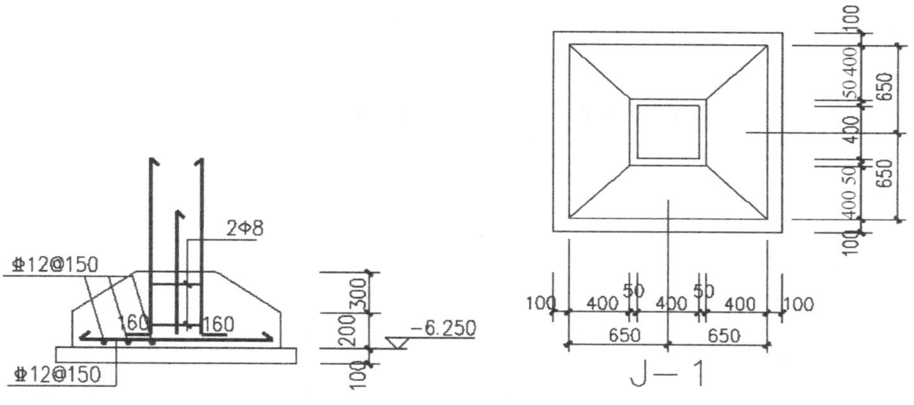

图 3.4.9　某独立基础详图

基础平面尺寸是正方形，宽度为 1.3m × 1.3m，垫层厚度是 100mm，垫层平面尺寸为 1.5m × 1.5m。

基础底面标高是–6.25m，边缘高度是 200mm，总高度是 500mm，双向受力钢筋网位于基础底部，均为 Φ12@150，*Y* 向钢筋位于外侧。柱截面尺寸为 400mm × 400mm。柱插筋插至基础双向钢筋网上部，水平段 160mm，柱插筋在基础内箍筋有两道，直径为 8mm。

案例 2：双柱独立基础（柱距较小），如图 3.4.10 所示。

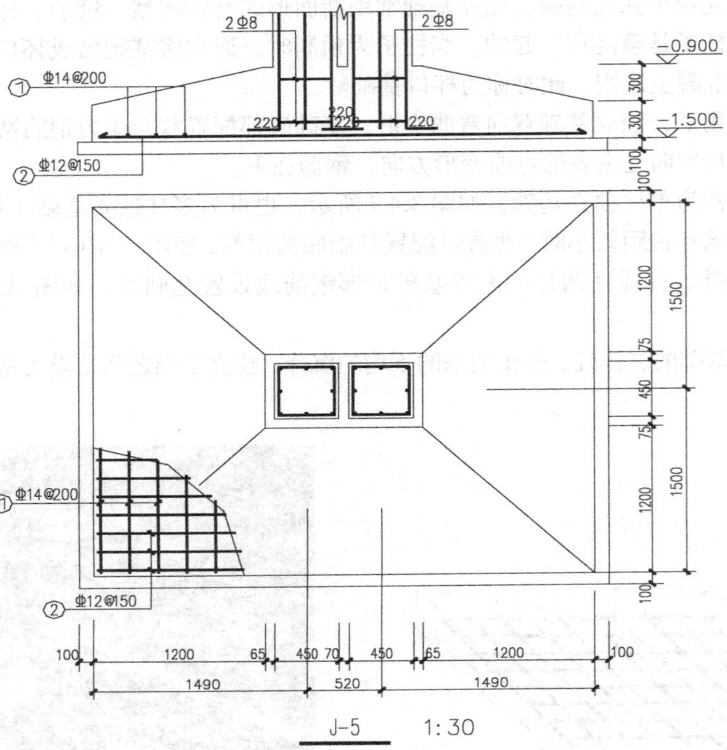

图 3.4.10 双柱独立基础详图

两柱距较小，仅配置底部钢筋，其他同单柱普通独立基础。

案例 3：双柱独立基础（柱距较大时），如图 3.4.11 所示。

柱距较大，在两柱间配置基础顶部钢筋网。

案例 4：双柱独立基础（带基础梁），如图 3.4.12 所示。

双柱独立基础柱距较大时，在两柱间设置基础梁。

基础梁集中标注如下。

基础梁编号为 01，1 跨两端悬挑；截面宽度 700mm，截面高度 1000mm；箍筋直径 10mm 间距 150mm，四肢箍；下部通长筋为 6 Φ25，上部通长筋为 4 Φ25，构造腰筋为 4 Φ12。

基础梁原位标注如下。

左侧柱支座处下部有 8 Φ25 纵向钢筋，其中有 6 根通长，2 根伸出支座一定长度被截断。右侧柱支座处下部有 8 Φ25 纵向钢筋，其中有 6 根通长，2 根伸出支座一定长度被截断。

基础底板集中标注如下。

独立基础，阶梯型，编号为 01，一步台阶，阶梯高度为 600mm，底板下部，*X* 向自左至右（基础宽度方向）的受力筋为 Φ14@150，*Y* 向自下至上的分布筋为 ϕ8@200。看平面图知基础宽度 2700mm。

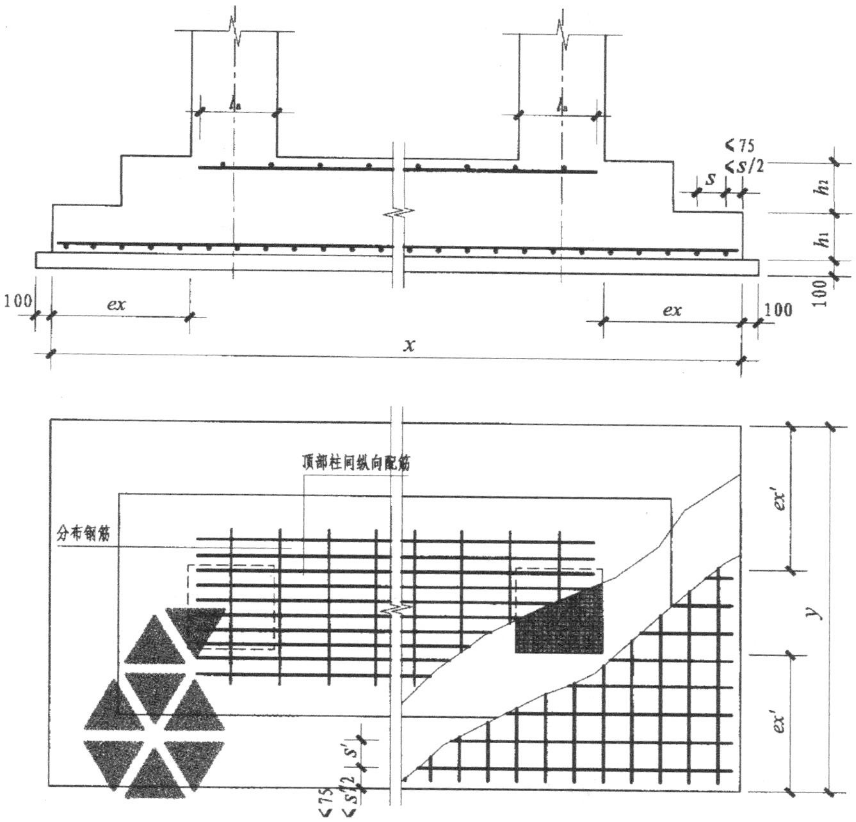

注：1. 双柱普通独立基础底板的截面形状，可为阶形截面DJ_J或坡形截面DJ_P。

2. 几何尺寸和配筋按具体结构设计和本图构造确定。

3. 双柱普通独立基础底部双向交叉钢筋，根据基础两个方向从柱外缘至基础外缘的伸出长度ex和ex'的大小，较大者方向的钢筋设置在下，较小者方向的钢筋设置在上。

图 3.4.11　双柱独立基础详图（柱距较大）

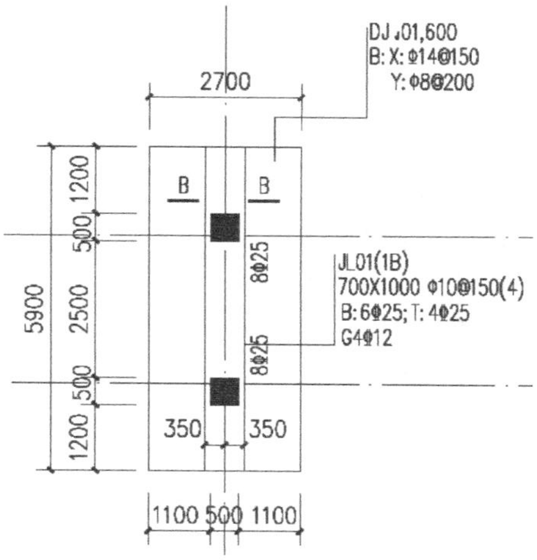

图 3.4.12　双柱独立基础（带基础梁）

案例 5：某基础施工图如图 3.4.13 所示，描述基础平面图和详图表达信息。

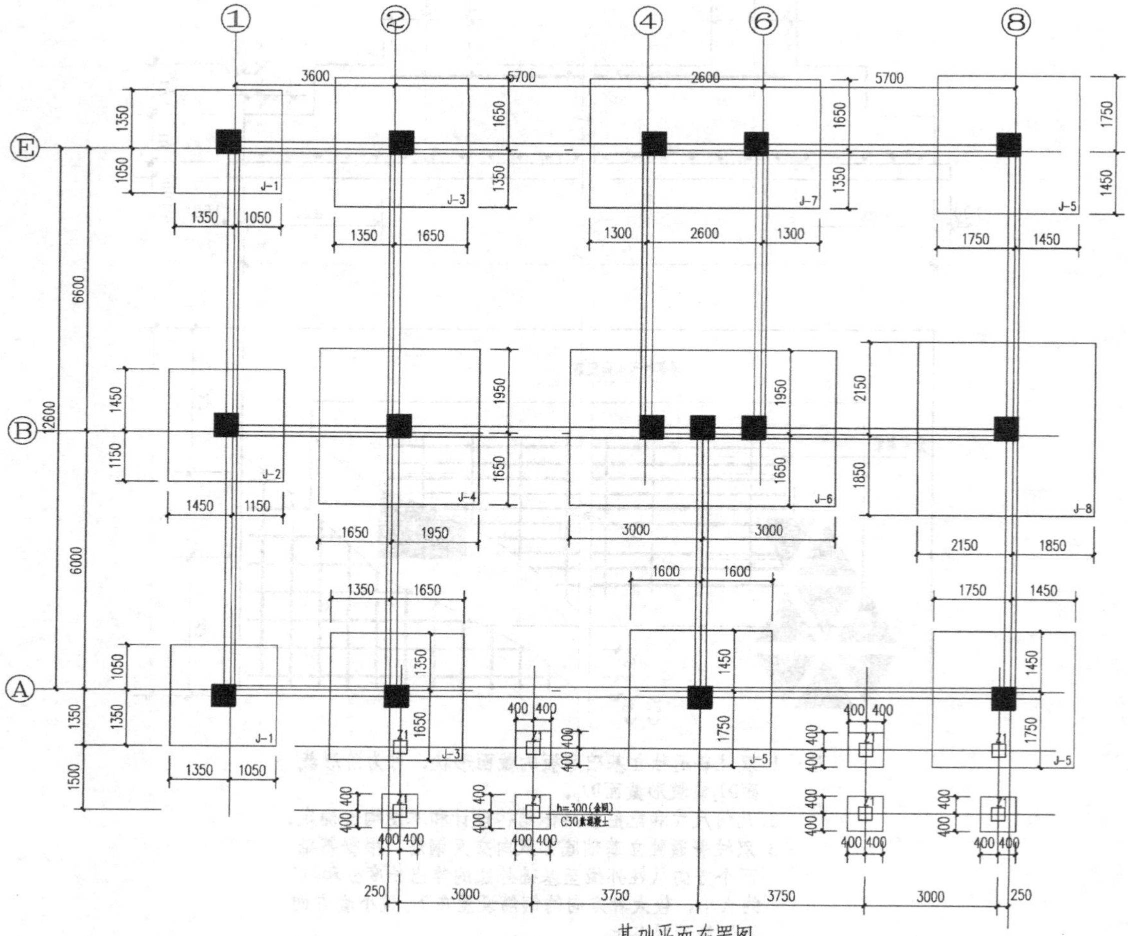

基础平面布置图　1:80

1、未注明基础梁轴线居中或与柱边齐
2、未注明基础梁均为DKL
3、填充墙在基础梁上生根

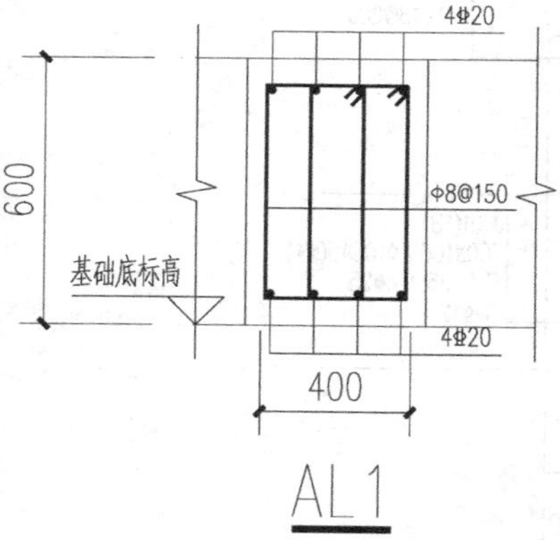

AL1

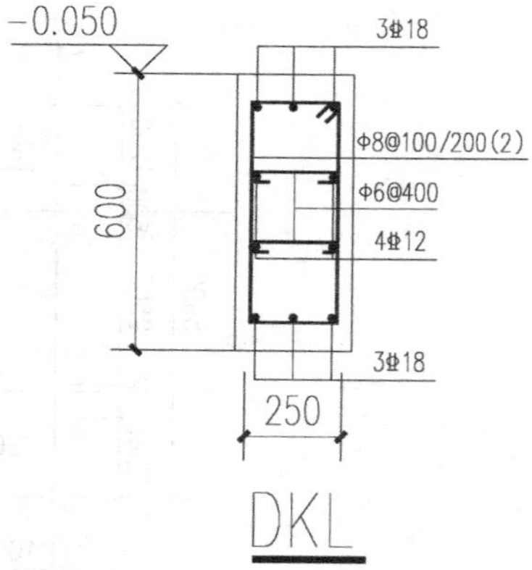

DKL

图 3.4.13　某独立基础施工图

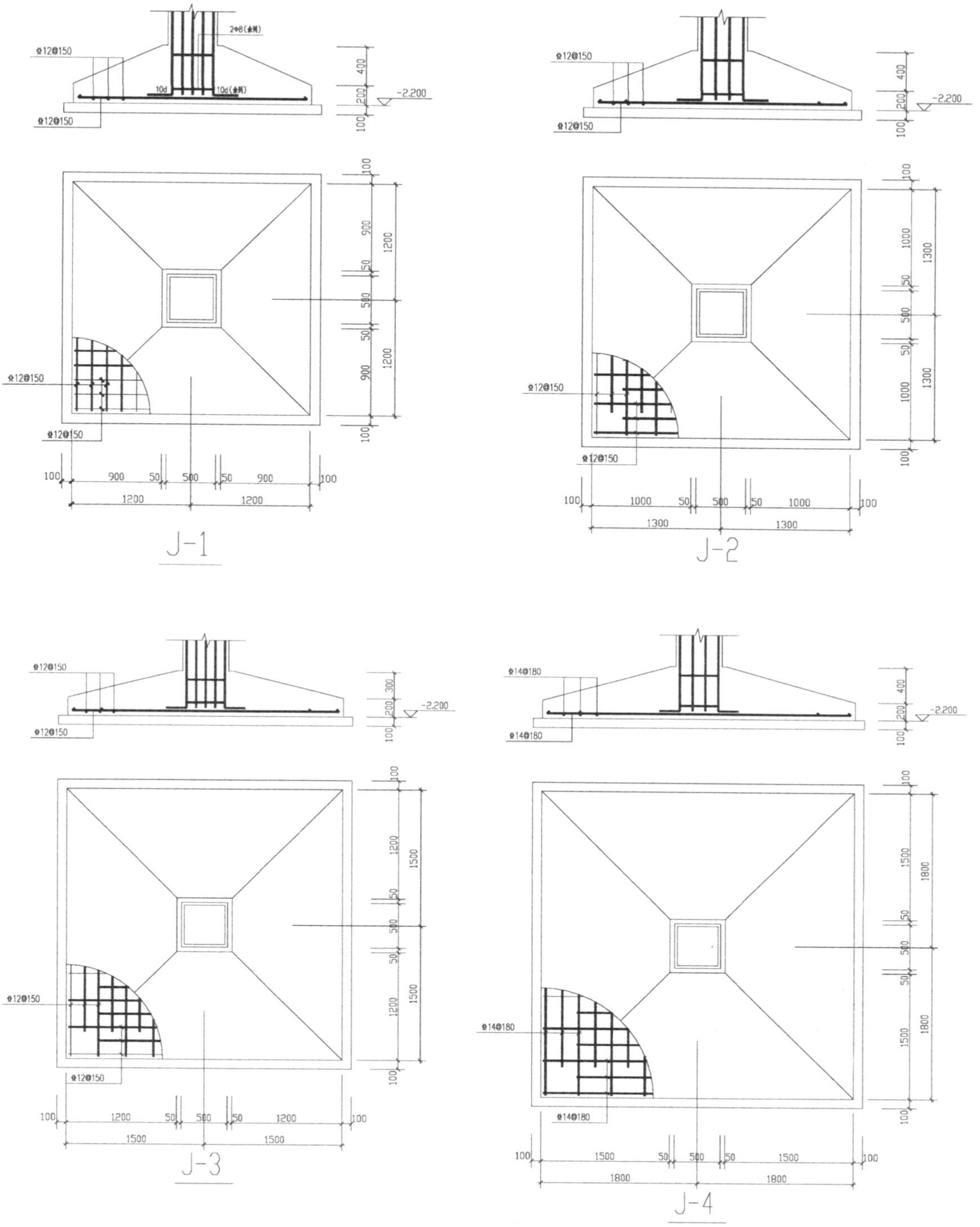

图 3.4.13　某独立基础施工图（续）

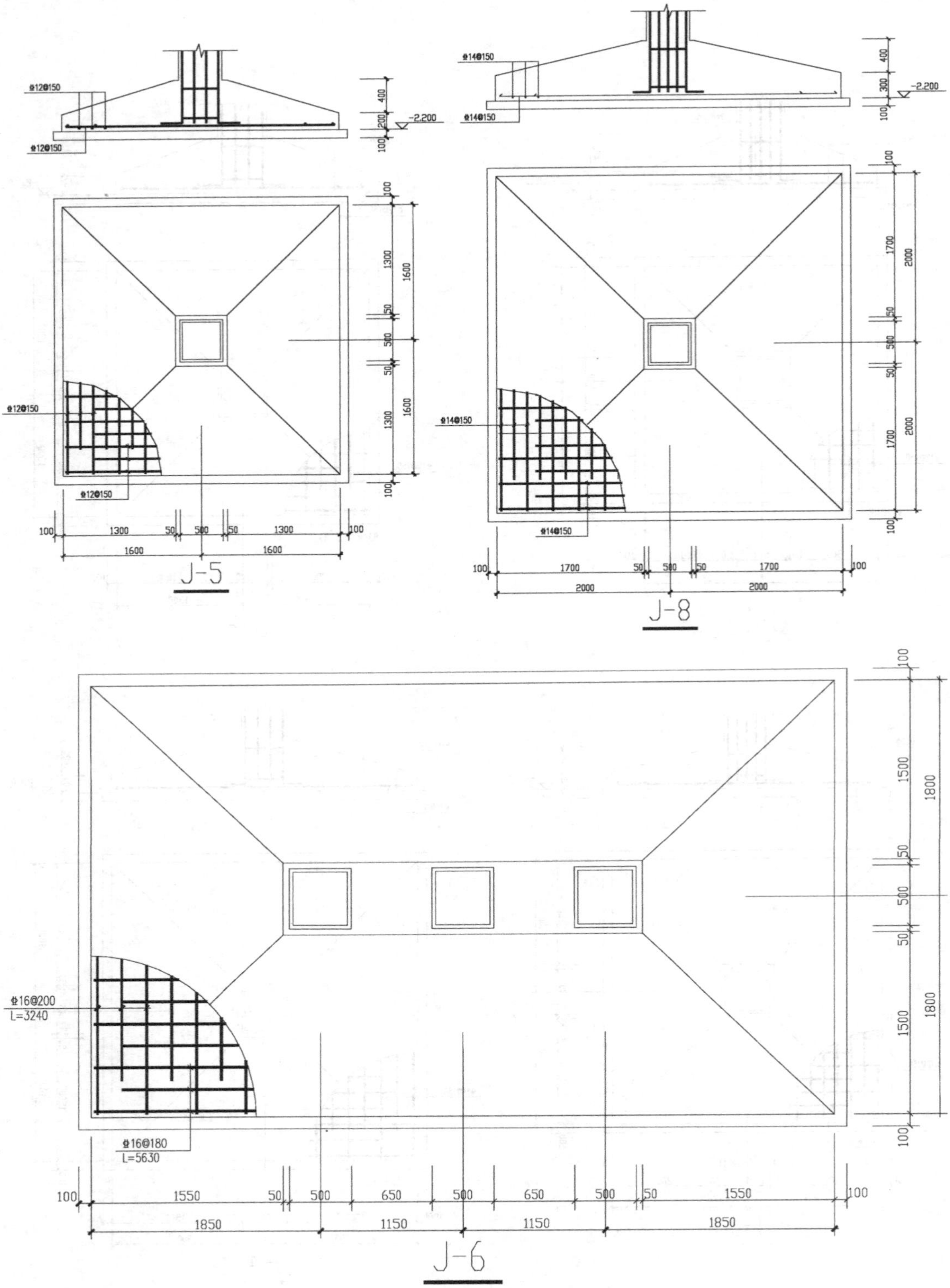

图 3.4.13 某独立基础施工图（续）

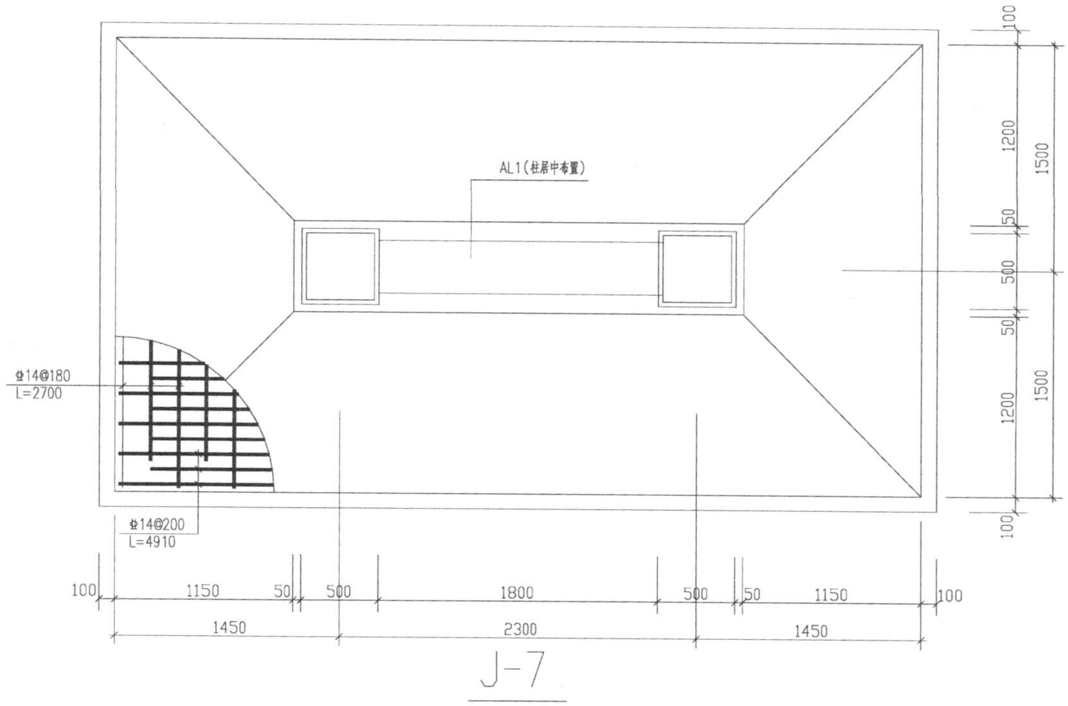

图 3.4.13　某独立基础施工图（续）

3. 钢筋计算

案例 6：基础详图如“基础施工图识读”“案例 1”所示，保护层 40mm，计算基础钢筋工程量。

第一步：看图集 11G101-3，了解独立基础钢筋构造。

如图 3.4.14 所示，可知基础边缘受力钢筋与基础边缘距离需满足两个条件：≤75mm 且≤板筋间距的一半。当基础底板长度≥2.5m 时，除外侧钢筋外，底板配筋长度可取相应方向基础宽度的 0.9 倍。

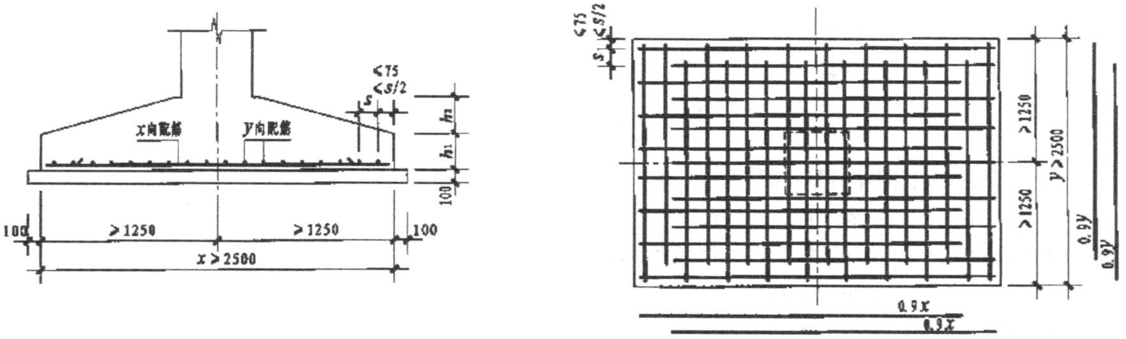

注：1. 当独立基础底板长度≥2500mm 时，除外侧钢筋外，底板配筋长度可取相应方向底板长度的 0.9 倍。

2. 当非对称独立基础底板长度≥2500mm，但该基础某侧从柱中心至基础底板边缘的距离＜1250mm 时，钢筋在该侧不应减短。

图 3.4.14　独立基础底板配筋长度缩短 10%构造

第二步：绘出该基础钢筋布置图。

基础钢筋布置图如图 3.4.15 所示。

第三步：计算。

基础底板尺寸为 1.3m×1.3m，小于 2.5m，钢筋长度不缩短 10%。受力筋均为 HRB400，钢筋端头不需加半圆弯钩。平面尺寸是正方形，两方向钢筋长度相同，钢筋只有一种预算长度。

单根预算长度 $l = 1300 - 40 \times 2 = 1220$ (mm)

$$根数\ n = \left(\frac{1300 - 75 \times 2}{150} + 1\right) \times 2 = 9 \times 2 = 18\ (根)$$

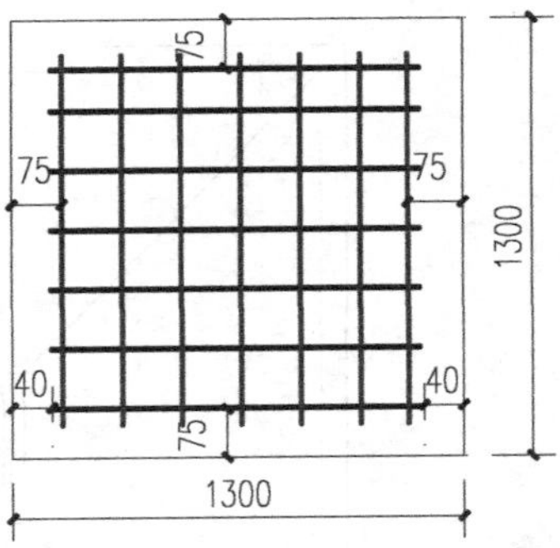

图 3.4.15　基础钢筋布置图

案例 7：某独立基础详图如图 3.4.16 所示，保护层 40mm，计算独立基础钢筋工程量。

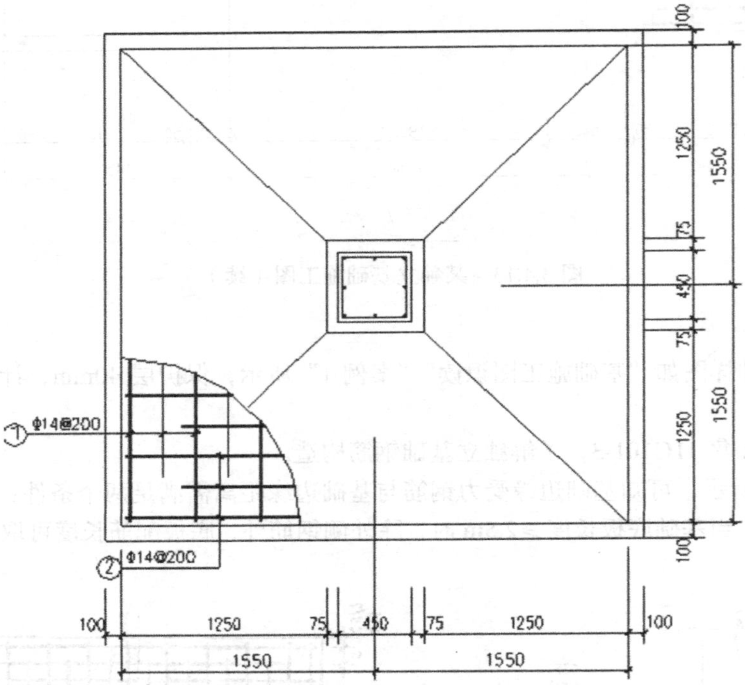

图 3.4.16　某独立基础详图

第一步：学习图集 11G101-3，了解独立基础钢筋构造。

独立基础为正方形 3.1m×3.1m，大于 2.5m，除四周钢筋外，其余钢筋长度缩短 10%。受力筋均为 HRB335，钢筋端头不需加半圆弯钩。

第二步：绘出基础钢筋布置图。

基础钢筋布置图如图 3.4.17 所示。

第三步：计算。

四周钢筋单根预算长度　$l = 3100 - 40 \times 2 = 3020$ (mm)　根数 n=4（根）

缩短 10%钢筋单根预算长度　$l = 3100 \times 0.9 = 2790$ (mm)

$$根数\ n = \left(\frac{3100 - 150}{200} - 1\right) \times 2 = 14 \times 2 = 28\ (根)$$

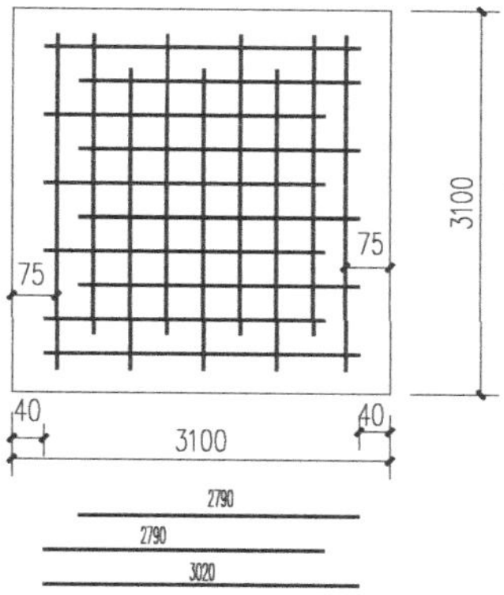

图 3.4.17　基础钢筋布置图

二、条形基础配筋构造、施工图与钢筋计算

1. 配筋构造

条形基础是指基础长度远远大于宽度的一种基础形式。条形基础是受弯构件，下部受拉上部受压，双向钢筋网位于基础底板的底部。横向（基础宽度方向）为主要受力钢筋，纵向（基础长度方向）为次要受力钢筋或者分布钢筋。主要受力钢筋布置在下（外）面。

条形基础整体上可以分为两类，梁板式条形基础和板式条形基础，如图 3.4.18 所示。梁板式条形基础适用于钢筋混凝土框架结构、框架—剪力墙结构、部分框支剪力墙结构和钢结构；板式条形基础适用于钢筋混凝土剪力墙结构和砌体结构。

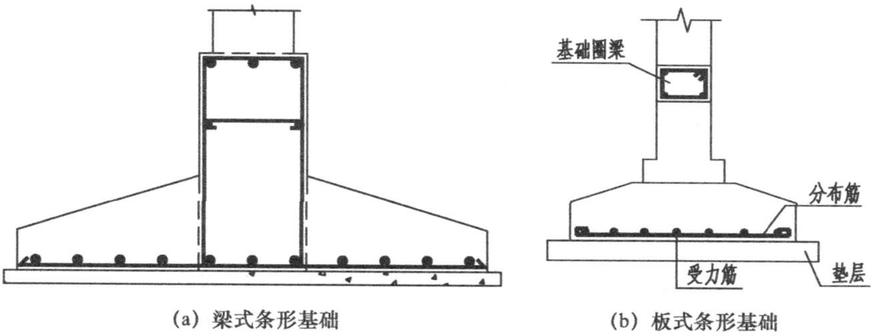

(a) 梁式条形基础　　(b) 板式条形基础

图 3.4.18　梁板式条形基础和板式条形基础

2. 施工图识读

案例 8：某墙下条形基础施工图如图 3.4.19 所示，读图回答问题。

（1）G 号定位轴线下条形基础的宽度是多少？受力筋、分布筋直径及间距是多少？基础底面标高是多少？基础总高度是多少？

（2）有没有基础圈梁？基础圈梁顶面位于室内地坪以下多少毫米处？宽度与高度分别是多少？钢筋配置如何？

（3）用同样的方法描述 11 号轴下条形基础。

（4）找出图中的独立基础，描述其标高、尺寸和钢筋。

（5）Z1 在什么位置？尺寸及钢筋如何？

（6）有多少种构造柱？尺寸及钢筋如何？

（7）描述填充墙下基础尺寸及钢筋。

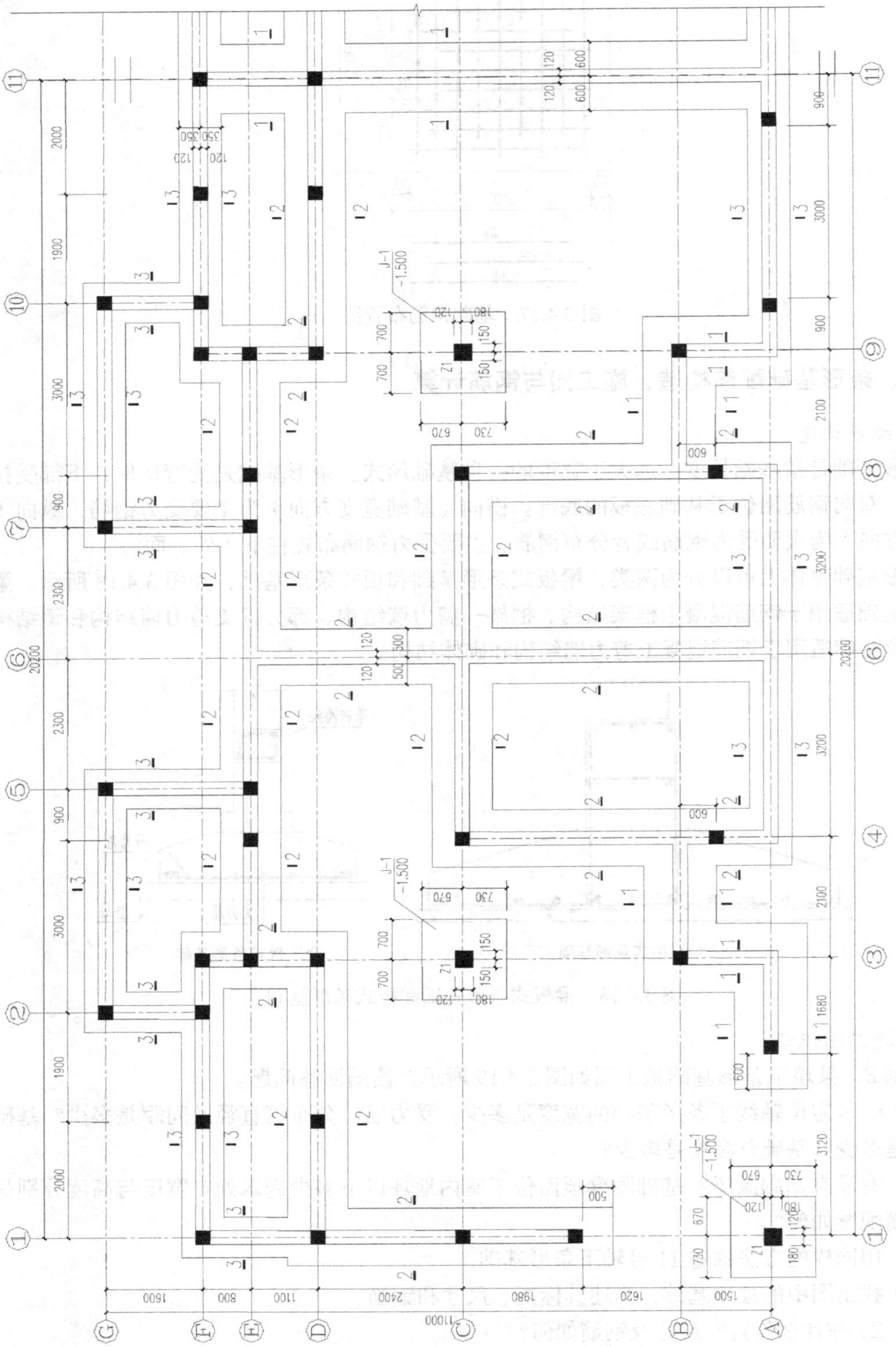

图 3.4.19　墙下条形基础施工图

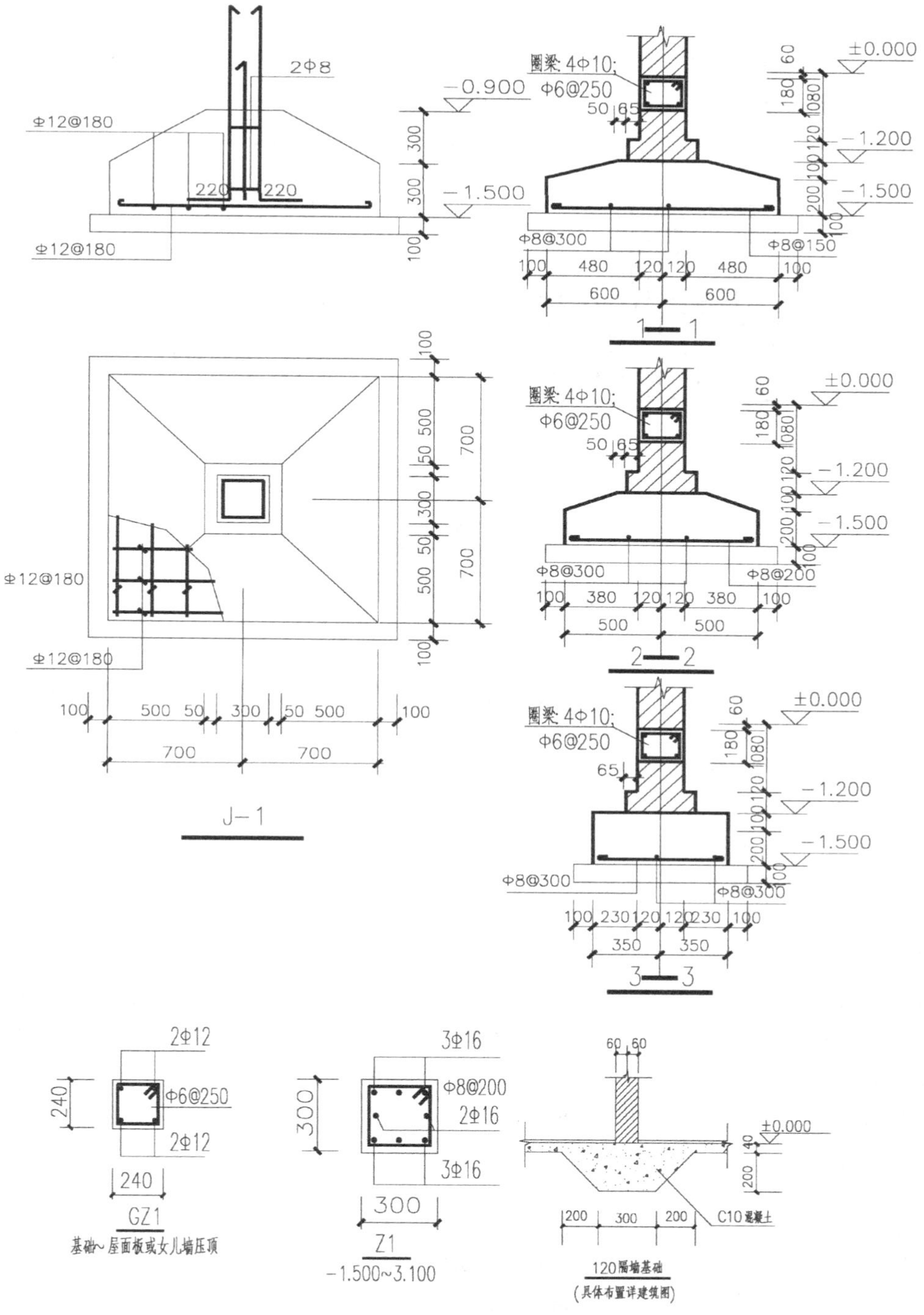

基础说明:

1、室外回填均采用2:8灰土

2、基槽必须挖至原状土，基槽挖出后，须经设计人员验收认可后，方能进行下一步施工。

3、砼基础下作100厚C15素砼垫层。

图 3.4.19　墙下条形基础施工图（续）

3. 钢筋计算

案例 9：已知基础保护层厚度为 40mm，计算 D 轴在①③轴之间部分条形基础钢筋工程量。

第一步：学习图集 11G101-3，了解条形基础钢筋构造。

条形基础在丁字交接处和转角处基础钢筋构造如图 3.4.20 所示。

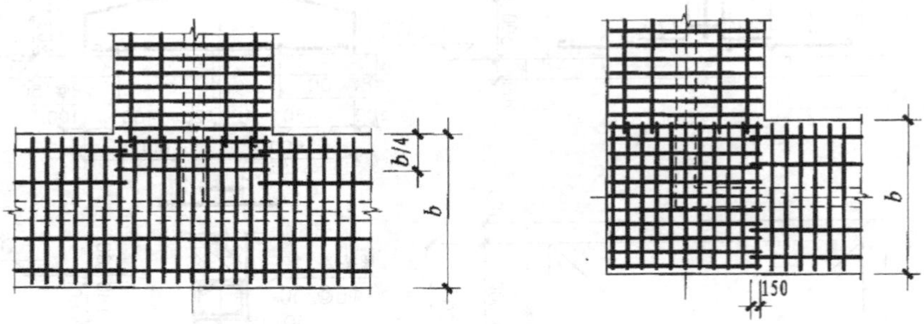

(a) 丁字交接处钢筋构造　　(b) 转角处钢筋构造

注：1. 当条形基础设有基础梁时，基础底板的分布钢筋在梁宽范围内不设置。
2. 在两向受力钢筋交接处的网状部位，分布钢筋与同向受力钢筋的构造搭接长度为150mm。

图 3.4.20　条形基础钢筋构造

从图中可知，丁字形交接处“━”方向，受力筋连续布置，“┃”方向受力筋布置到“━”方向基础宽度的 1/4，“┃”方向分布筋与“━”方向受力筋重合 150mm，“━”方向分布筋有两种长度，$b/4$ 之外分布筋通长布置，$b/4$ 之内分布筋断开，与另一方向受力筋重合 150mm。

转角处两方向受力筋连续布置，分布筋与另一方向受力筋重合 150mm。

第二步：绘制基础钢筋布置图。

基础钢筋布置图如图 3.4.21 所示。

第三步：计算。

受力筋

长度=1000−40×2+6.25×8×2=1020mm

根数=(4800−500+250+500−75)/200+1=26 根

分布筋长度=(4800−500−500)+40×2+150×2=4180mm

分布筋根数=(1000−75×2)/300+1=4 根

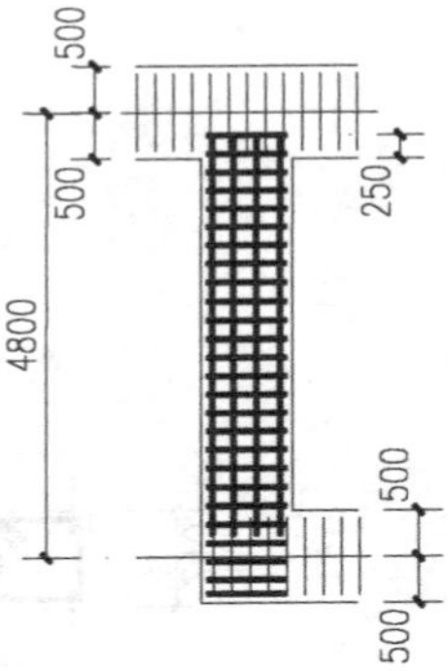

图 3.4.21　基础钢筋布置图

三、箱型基础

箱型基础主要是由钢筋砼底板、顶板、侧墙及一定数量纵墙构成的封闭箱体。当上部建筑物为荷载大、对地基不均匀沉降要求严格的高层建筑、重型建筑以及软弱土地基上的多层建筑时，为增加基础刚度，将地下室的底板、顶板和墙体整体浇筑成箱子状的基础，称为箱型基础。此基础的刚度较大，抗震性能较好，有较好的地下空间可以利用，能承受很大的弯矩，可用于特大荷载且需设地下室的建筑。

四、筏板基础

1. 配筋构造

当建筑物上部荷载较大而地基承载能力又比较弱时，用简单的独立基础或条形基础已不能适应地基变形的需要，这时常将墙或柱下基础连成一片，使整个建筑物的荷载承受在一块整板上，这种满堂式的板式基础称筏形基础。筏形基础由于其底面积大，故可减小基底压强，并能更有效地增强基础的整体性，调整不均匀沉降。

筏板基础又分为平板式筏板基础和梁板式筏板基础。平板式筏形基础的底板是一块厚度相等的钢筋混凝土平板。板厚一般在 0.5 ~ 1.5m 之间。平板式基础适用于柱荷载不大、柱距较小且等柱距的情况。当柱网间距大时，一般采用梁板式筏形基础。

当柱网较规则时，平板式筏板基础可分为柱下板带和跨中板带，当上部结构为剪力墙等不规则构件时，也可不分板带，按基础平板进行表达。不管采用哪种表达方式，平板式筏板基础钢筋可概括为包括上皮双向贯通钢筋网，下皮双向贯通钢筋网，局部拉力较大处附加钢筋，当筏板厚度较大时，板高度中部也可能配置防止温度或收缩裂缝的双向钢筋网。

梁板式阀板基础板也是受弯构件，基础板钢筋分为上皮双向钢筋网、下皮双向钢筋网和拉力较大处附加钢筋。因板弯曲变形较有规律，所以附加钢筋也很有规律。梁板交接处，板弯曲变形后向下凸，此处拉力较大，需要在板下皮附加钢筋，如图 3.4.22 所示。

基础梁附加纵筋原理与板完全相同，即在梁与上部结构（柱等）交接处下部。通俗地说，上部结构梁和板的负弯矩筋在上皮，而梁板式筏板基础“负弯矩筋”在梁和板的下皮，如图 3.4.23 所示。

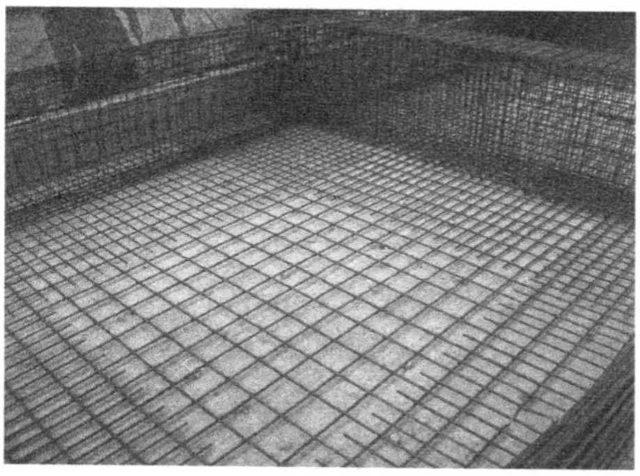

图 3.4.22　梁板式筏板基础下皮双向钢筋网及附加钢筋

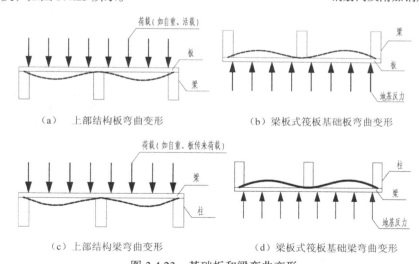

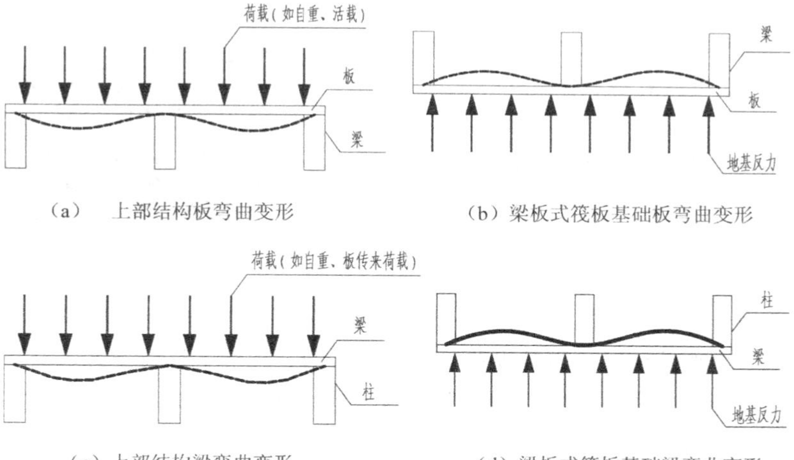

图 3.4.23　基础板和梁弯曲变形

2. 施工图识读

案例 10：平板式筏板基础施工图（图纸见附图 1）。

读筏板基础施工图，描述基础平面定位尺寸、钢筋等施工信息。

五、桩基础

1. 配筋构造

对于由桩和连接桩顶的承台组成的深基础，为了增强基础的整体性，防止地基的不均匀沉降，承台之间由地梁（基础连梁）连接。一般没有地下室的桩基础由桩身、承台、地梁组成，没有防水板。有地下室，且地下室底面在水位线以下的需要设置防水底板，把防水底板设计成很厚的筏板就形成桩筏基础。墙下桩基承台和连梁形成承台梁，即墙下桩基由桩身和承台梁两个构件组成。

桩基具有承载力高、沉降量小而较均匀的特点，可以应用于各种工程地质条件和各种类型的工程。

按照基础的受力原理大致可分为摩擦桩和端承桩。

摩擦桩：利用地层与基桩的摩擦力来承载构造物，可分为压力桩及拉力桩，大致用于地层无坚硬承载层或承载层较深。

端承桩：使基桩坐落于承载层上（岩盘上），使之可以承载构造物。

按照施工方式可分为预制桩和灌注桩。

预制桩：通过打桩机将预制的钢筋混凝土桩打入地下。优点是材料省，强度高，适用于较高要求的建筑，缺点是施工难度高，受机械数量限制，施工时间长。

灌注桩：首先在施工场地上钻孔，当达到所需深度后将钢筋放入浇灌混凝土。优点是施工难度低，尤其是人工挖孔桩，可以不受机械数量的限制，所有桩基同时进行施工，大大节省时间，缺点是承载力低，费材料。

桩身受力与柱相似，主要承受上部结构传来的压力，也可能承受水平荷载产生的弯矩，钢筋分为 3 种类型：纵向钢筋、箍筋和焊接加劲箍，如图 3.4.24 所示。

图 3.4.24　桩孔及桩身钢筋

桩顶嵌入承台内的长度不应小于 50mm，主筋伸入承台内的长度不应小于 30d（HPB300）和 35d（HRB335、HRB400、HRB500），对于大直径桩，当采用一柱一桩时，可设置承台，也可不设置承台，将桩和柱直接连接。

灌注桩主筋的混凝土保护层厚度不应小于 50mm，预制桩不应小于 45mm，预应力管桩不应小于 35mm；腐蚀环境中的灌注桩不应小于 55mm。

承台受力较复杂，结构设计时要考虑抗冲切、抗剪、抗弯承载力要求。承台的配筋，对于单柱单桩承台，其钢筋是一个长方体的钢筋笼；对于单柱二桩承台，可按承台梁（包括纵筋、箍筋、腰筋、拉筋）进行设计；对于三桩承台，钢筋按三向板带均匀布置，且最里面的钢筋围成的三角形应在柱截面内；多桩矩形承台的配筋是承台底部双向通长钢筋网。

柱下独立桩基承台的钢筋的锚固长度，自边桩内侧（当为圆桩时，应将其直径乘以 0.886 等效为方桩）算起，锚固长度不应小于 35d，当不满足时，应将钢筋向上弯折，此时钢筋水平段的长度不应小于 25d，弯折段长度不应小于 10d。

承台混凝土强度等级不应低于 C20，纵向钢筋的混凝土保护层厚度不应小于 70mm，当有混凝土垫层时，不应小于 50mm；且不应小于桩头嵌入承台内的长度。

2. 施工图识读

案例 11：桩基础施工图。

读附图 3“某住宅楼桩筏基础施工图”，回答下列问题。

1. 读“桩平面布置图”，找出图中剪力墙、柱和筏板边缘，共有多少种桩？

2. 描述桩详图。桩身总长度是多少？桩直径是多少？上部 36m 范围内纵筋根数与直径是多少？下部 9m 范围内纵筋根数与直径是多少？加密区箍筋直径及间距是多少？非加密区箍筋直径及间距是多少？焊接加劲箍直径及间距是多少？桩纵筋锚入承台长度是多少？桩顶混凝土锚入承台长度是多少？

案例 12：承台详图。

承台详图如图 3.4.25 所示，读图回答问题。

1. 单柱单桩承台的尺寸是多少？3 个方向钢筋的直径及间距是多少？
2. 二桩承台梁的上下部主筋、箍筋、腰筋及拉筋如何？
3. 三桩承台三向板带主筋根数及直径是多少？
4. 四桩承台下部贯通双向钢筋网钢筋根数及直径是多少？

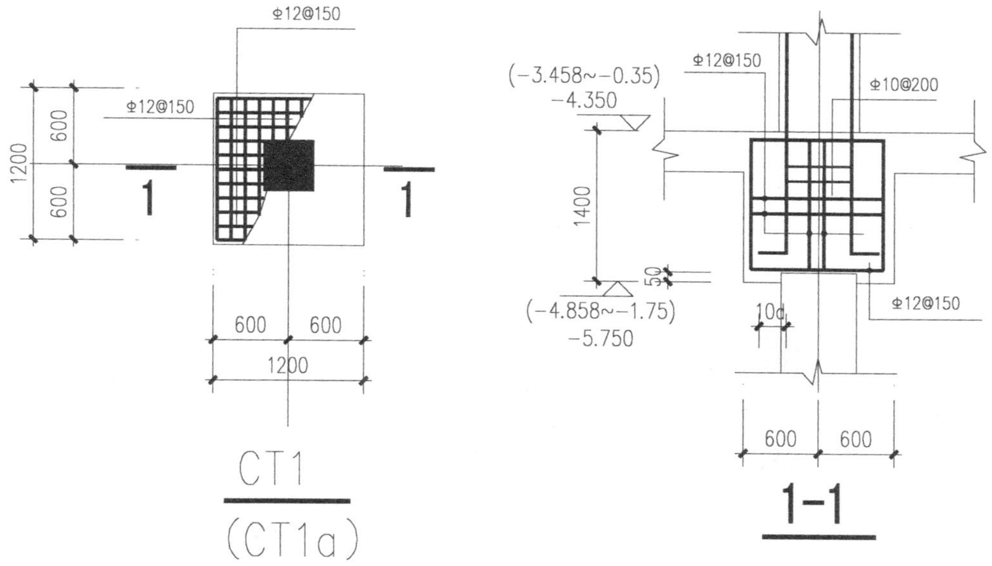

（a）单柱单桩承台

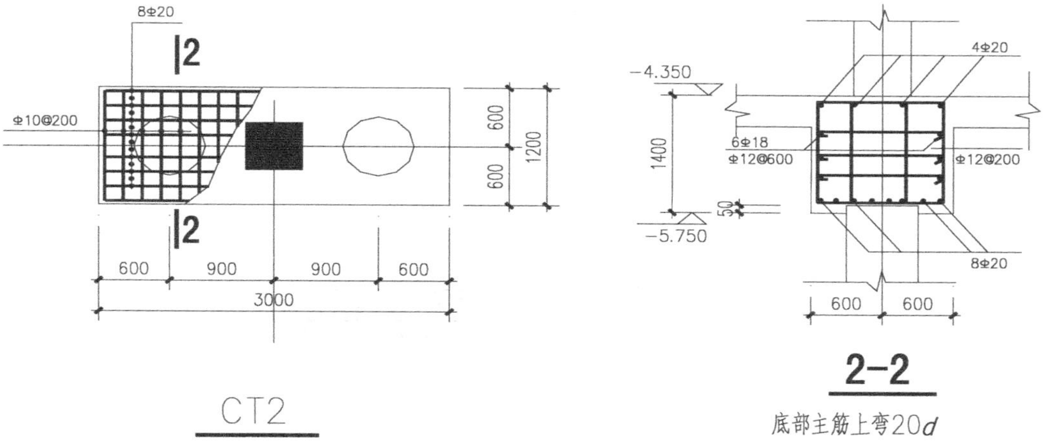

（b）二桩承台

图 3.4.25　承台详图

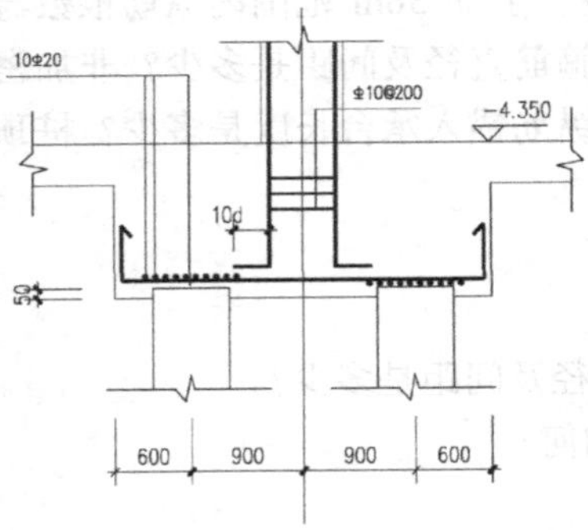

3-3

最里面三根主筋在柱范围内
底部主筋上弯20*d*

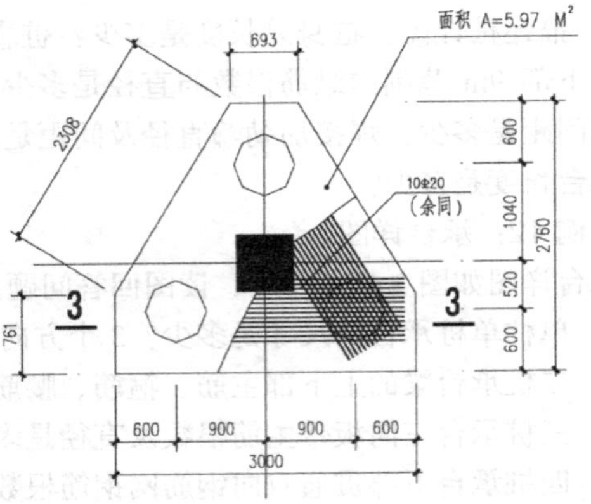

CT3

三桩承台

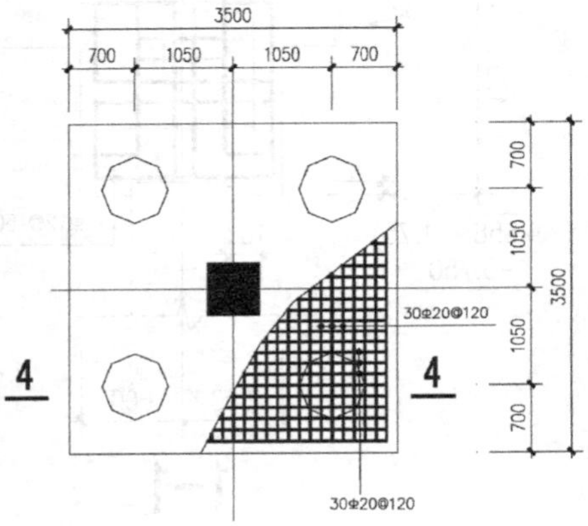

CT4

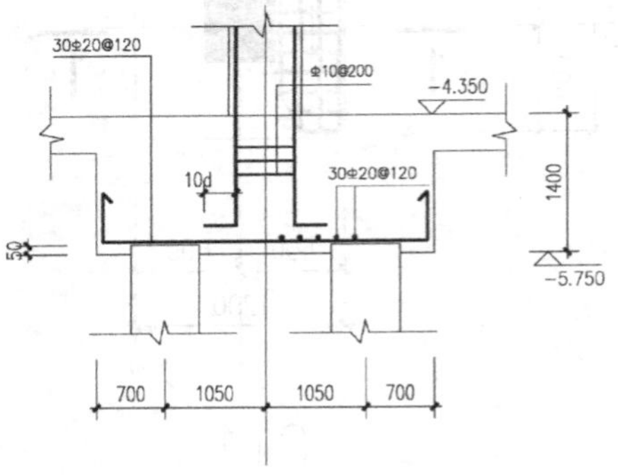

4-4

底部主筋上弯20*d*

四桩承台

图 3.4.25　承台详图（续）

课内练习

读图 3.4.26 所示桩身详图，描述桩基施工信息。

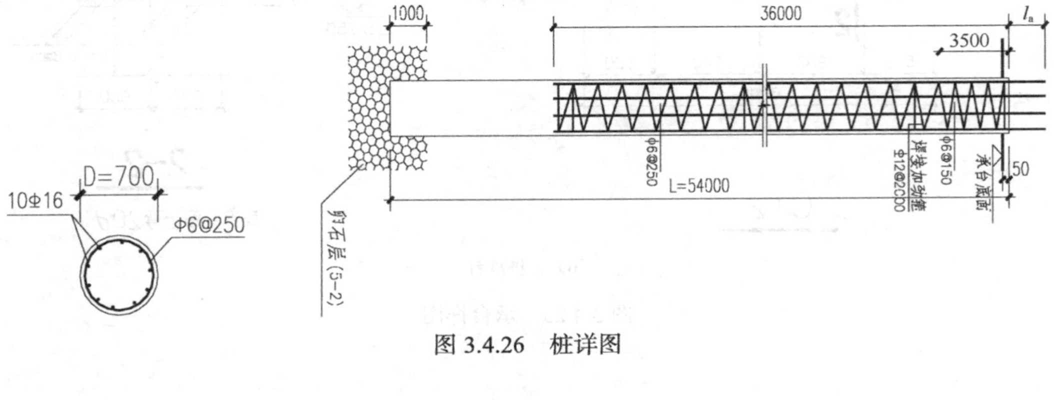

图 3.4.26　桩详图

3.5 楼 梯

3.5.1 楼梯类型

楼梯是建筑物的垂直交通设施，多采用钢筋混凝土制成。常用现浇钢筋混凝土楼梯按其结构形式和受力特点不同分为板式楼梯和梁式楼梯。楼梯组成示意如图 3.5.1 所示，楼梯分类如图 3.5.2 所示。

板式楼梯由梯段、平台板、平台梁组成。梯段是斜放的齿形板，两端支撑在平台梁上。板式楼梯的优点是下表面平整，施工支模方便，外观轻巧。缺点是当梯段跨度较大时斜板较厚（约为梯段水平长度的 1/25 ~ 1/30），材料用量多，自重大。当梯段水平投影长度≤3m 时，板式楼梯较经济。

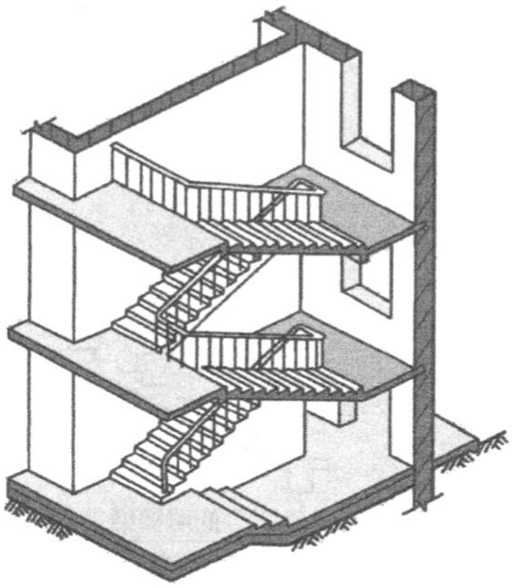

图 3.5.1 楼梯组成示意

梁式楼梯由踏步板、斜梁、平台板、平台梁组成。梁式楼梯的踏步板两端支撑在斜梁上，斜梁两端支撑在平台梁上。梯段上的荷载先由踏步板以均布荷载的形式传给斜梁，斜梁再以集中荷载形式传给平台梁。斜梁与平台梁是次梁和主梁的关系。梁式楼梯支模及施工比较复杂，外观笨重，当梯段水平投影长度>3m 时，较经济。

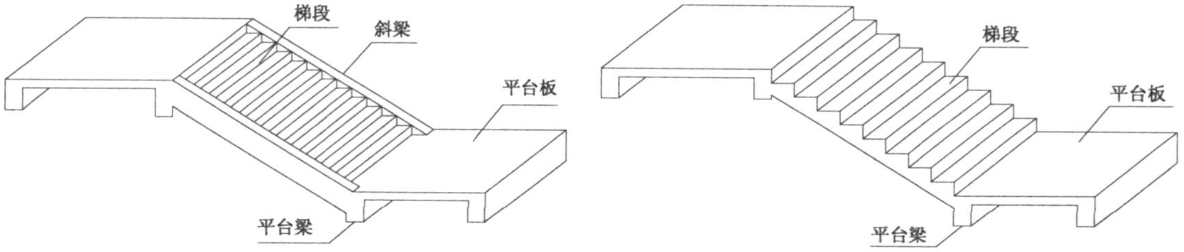

(a) 梁式楼梯 (b) 板式楼梯

图 3.5.2 楼梯分类

除此之外，在一些公共建筑中也采用一些特种楼梯，如螺旋板式楼梯或悬挑板式楼梯。楼梯的结构形式应根据建筑要求、施工条件、材料供应、荷载大小等因素以及适用、经济、美观的原则综合考虑后确定。

3.5.2 配筋构造、施工图与钢筋计算

一、配筋构造

平法图集将板式楼梯分为 11 种类型，分别为 AT、BT、CT、DT、ET、FT、GT、HT、Ata、ATb、ATc，如图 3.5.3 所示。前四种类型应用最为普遍，AT 型梯板全部由踏步段构成，BT 型梯板由低端平板和踏步段构成，CT 型梯板由踏步段和高端平板构成，DT 型梯板由低端平板、踏步板和高端平板构成。

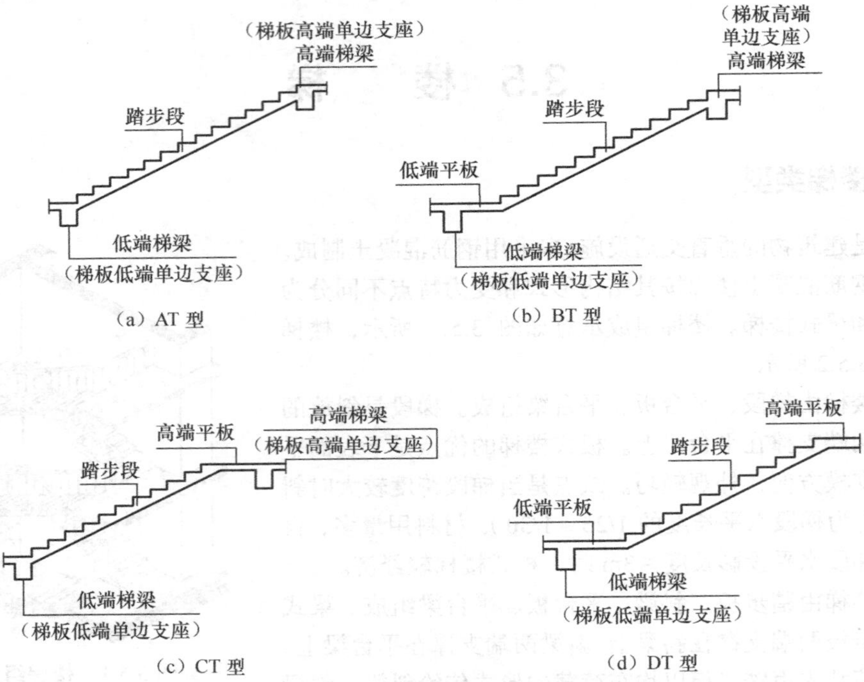

图 3.5.3　板式楼梯类型

板式楼梯梯段两对边支撑在平台梁上，按单向板进行设计和配筋。AT 型梯段有下皮受力筋、分布筋，上皮支座处有负弯矩筋，负弯矩筋内侧有分布筋，沿梯段长度方向为受力筋，垂直于梯段长度方向为分布筋，如图 3.5.4 所示。在部分地市，为防止板跨中上皮混凝土收缩开裂，上皮负弯矩筋不截断。

梯段支撑在平台梁上，在砌体结构中，一般平台梁支撑在砌体墙上，在混凝土框架结构中，楼层高度处的平台梁可支撑在楼层梁上（如果支座处正好有框架柱，也可以支撑在框架柱上），为支撑两楼层高度中间的平台梁和休息平台板，需要设置专门的梯柱，梯柱可以上下连通，也可以生根于楼层梁，此时的梯柱称为梁上柱，如图 3.5.5 所示。

图 3.5.4　板式楼梯梯段钢筋

图 3.5.5　楼梯间的梯柱（梁上柱）

休息平台通常设计成四边有支座（支座为梁）的双向板，也可设计成两对边有支座的单向板或一边有支座的悬臂板。

二、施工图识读

为便于表达，楼梯施工图一般采用剖面图（主要表达整体结构）、各层平面图（主要表达楼梯结构和休息平台详细信息）和详图（主要表达梯段、梁详细信息）的表达方式，较少采用楼梯平法图。

案例 1：砌体结构楼梯间结构施工图识读。

读附录 3“LT-1”施工图，回答下列问题。

1. TB1 的踏步宽度是多少？共有多少个踏步宽度？踏步高度是多少？共有多少个踏步高度？TB2 和 TB3 呢？

2. 指出 5.350 标高处平台板的厚度是多少？这个平台有几个边有支座？描述其钢筋（下部双向钢筋网和四个支座处的负弯矩钢筋）？

3. 由 5.350 通至 7.150 梯段的下部受力钢筋、分布钢筋的直径、间距分别是多少？两个支座处负弯矩钢筋的直径及间距别是多少？

4. 8.950 标高处 TL-1 的截面尺寸、下部纵向钢筋，上部架立钢筋、箍筋分别是多少？

5. 梯段宽度是多少？梯井宽度是多少？

案例 2：框架结构楼梯间结构施工图识读。

读附录 4“LT-1”详图，回答下列问题。

1. TB-1 的踏步宽度是多少？共有多少个踏步宽度？踏步高度是多少？共有多少个踏步高度？TB-2 和 TB-3 呢？

2. 由 2.320 通至 4.050 标高处梯段的下部受力钢筋、分布钢筋的直径、间距分别是多少？两个支座处负弯矩钢筋的直径及间距分别是多少？梯段板厚度是多少？

3. 2.320 标高处休息平台有几个支座？说出支座的名称。平台板厚度是多少？描述其钢筋。

4. 2.320 标高处 TL-1 的截面尺寸及钢筋是多少？支座是什么构件？TZ 的截面尺寸及钢筋是多少？TZ 生根于什么构件？该梯柱是不是梁上柱？

5. 梯段宽度是多少？梯井宽度是多少？

三、钢筋计算

案例 3：梯段详图如图 3.5.6 所示，已知混凝土强度等级为 C25，梯段宽度 1200mm，梯板混凝土保护层厚度 20mm，梯梁宽均为 240mm，计算楼梯钢筋工程量。

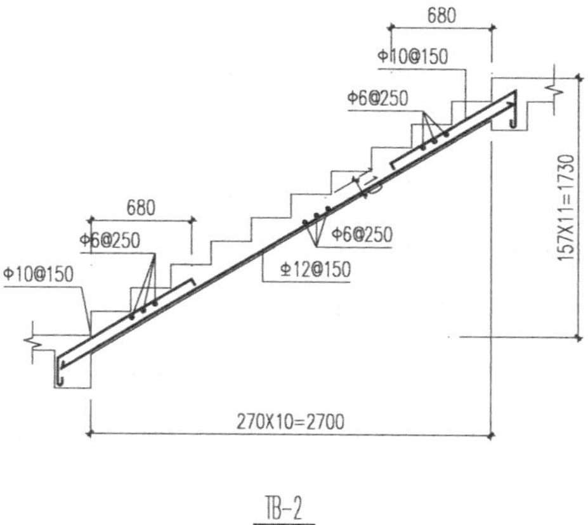

图 3.5.6　梯板详图

第一步：学习图集 11G101-2 关于 AT 型楼梯的构造要求。

从图 3.5.7 中可以看到，板下皮受力筋伸入支座梁内长度需满足两个条件：≥5*d*，至少伸过支座中线；上皮负弯矩筋伸至支座对边（留一个保护层）再向下弯折，弯折长度竖直段为 15*d*。当采用 HPB300 光面钢筋时，除负弯矩筋板内端头做直角钩外，其余钢筋末端均应做 180°弯钩。

距离支座内侧 1/2 板筋间距放置第一根分布筋。

负弯矩筋板内直角钩长度为板厚减去两个保护层。

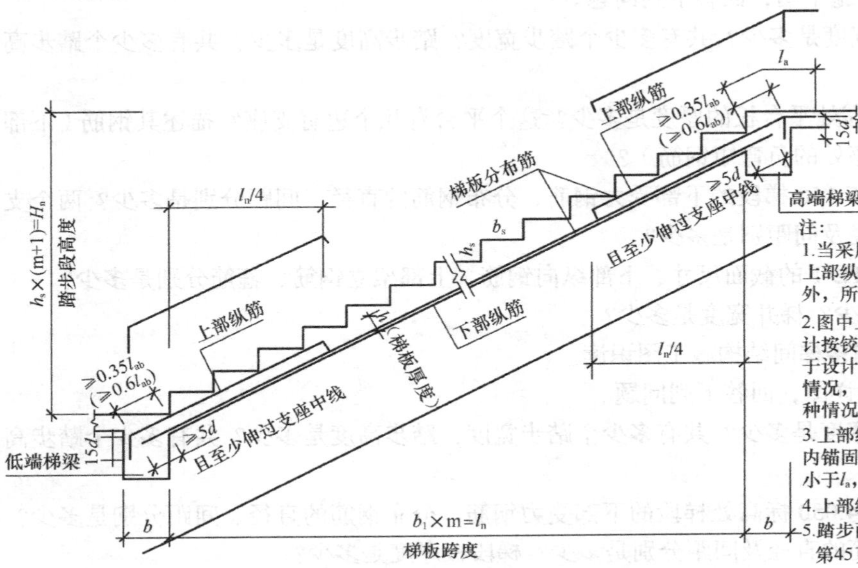

注：

1. 当采用HPB300光面钢筋时，除梯板上部纵筋的跨内端头做90°直角弯钩外，所有末端应做180°的弯钩。
2. 图中上部纵筋锚固长度$0.35l_{ab}$用于设计按铰接的情况，括号内数据$0.6l_{ab}$用于设计考虑充分发挥钢筋抗拉强度的情况，具体工程中设计应指明采用何种情况。
3. 上部纵筋有条件时可直接伸入平台板内锚固，从支座内边算起总锚固长度不小于l_a，如图中虚线所示。
4. 上部纵筋需伸至支座对边再向下弯折。
5. 踏步两头高度调整见11G102-2图集第45页。

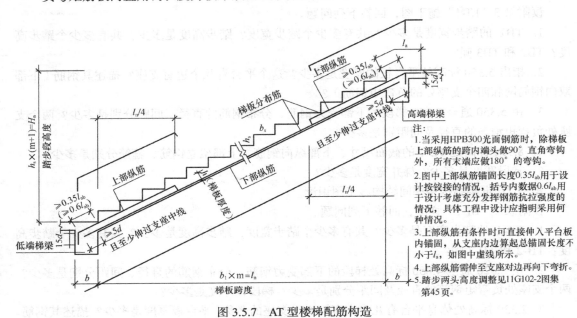

图 3.5.7　AT 型楼梯配筋构造

第二步：根据图集和详图计算。

钢筋斜长=水平投影长度×*k*

$$k=\frac{\sqrt{b^2+h^2}}{b}$$

式中：*b*——踏步宽度；*h*——踏步高度。

$$k=\frac{\sqrt{270^2+157^2}}{270}=1.157$$

下皮受力筋 Φ12@150，钢筋类型为 HRB335，端头不需做半圆弯钩。

$$l=(2700+120+120)\times 1.157=3402\text{mm}$$

根数 *n*=(1200−20×2)/150+1=9 根

分布筋ϕ6@250，钢筋类型为 HPB300，端头需做半圆弯钩。

$$l=(1200-20-20)+6.25\times 6\times 2=1235\text{mm}$$

根数 *n*=[(2700×1.157−250)/250+1]+[(680×1.157−125)/250+1]×2=13+4×2=21 根

低端支座负弯矩筋ϕ10@150，钢筋类型为 HPB300，板内直角钩端头不需做半圆 180°弯钩，梁内端头需做 180°弯钩。

$$l=(680+240-20)\times 1.157+15\times 10+6.25\times 10+(110-20\times 2)=1324\text{mm}$$

低端支座负弯矩筋间距与下皮受力筋间距相同，所以根数相等。

$$根数\ n=(1200-20\times2)/150+1=9（根）$$

高端支座负弯矩筋长度、根数与低端支座完全相同。

$$l=1324\ (\text{mm})$$

$$根数\ n=9（根）$$

3.6　结构抗震基本知识与框架结构抗震措施

3.6.1　抗震设计一般知识

一、震级与烈度

震级是指地震大小，震级代表地震本身的强弱，只同震源发出的地震波能量有关。汶川地震震级为 8.0 级。目前，世界上最大的震级为 9.5 级。

烈度指地震时某一地点震动的强烈程度。目前我国地震烈度分为 12 度，汶川地震时震中的映秀烈度为 11 度，成都烈度为 7 度。按国家规定的权限批准作为一个地区抗震设防依据的地震烈度称为抗震设防烈度。目前我们国家的抗震设防烈度分为 6、7、8、9 共 4 个烈度。

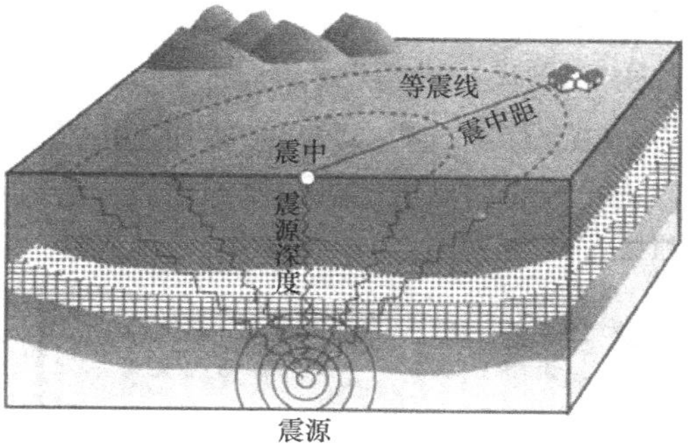

图 3.6.1　地震构造示意

二、抗震设防目标

抗震设防目标是对于建筑结构应具有的抗震安全性的要求。是根据地震特点、国家的经济力量、现有的科学技术水平、建筑材料和设计施工的现状等综合制定的，并随着经济和科学水平的发展而提高。我国现阶段房屋建筑采用三水准的抗震设防目标，具体如下。

第一目标——小震不坏。当遭受低于本地区地震基本烈度的多遇地震影响时，一般不受损坏或不修理可继续使用。

第二目标——中震可修。当遭受相当于本地区地震基本烈度的地震影响时，可能损坏，经一般修理或不需修理仍可继续使用。

第三目标——大震不倒。当遭受高于本地区抗震设防烈度预估的罕遇地震时，不致倒塌或发生危及生命的严重破坏。

例如淄博某地区抗震设防烈度为 7 度，当某次地震对该地区的影响程度小于 7 度时，建筑物不坏；当某次地震对该地区的影响程度等于 7 度时，建筑物可修；当某次地震对该地区的影响程度大于 7 度时，建筑物不倒。

三、抗震设防分类

根据建筑物破坏后的影响程度不同，我国将建筑物分为 4 种类别：特殊设防类、重点设防类、标准设防类和适度设防类。简称甲类、乙类、丙类和丁类。

（1）特殊设防类：指使用上有特殊设施，涉及国家公共安全的重大建筑工程和地震时可能发生严重次生灾害等特别重大灾害后果，需要进行特殊设防的建筑。简称甲类。

（2）重点设防类：指地震时使用功能不能中断或需尽快恢复的生命线相关建筑，以及地震时可能导致大量人员伤亡等重大灾害后果，需要提高设防标准的建筑。简称乙类。我国现行《建筑抗震设防分类标准》规定“人流密集的大型商场，小学、中学的教学用房及学生宿舍和食堂以及幼儿园等建筑抗震设防类别不应低于重点设防类。

（3）标准设防类：指大量的除1、2、4类以外按标准要求进行设防的建筑。简称丙类。

（4）适度设防类：指使用上人员稀少且震损不致产生次生灾害，允许在一定条件下适度降低要求的建筑。简称丁类。

各抗震设防类别建筑的抗震设防标准，应符合下列要求。

（1）特殊设防类，应按高于本地区抗震设防烈度提高一度的要求加强其抗震措施；但抗震设防烈度为9度时应按比9度更高的要求采取抗震措施。同时，应按批准的地震安全性评价的结果且高于本地区抗震设防烈度的要求确定其地震作用。

（2）重点设防类，应按高于本地区抗震设防烈度一度的要求加强其抗震措施；但抗震设防烈度为9度时应按比9度更高的要求采取抗震措施；地基基础的抗震措施，应符合有关规定。同时，应按本地区抗震设防烈度确定其地震作用。

（3）标准设防类，应按本地区抗震设防烈度确定其抗震措施和地震作用，达到在遭遇高于当地抗震设防烈度的预估罕遇地震影响时不致倒塌或发生危及生命安全的严重破坏的抗震设防目标。

（4）适度设防类，允许比本地区抗震设防烈度的要求适当降低其抗震措施，但抗震设防烈度为6度时不应降低。一般情况下，仍应按本地区抗震设防烈度确定其地震作用。

课内练习

1. 已知淄博周村地区的抗震设防烈度为7度，淄博职业学院的教学楼为丙类建筑，请问职业学院的教学楼抗震措施应符合几度抗震设防的要求？

2. 已知淄博周村地区的抗震设防烈度为7度，某小学的教学楼为乙类建筑，请问该小学的教学楼抗震措施应符合几度抗震设防的要求？

四、抗震概念设计的基本要求

抗震设计包括3个方面：概念设计、计算设计、构造设计。概念设计在总体上把握抗震设计的基本原则；抗震计算为建筑抗震设计提供定量手段；构造措施则可以在保证结构整体性、加强局部薄弱环节等意义上保证抗震计算结果的有效性，他们是一个不可割裂的整体。

（1）选择对建筑抗震有利的场地，宜避开对建筑抗震不利的地段，不应在危险地段建造甲、乙、丙类建筑。对于不利地段，结构工程师应提出避开要求，当无法避开时，应采取有效措施，这就考虑了地震因场地条件间接引起结构破坏的原因，诸如地基土的不均匀沉陷、地震引起的地表错动与地裂。

（2）建筑的平立面布置应符合概念设计的要求，不应采用严重不规则的方案。历次地震经验表明，平面、竖向规则性较好的建筑地震损坏较轻。所以建筑结构的平面布置宜规则、对称，并具有良好的整体性。

对于体形复杂的建筑可设置防震缝，将建筑从平面上分成规则的结构单元。防震缝应根据烈度、场地类别、房屋类型等留有足够的宽度。同时，地震区伸缩缝、沉降缝宽度应符合防震缝的要求。伸缩缝、沉降缝、防震缝统称为建筑物的变形缝，如图3.6.2所示。

图 3.6.2　变形缝

3.6.2　框架结构的抗震措施

一、结构材料

有抗震设防要求的建筑物的混凝土应符合表 3.6.1 所列规定。

表 3.6.1　　框架结构混凝土强度等级要求

抗震等级为一级框架梁、柱、节点核心区	≥C30
其他构件	≥C20

二、一般规定

1. 限制房屋的总高度和高宽比

混凝土房屋的最大适用高度如表 3.6.2 所示。

表 3.6.2　　混凝土房屋的最大适用高度　　（m）

结构体系	非抗震设计	抗震设防烈度				
		6 度	7 度	8 度		9 度
				0.2g	0.3g	
框架高度（m）	70	60	50	40	35	—

2. 抗震等级

钢筋混凝土房屋应根据设防类别、烈度、结构类型和房屋高度采用不同的抗震等级，抗震等级分为一、二、三、四共 4 级。并应符合相应的计算和构造措施要求。丙类建筑的抗震等级应按表 3.6.3 确定。

表 3.6.3　　丙类建筑的抗震等级

结构体系类型		抗震设防烈度						
		6 度		7 度		8 度		9 度
框架结构	高度（m）	≤24	＞24	≤24	＞24	≤24	＞24	≤24
	框架	四	三	三	二	二	一	一
	剧场、体育馆等大跨度公共建筑	三		二		一		一

课内练习

淄博职业学院综合楼结构形式为框架结构，丙类建筑，高度为30m，其构件的抗震等级为多少级？

三、结构构件抗震措施

1. 框架梁

（1）框架梁的截面宽度不宜小于200mm，截面高宽比不宜大于4，净跨与截面高度之比不宜小于4。

（2）框架梁端箍筋应加密，箍筋加密区的长度，最大间距和最小直径见“3.1 梁”。

（3）梁端加密区的箍筋肢距，一级不宜大于200mm和20倍箍筋直径的较大值，二、三级不宜大于250mm和20倍箍筋直径的较大值，四级不宜大于300mm。

（4）非加密区箍筋最大间距：不宜大于加密区箍筋间距的2倍。

（5）箍筋必须为封闭箍，弯钩135°，弯钩平直段长度不小于箍筋直径的10倍和75mm的较大者。

（6）框架梁内纵筋接头，一级抗震时应采用机械连接接头；二、三、四级抗震时，宜采用机械连接接头，也可采用焊接接头或搭接接头。纵筋接头宜避开箍筋加密区，位于同一区段内的纵筋接头面积不应超过50%；当采用搭接接头时，其搭接长度要足够。

课内练习

抗震等级为一级的框架梁纵向受力钢筋可以采用搭接连接吗？

2. 框架柱

（1）框架的截面宽度和高度，抗震等级为一、二、三级和超过两层时，不宜小于400mm，抗震等级为四级或不超过两层时不宜小于300mm。

（2）框架柱箍筋在规定的范围内应加密。具体加密区见“3.3 柱”。

（3）柱箍筋加密区的箍筋肢距，一级不宜大于200mm，二、三级不宜大于250mm，四级不宜大于300mm。至少每隔一根纵向钢筋宜在两个方向有箍筋或拉筋约束；采用拉筋复合箍时，拉筋宜紧靠纵向钢筋并钩住箍筋。

3. 梁柱节点构造

（1）框架节点内必须设置足够数量的水平箍筋，箍筋的最大间距、最小直径与柱加密区的要求相同，或比其要求更高。

（2）柱中纵筋不宜在节点区截断，框架梁上部纵筋应贯穿中间节点。

课内练习

框架梁柱节点处柱箍筋是否可以不加密？

四、非结构构件抗震措施

非结构构件指建筑中除承重骨架体系以外的固定构件和部件，主要包括非承重墙，附着于楼面和屋面结构的构件等。非结构构件的设计需加强本身的整体性，并与主体有可靠的连接或锚固，防止倒塌伤人。

非承重墙体的材料、选型和布置，应根据烈度、房屋高度、建筑体型、结构层间变形、墙体自身抗侧力性能的利用等因素，经综合分析后确定，并应符合下列要求。

（1）非承重墙体宜优先采用轻质墙体材料；采用砌体墙时，应采取措施减少对主体结构的不利影响，并应设置拉结筋、水平系梁、圈梁、构造柱等与主体结构可靠拉接。

（2）墙体与主体结构应有可靠拉接，应能适应主体结构不同方向的层间位移；8 度、9 度时应具有满足层间变位的变形能力，与悬挑构件相连时，尚应具有满足节点转动引起的竖向变形能力。

（3）外墙板的连接件应具有足够的延性和适当的转动能力，宜满足在设防地震下主体结构层间变形的要求。

（4）砌体女儿墙在人流出入口和通道处应与主体结构锚固；非出入口无锚固的女儿墙高度，6 ~ 8 度时不宜超过 0.5m，9 度时应有锚固。防震缝处女儿墙应留有足够的宽度，缝两侧的自由端应予以加强。女儿墙与主体结构的锚固措施有两个：一是设置构造柱；二是设置压顶，如图 3.6.3 所示。

(a) 女儿墙构造柱与压顶　　(b) 女儿墙压顶配筋

图 3.6.3　女儿墙构造柱与压顶

钢筋混凝土结构中的砌体填充墙应符合下列要求。

（1）填充墙在平面和竖向的布置，宜均匀对称，宜避免形成薄弱层或短柱。

（2）砌体的砂浆强度等级不应低于 M5；实心块体的强度等级不宜低于 MU2.5，空心块体的强度等级不宜低于 MU3.5；墙顶应与框架梁密切结合。

（3）填充墙应沿框架柱全高每隔 500 ~ 600mm 设 2 Φ 6 拉筋，拉筋伸入墙内的长度，6 度、7 度时宜沿墙全长贯通，8 度、9 度时应全长贯通。

（4）墙长大于 5m 时，墙顶与梁宜有拉接；墙长超过 8m 或层高 2 倍时，宜设置钢筋混凝土构造柱；墙高超过 4m 时，墙体半高宜设置与柱连接且沿墙全长贯通的钢筋混凝土水平系梁。

（5）楼梯间和人流通道的填充墙，尚应采用钢丝网砂浆面层加强。

构造柱、水平系梁及拉接筋如图 3.6.4 所示。

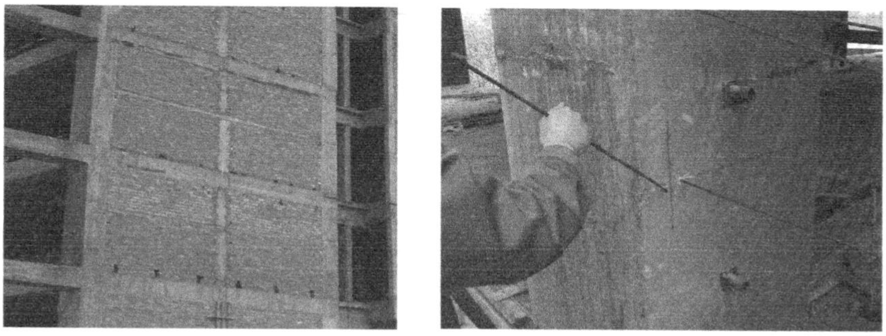

(a) 填充墙构造柱与水平系梁　　(b) 框架柱与填充墙拉接筋

图 3.6.4　填充墙抗震措施

课内练习

某框架结构关于填充墙、女儿墙结构设计说明如下所示，回答问题。

结构设计说明	9.6 填充墙 9.6.1：填充墙沿框架柱全高每隔 500mm 设 2 Φ6 拉筋，拉筋沿墙全长贯通，做法参照省标《钢筋混凝土结构抗震构造详图》LO3G323 第 42 页 填充墙与构造柱的拉接参照省标《钢筋混凝土结构抗震构造详图》LO3G323 第 44 页详图 1、2。填充墙设置水平系梁、现浇过梁构造及填充墙与梁、板的拉接参照省标《钢筋混凝土结构抗震构造详图》LO3G323 第 45、46 页 9.6.2：填充墙应在主体结构竣工后砌筑，填充墙砌至梁、板底时，应留一定空隙，待填充墙砌筑完并应至少间隔 7 天后，再将其补砌挤紧，参照省标《钢筋混凝土结构抗震构造详图》LO3G323 第 46 页 9.6.3：填充墙以下部位设构造柱 （1）当填充墙墙长大于 6m 或层高 2 倍时，在墙中部。（2）窗（门）间墙中部。（3）外墙转角处。（4）竖向通窗两侧墙端（当两竖向通窗间墙小于 1.5m 时，在墙中部设；当墙端距框架柱不大于 1.0m 时，此墙端不设构造柱）。（5）长度大于 1.0m 的悬臂墙墙端（当墙端无柱墙相边接时为悬臂墙）。构造柱尺寸为 200mm×200mm，纵筋为 4 Φ12，纵筋上下均需锚于梁（或基础）内 420mm；箍筋为φ6@100/200。构造柱节点构造要求详见 LO3G313。（6）窗间墙小于 700mm 时，在窗间墙一侧加设构造柱，另一侧砌筑填充墙并加设拉结筋，当不能砌筑填充墙时，用素混凝土浇筑 9.6.4：填充墙高超过 4m 时，墙体半高设置与柱连接的钢筋混凝土圈梁，尺寸为 200mm×200mm，纵筋为 4 Φ10，箍筋为φ6@200（2） 9.6.5：楼梯间、人流通道及走廊的填充墙采用孔径 10mm，丝径 0.9mm 的镀锌钢丝网砂浆面层加强 9.7：女儿墙构造柱 女儿墙构造柱间距≤2.5m，对应框架柱部位优先设置，女儿墙高大于 1.5m 时，构造柱间距≤2.0m，构造柱尺寸为 240mm×200mm，纵筋为 4 Φ12，纵筋上下均需锚于梁（或女儿墙压顶）内 420mm；箍筋为φ6@100/200。构造柱节点构造要求详见 LO3G313
问题	1. 沿框架全高每隔多少 mm 设置几根直径为多少的拉结筋，拉结筋通长还是截断 2. 哪些部位设置构造柱 3. 墙高超过多少时设置圈梁 4. 女儿墙构造柱间距是多少

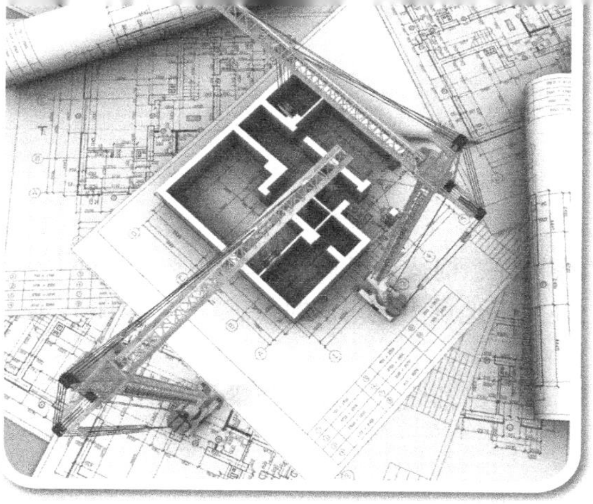

项目四

剪力墙结构

4.1 剪力墙配筋构造

抗震墙又名剪力墙，以钢筋混凝土墙体为主要承重构件组成的承受竖向和水平荷载的结构称为剪力墙结构。剪力墙实际上是一片固结于基础的钢筋混凝土墙片，因其既承担竖向荷载，又承担水平荷载（剪力），因而得名剪力墙。

剪力墙结构的优点：一是抵抗水平地震能力强；二是没有梁柱外露与凸出，便于房间内部布置（适用于高层住宅）。缺点是不能形成大空间。

平法施工图将剪力墙分为剪力墙柱、剪力墙身和剪力墙梁 3 类构件，如图 4.1.1 所示。不是所有剪力墙都有墙身，一般短肢剪力墙无墙身。

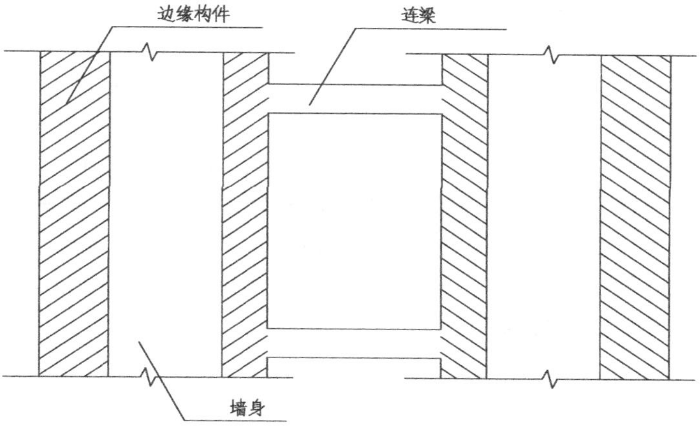

图 4.1.1　剪力墙组成示意

《高层建筑混凝土结构技术规程》规定，当墙肢的截面高度与厚度之比不大于 4 时，宜按框架柱进行设计；剪力墙截面厚度不大于 300mm，截面高度与厚度之比大于 4 但不大于 8 的称为短肢剪力墙。

某竖向构件截面高度为 800mm，截面宽度为 300mm，如图 4.1.2 所示，请问该构件宜属框架柱还是剪力墙？

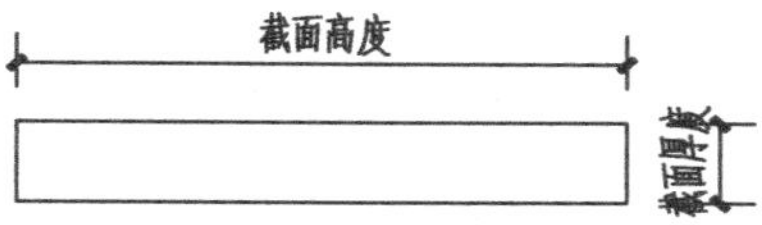

图 4.1.2　墙肢截面示意

4.1.1 剪力墙柱

按作用及钢筋配置不同，剪力墙柱分为约束边缘构件、构造边缘构件、非边缘暗柱和扶壁柱。边缘构件位于剪力墙“两端”及“洞口两侧”，在水平地震力到来的时候，“边缘构件”（比起中间的墙身来说）首当其冲抵抗水平地震力。

当剪力墙与其平面外相交的楼面梁刚接时，可沿楼面梁轴线方向设置与梁相连的剪力墙、扶壁柱或在墙内设置暗柱，如图 4.1.3 所示。

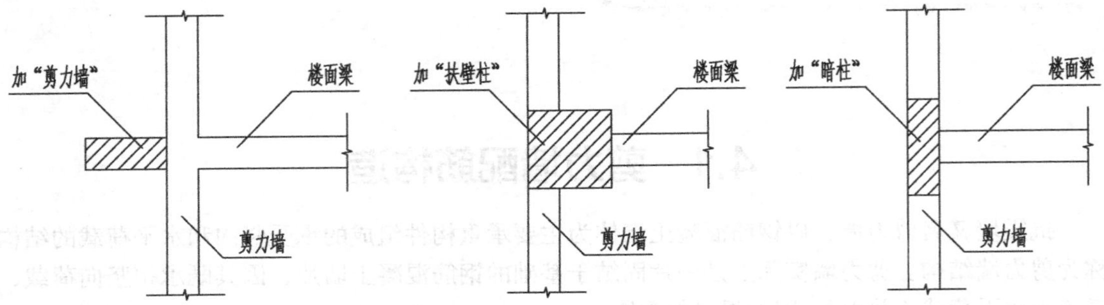

图 4.1.3 梁墙相交时的措施

一、约束边缘构件

约束边缘构件柱即用箍筋约束的柱，其混凝土用箍筋约束，有比较大的变形能力。所以约束边缘柱纵筋和箍筋配筋率较大。构造边缘构件纵筋和箍筋配筋率较小，按最低构造要求配筋。

约束边缘构件与构造边缘构件区别：一是纵筋、箍筋配筋率不同，约束边缘构件配筋率大，所以约束边缘构件比构造边缘构件要“强”一些，主要体现在抗震作用上；二是应用部位不同，约束边缘构件应用在抗震等级较高（如一、二、三级）的建筑的关键部位（如底部加强部位），构造边缘构件应用在抗震等级（四级抗震）较低的建筑及建筑物的上部。

约束边缘构件包括暗柱、端柱、翼墙、转角墙 4 种类型，如图 4.1.4 所示。钢筋分为纵向钢筋和箍筋（或拉筋）。在约束边缘构件与墙身相邻的区域根据需要可设置虚线区（无墙身的约束边缘构件除外）。纵筋配置在阴影区，虚线区内箍筋或拉筋的配筋率是阴影区的一半。

平法施工图中约束边缘构件以 Y 打头。

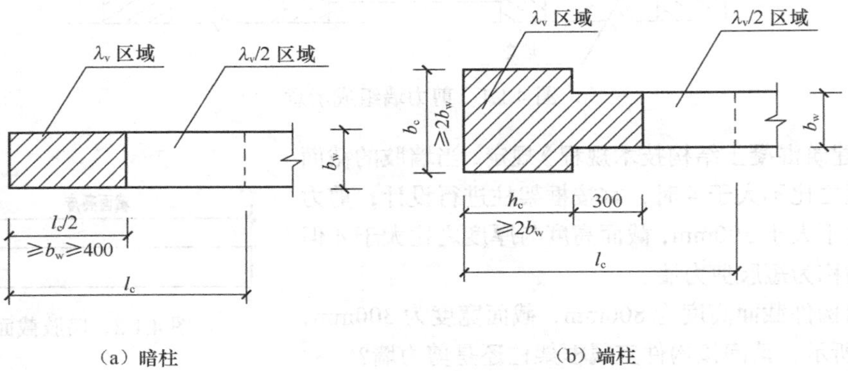

图 4.1.4 约束边缘构件

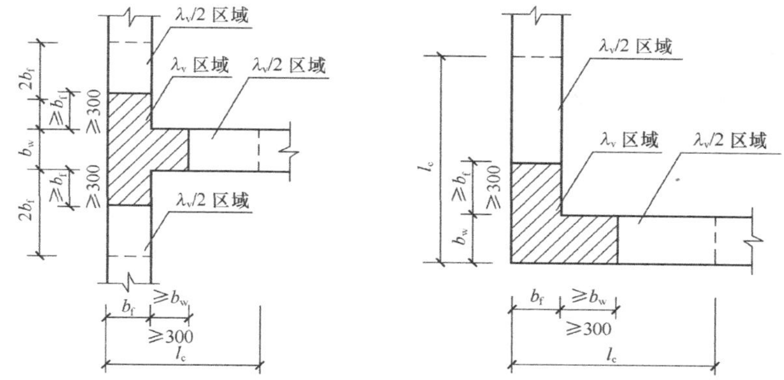

（c）翼墙　　　（d）转角墙

图 4.1.4　约束边缘构件（续）

课内练习

某剪力墙平法图及柱表如图 4.1.5 所示，读图回答问题。

1. 找出图中边缘构件，并说明是约束边缘构件还是构造边缘构件？有无需加密拉筋的“虚线区”？虚线区的范围有多长？虚线区内拉筋的直径及间距是多少？

2. 说出两个约束边缘构件内纵筋的根数与直径？说出约束边缘构件内箍筋直径及间距？有无加密区和非加密区之分？

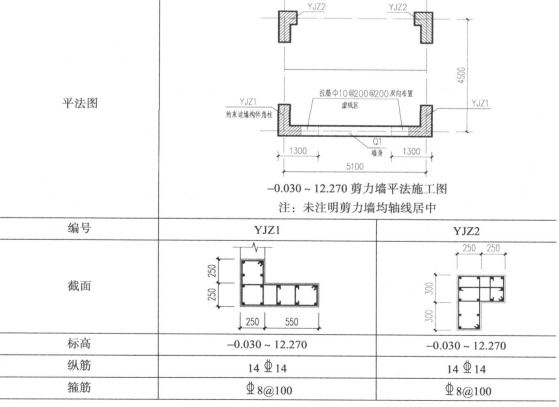

平法图	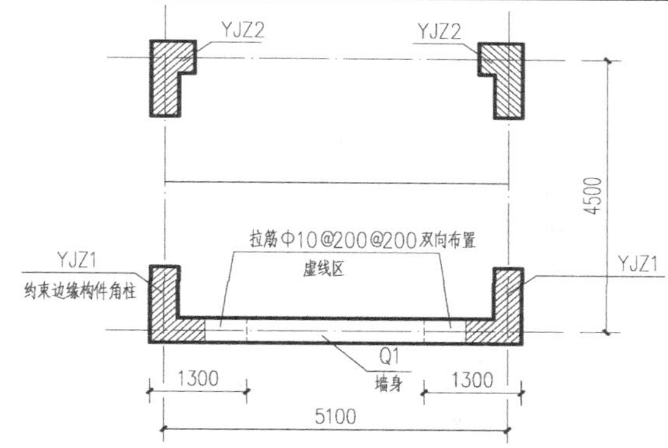 −0.030 ~ 12.270 剪力墙平法施工图 注：未注明剪力墙均轴线居中	
编号	YJZ1	YJZ2
截面	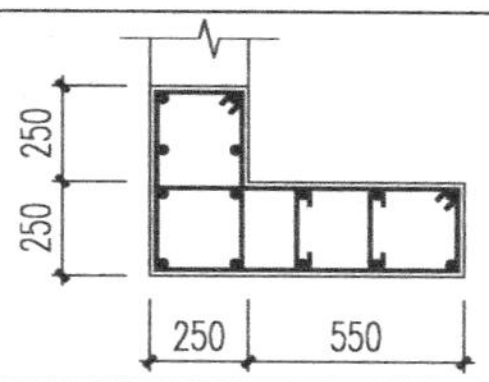	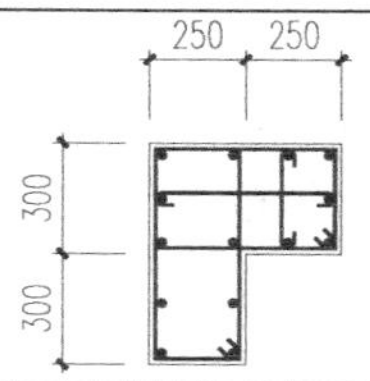
标高	−0.030 ~ 12.270	−0.030 ~ 12.270
纵筋	14 Φ14	14 Φ14
箍筋	Φ8@100	Φ8@100

图 4.1.5　剪力墙平法图及柱表

二、构造边缘构件

构造边缘构件内钢筋种类与约束边缘构件完全相同，也分为暗柱、端柱、翼墙和转角墙，如图 4.1.6 所示。不同点是构造边缘构件无虚线区。

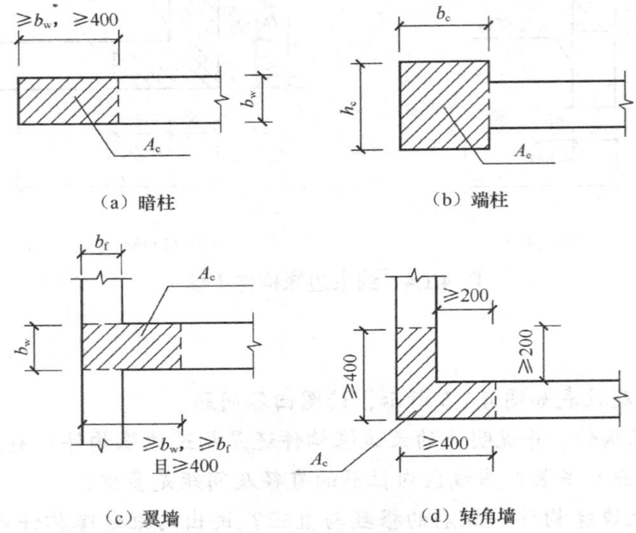

图 4.1.6　构造边缘构件

4.1.2　剪力墙身

墙身即边缘构件以外的中间区域，受力较小，配筋率较小。墙身钢筋分为：竖向和水平分布钢筋（一般设双排）以及拉筋，如图 4.1.7 所示。水平分布筋在外，竖向分布筋在内。

墙身分布筋的作用如下。

（1）使剪力墙有一定的延性，破坏前有明显的位移和预告，防止发生突然脆性破坏。

（2）当混凝土受剪破坏后，钢筋仍有足够抗剪能力，剪力墙不会突然倒塌。

（3）减少和防止产生温度裂缝。

（4）当因施工拆模或其他原因使剪力墙产生裂缝时，能有效地控制裂缝继续发展。

墙身分布筋排数与剪力墙厚度有关，一般为双排。如表 4.1.1 所示。

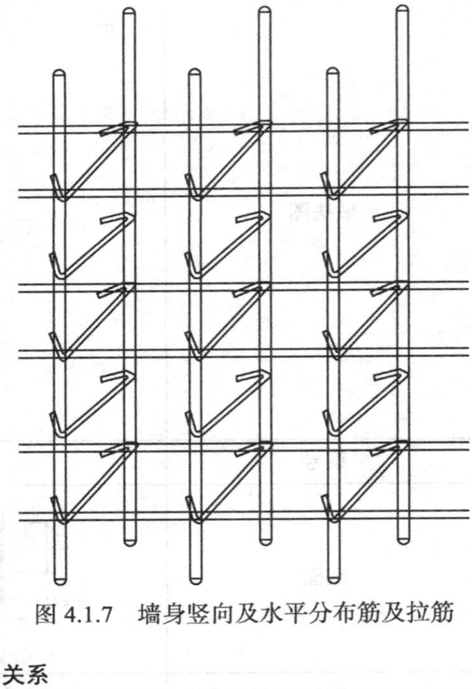

图 4.1.7　墙身竖向及水平分布筋及拉筋

表 4.1.1　　分布筋排数与墙厚关系

墙体厚度（mm）	分布筋排数
≤400	应双排
400<墙厚≤700	宜三排
>700	宜四排

拉筋排布方式有两种：矩形双向和梅花形双向，如图 4.1.8 所示。

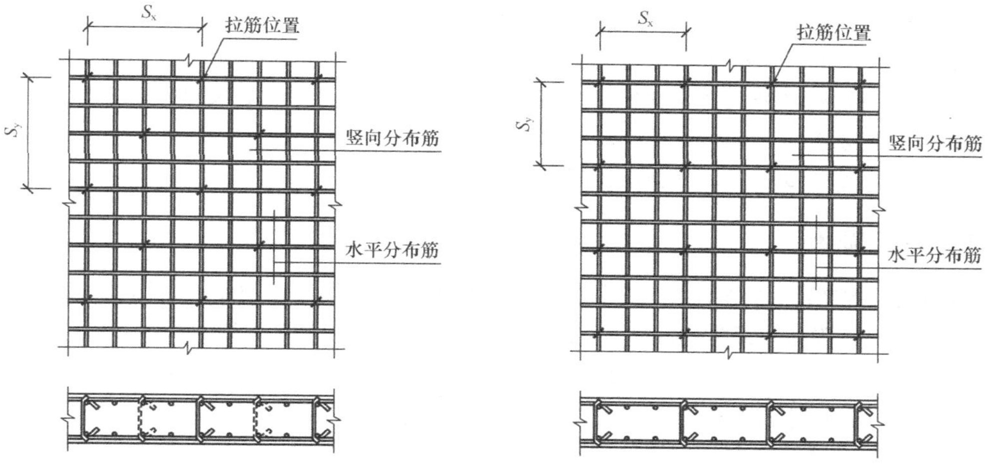

（a）矩形排布　　（b）梅花形排布

图 4.1.8　拉筋排布方式

课内练习

某剪力墙局部平面图如图 4.1.9 所示，剪力墙身表如表 4.1.2 所示，回答下列问题。

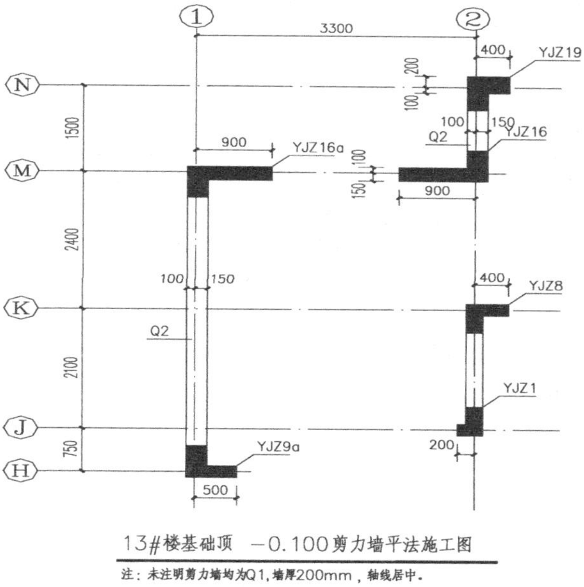

图 4.1.9　剪力墙局部平面图

表 4.1.2　　剪力墙身表

编号	标高	墙厚	水平分布筋	垂直分布筋	拉筋
Q1	基础底 ~ 11.600	200	Φ10@200	Φ10@200	φ6@400
	11.600 ~ 屋面	200	Φ8@200	Φ8@200	φ6@600
Q2	基础底 ~ −0.100	250	Φ10@200	Φ10@200	φ6@400

注：1. 墙内分布筋均为双向双排，竖向钢筋在内，水平钢筋在外。

2. 双排钢筋间设φ6 拉筋，梅花形布置。

问题

1. ①号轴墙身编号是多少？②号轴两片墙身编号分别是多少？

2. Q1 的厚度是多少？基础顶到 11.600 标高处墙身竖向分布筋与水平分布筋直径及间距分别是多少？竖向钢筋在外还是在内？拉筋的直径及间距是多少？拉筋采用什么布置方式？绘图示意拉筋的布置方式。

3. Q2 的厚度是多少？定位轴线是否居中？

4.1.3 剪力墙梁

平法施工图将剪力墙结构中的梁分为连梁、暗梁、边框梁和框架梁。常用连梁和框架梁。

暗梁指它完全隐藏在板类构件或者混凝土墙类构件中。在板柱剪力墙结构中，柱上板带应设置构造暗梁。混凝土墙中的暗梁作用比较复杂，已不属于简单的受弯构件，因为其配筋都是由纵向钢筋和箍筋构成，梁宽同墙厚，因此被称为暗梁，暗梁实质上是剪力墙在楼层位置的水平加强带。

在板柱—剪力墙结构中，房屋的周边应设置边梁形成周边框架，此边梁称为边框梁。

剪力墙结构中的连梁指两端与剪力墙相连，且跨高比小于 5 的梁。连梁顶面和底面纵筋应通长配置，沿连梁全长箍筋应加密，加密区箍筋直径和间距应符合表 4.1.3 所列要求。

表 4.1.3　剪力墙连梁箍筋构造　（mm）

抗震等级	箍筋最大间距	箍筋最小直径
一级	纵筋直径的 6 倍，连梁高的 1/4 和 100 中的最小值	10
二级	纵筋直径的 8 倍，连梁高的 1/4 和 100 中的最小值	8
三级	纵筋直径的 8 倍，连梁高的 1/4 和 150 中的最小值	8
四级	纵筋直径的 8 倍，连梁高的 1/4 和 150 中的最小值	6

注：1. 当连梁纵向受拉钢筋配筋率大于 2%时，表中箍筋最小直径应增大 2mm。

2. 一、二级抗震等级剪力墙连梁，当连梁箍筋直径大于 12mm，数量不少于 4 肢箍且肢距不大于 150mm 时，最大间距应允许适当放宽，但不得大于 150mm。

3. 连梁端设置的第一个箍筋距墙肢边缘不应大于 50mm。

沿墙体表面连梁高度范围内的墙肢水平分布筋应在连梁内拉通作为连梁的腰筋。墙身水平分布筋位于连梁箍筋的外侧。按照连梁与楼板的相对位置不同，连梁分楼层连梁和跨层连梁，如图 4.1.10 所示。

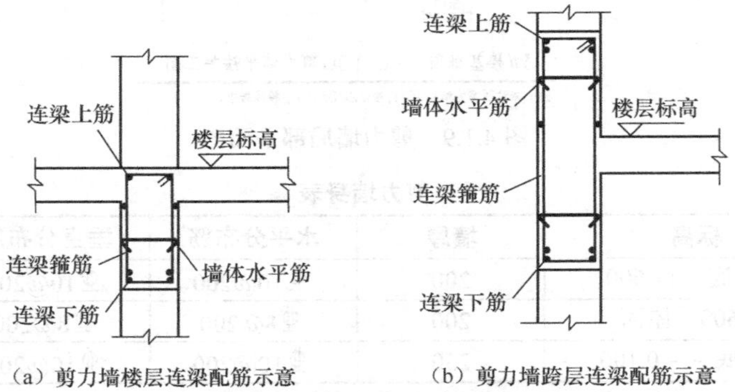

（a）剪力墙楼层连梁配筋示意　（b）剪力墙跨层连梁配筋示意

图 4.1.10　连梁与墙身水平分布筋关系

当洞口连梁的截面宽度不小于 250mm 时，可采用交叉斜筋加折线筋配筋方案。当洞口连梁截面宽度不小于 400mm 时，可采用集中对角斜筋配筋方案或对角暗撑配筋方案。

除集中对角斜筋配筋连梁外，其余连梁的水平钢筋及箍筋形成的钢筋网之间应采用拉筋拉接，拉筋直径不应小于 6mm，间距不应大于 400mm。

两端与剪力墙相连，跨高比不小于 5 的连梁按框架梁进行设计。

4.2　剪力墙结构抗震

4.2.1　结构材料

剪力墙结构混凝土强度等级应符合表 4.2.1 所列要求。

表 4.2.1　剪力墙结构混凝土强度等级要求

作为上部结构嵌固部位的地下室楼盖	≥C30
筒体结构	≥C30
其他构件	≥C20　≤C60

结构设计可取基础顶面或地下室顶层作为上部结构的嵌固部位，多层建筑通常取基础顶面作为上部结构的嵌固部位，高层建筑为了缩小建筑物的计算高度，通常取地下室顶层作为上部结构的嵌固部位，具体应参考图纸的结构设计说明。

课内练习

某剪力墙结构住宅楼部分结构设计说明如表 4.2.2 所示，回答问题。

表 4.2.2　剪力墙结构住宅楼部分结构设计说明

结构设计说明	本工程嵌固在基础顶，底部加强区范围为基础顶～7.700 标高 设置约束边缘构件范围为基础顶～14.500 标高
问题	1. 嵌固部位在什么位置 2. 剪力墙的最低混凝土强度等级是多少

4.2.2　一般规定

一、限制房屋的总高度和高宽比

剪力墙结构房屋的最大适用高度如表 4.2.3 所示。

表 4.2.3　剪力墙结构房屋的最大适用高度　（m）

结构体系	非抗震设计	抗震设防烈度				
		6 度	7 度	8 度		9 度
				0.2g	0.3g	
框架—剪力墙	150	130	120	100	80	50
剪力墙（全落地）	150	140	120	100	80	60
部分框支剪力墙	130	120	100	80	50	不应采用

二、抗震等级

钢筋混凝土房屋应根据设防类别、烈度、结构类型和房屋高度采用不同的抗震等级，并应符合相应的计算和构造措施要求。丙类建筑的抗震等级应按表 4.2.3 确定。

表 4.2.4　　剪力墙结构房屋的抗震等级

结构体系		抗震设防烈度						
		6 度		7 度		8 度		9 度
框架—剪力墙结构	高度（m）	≤60	＞60	≤60	＞60	≤60	＞60	≤50
	框架	四	三	三	二	二	一	一
	剪力墙	三		二		一		一
剪力墙结构	高度（m）	≤80	＞80	≤80	＞80	≤80	＞80	≤60
	剪力墙	四	三	三	二	二	一	一

课内练习

假设某学校综合楼结构形式为框架—剪力墙结构，丙类建筑，抗震设防烈度 7 度，高度为 30m，框架和剪力墙的抗震等级分别为多少级？

三、其他措施

抗震设计时，剪力墙应设置底部加强部位，底部加强部位的范围应符合表 4.2.5 所列规定。

表 4.2.5　　剪力墙底部加强部位的范围

结构类型		底部加强部位的范围
部分框支剪力墙结构的剪力墙		框支层加框支层以上两层的高度及落地剪力墙总高度的 1/10，二者的较大者
其他结构剪力墙	$H \leq 24$m	底部一层
	$H \geq 24$m	底部两层和墙体总高度的 1/10，二者的较大者

注：1. 底部加强部位的高度应从地下室顶板算起。
2. 当结构计算的嵌固端位于地下一层的底板或以下时，底部加强部位宜向下延伸到计算嵌固端。

抗震等级为一、二、三级的剪力墙结构，当底部加强部位及上一层剪力墙肢底截面的轴压比大于表 4.2.5 所列规定时，应设置约束边缘构件，轴压比不大于表 4.2.6 所列规定值及其他部位可仅设置构造边缘构件；四级抗震等级的剪力墙可仅设置构造边缘构件。

表 4.2.6　　剪力墙设置构造边缘构件的最大轴压比

抗震等级	一级（9 度）	一级（7、8 度）	二、三级
轴压比	0.1	0.2	0.3

4.3 剪力墙结构平法识图

4.3.1 制图规则

一、墙柱

国标图集 11G101-1 规定，墙柱代号如表 4.3.1 所示。

表 4.3.1 墙柱代号

墙柱类型	代号	序号
约束边缘构件	YBZ	××
构造边缘构件	GBZ	××
非边缘暗柱	AZ	××
扶壁柱	FBZ	××

二、墙身

国标图集 11G101-1 规定，墙身代号为 Q。

如某平法图标注 Q1，表示墙身，编号为 1，墙身分布筋排数为 2 排（分布钢筋的排数可不注写）。

如某平法图标注 Q14，表示墙身，编号为 1，墙身分布筋排数为 4 排。

三、墙梁

国标图集 11G101-1 规定，墙梁代号如表 4.3.2 所示。

表 4.3.2 墙梁代号

墙梁类型	代号	序号
连梁	LL	××
连梁（对角暗撑）	LL(JC)	××
连梁（交叉斜筋配筋）	LL(JX)	××
连梁(集中对角斜筋配筋)	LL(DX)	××
暗梁	AL	××
边框梁	BKL	××

四、剪力墙洞口

（1）当矩形洞口的洞宽洞高均不大于 800mm 时，四周设补强钢筋，如图 4.3.1 所示。举例如下。

JD2　400×300+3.100 3 Φ14，表示 2 号矩形洞口，洞宽 400mm，洞高 300mm，洞口中心距本结构层楼面 3100mm，洞口每边补强钢筋为 3 Φ14。

JD3　400×300+3.100，表示 3 号矩形洞口，洞宽 400mm，洞高 300mm，洞口中心距本结构层楼面 3100mm，洞口每边补强钢筋按构造配置。

JD4　800×300+3.100　3 Φ18/3 Φ14，表示 4 号矩形洞口，洞宽 800mm，洞高 300mm，洞口中心距本结构层楼面 3100mm，洞宽方向补强钢筋为 3 Φ18，洞高方向补强钢筋为 3 Φ14。

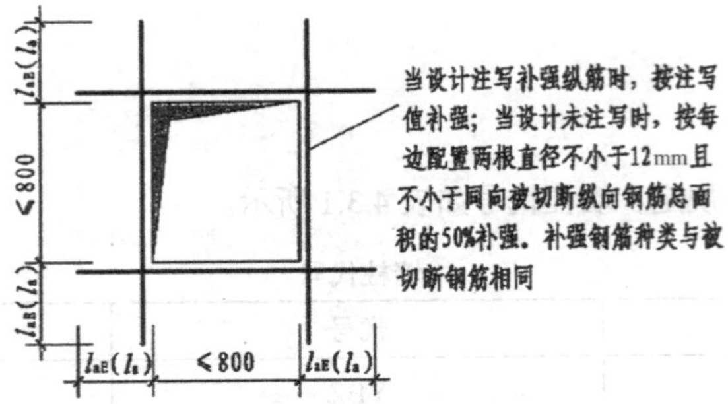

图 4.3.1　矩形洞宽洞高均不大于 800mm 时补强纵筋构造

（括号内标注用于非抗震）

（2）当矩形洞口的洞宽或圆形洞口的直径大于 800mm 时，上、下设补强暗梁（补强暗梁高度一律为 400mm）。如图 4.3.2 所示。举例如下。

JD5　1800×2100+1.800　6 Φ20　ϕ8@150。表示 5 号矩形洞口，洞宽 1800mm，洞高 2100mm，洞口中心距本结构层楼面 1800mm，洞口上下设补强暗梁，每边暗梁纵筋为 6 Φ20，箍筋为 ϕ8@150。

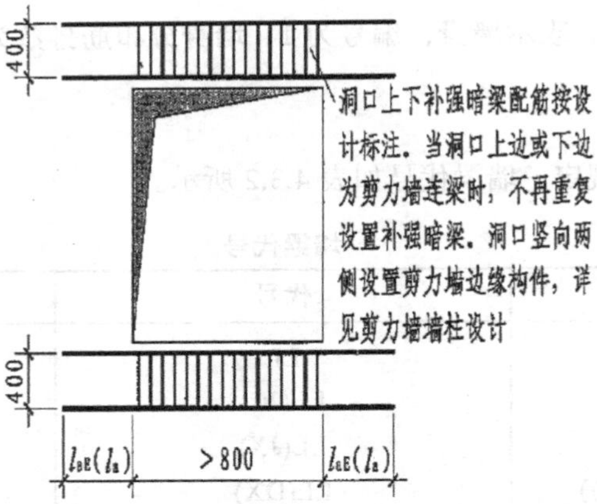

图 4.3.2　矩形洞宽洞高均大于 800mm 时补强纵筋构造

（括号内标注用于非抗震）

（3）当圆形洞口设置在墙身，且直径不大于 300mm 时，需在洞口四边设置补强钢筋，如图 4.3.3 所示。

（4）当圆形洞口直径大于 300mm 但不大于 800mm 时，其加强钢筋按照圆外切正六边形的边长方向布置，设计仅需注写六边形中一边补强钢筋的具体数值，如图 4.3.4 所示。

（5）当圆洞直径大于 800mm 时，应在洞口上下设置补强暗梁，洞口周边应设置环向加强筋，如图 4.3.5 所示。举例如下。

YD5　1000+1.800　6 Φ20　ϕ8@150　2 Φ16，表示 5 号圆形洞口，直径 1000mm，洞口中心距本结构层楼面 1800mm，洞口上下设补强暗梁，每边暗梁纵筋为 6 Φ20，箍筋为 ϕ8@150，

环向加强筋为 2 Φ16。

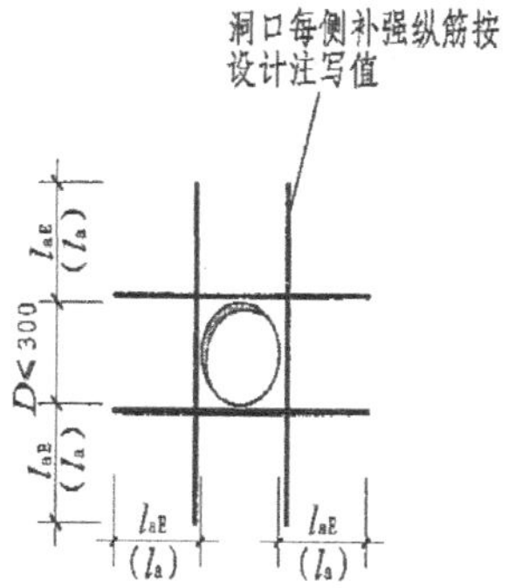

图 4.3.3　剪力墙圆形洞口直径不大于 300mm 时补强纵筋构造（括号内用于非抗震）

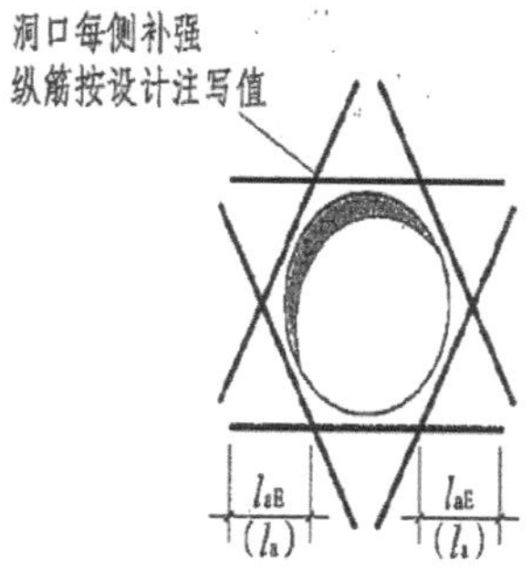

图 4.3.4　剪力墙圆形洞口直径大于 300mm 且小于等于 800mm 时补强纵筋构造（括号内用于非抗震）

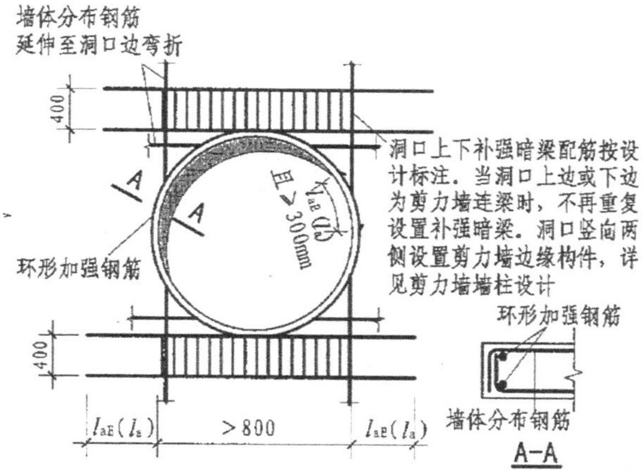

图 4.3.5　剪力墙圆形洞口直径大于 800mm 时补强纵筋构造

（6）穿过连梁的管道宜预埋套管，洞口上下的截面有效高度不宜小于梁高的 1/3，且不宜小于 200mm，洞口处应配置补强纵筋和箍筋，如图 4.3.6 所示。

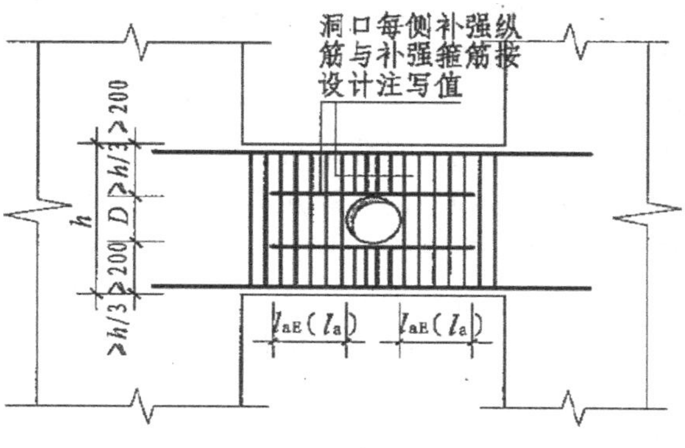

图 4.3.6　连梁中部圆形洞口补强钢筋构造
（圆形洞口预埋钢套管，括号内标注用于非抗震）

五、地下室外墙的表示方法

地下室外墙通常起挡土墙的作用，其受力模型与地上部分剪力墙不完全相同。钢筋包括贯通筋（水平和竖向）、拉筋、附加的非贯通筋（分水平和竖向）。附加水平非贯通筋一般在墙墙相交处，附加竖向非贯通筋一般在剪力墙与楼板相交处。也可仅设置贯通筋。拉筋有双向和梅花双向两种布置方式。

举例如下。

DWQ2(①～⑥), b_w=300

OS:H ⌀8@200, V ⌀20@200

IS:H ⌀16@200, V ⌀8@200

tbϕ6@400×400

表示 2 号外墙，长度范围为①～⑥之间，墙厚为 300mm；外侧水平贯通筋为 ⌀8@200，竖向贯通筋为 ⌀20@200；内侧水平贯通筋为 ⌀16@200，竖向贯通筋为 ⌀8@200；双向拉筋为ϕ6，水平间距为 400mm，竖向间距为 400mm。

4.3.2 工程案例

工程案例 1：读附图 5“基础顶～−2.720 剪力墙平法施工图”，回答下列问题。

1. ①C 轴交接处剪力墙两边缘构件是约束边缘构件还是构造边缘构件？是暗柱、端柱、翼墙还是转角墙？从后面的柱表中找出两边缘构件的纵筋和箍筋。箍筋有加密区和非加密区吗？

2. ①C 轴交接处剪力墙墙身的编号是多少？墙身厚度是多少？从后面剪力墙身表中找出墙身钢筋，说出水平分布筋、竖向分布筋及拉筋的直径和间距。绘图表示拉筋布置方式（见结构设计说明）。

3. 图中未注明编号的墙身厚度是多少？

4. 读“−2.720 剪力墙梁平法施工图”，找出 D 轴的 KL25，该梁有多少跨？截面宽度和高度是多少？有无箍筋加密区和非加密区之分？有没有上部支座处负筋被截断？

5. 找出⑬轴 LL9，跨数是多少？截面宽和高是多少？箍筋有无加密区和非加密区之分？纵向钢筋是否通长？

6. 读结构设计说明，说出基础顶～−2.720 标高处剪力墙和连梁的混凝土强度等级。基础顶～−2.720 标高处内部剪力墙的混凝土保护层厚度、外墙剪力墙的保护层厚度是多少？

工程案例 2：读图 4.3.7“−9.030～4.500 地下室外墙平法施工图”，回答下列问题。

1. 说出 DWQ1 的厚度、外侧贯通水平分布筋和竖向分布筋、内侧贯通水平分布筋和竖向分布筋。拉筋的直径及间距是多少？拉筋的布置方式如何？有没有非贯通筋？非贯通筋的是水平方向还是竖向？哪些位置附加了非贯通筋？

2. 说出 DWQ2 的厚度、外侧贯通水平分布筋和竖向分布筋、内侧贯通水平分布筋和竖向分布筋。拉筋的直径及间距是多少？拉筋的布置方式如何？有没有非贯通筋？

层号	标高（m）	层高（m）
屋面 2	65.670	
塔层 2	62.370	3.30
屋面 1（塔层 1）	59.070	3.30
16	55.470	3.60
15	51.870	3.60
14	48.270	3.60
13	44.670	3.60
12	41.070	3.60
11	37.470	3.60
10	33.870	3.60
9	30.270	3.60
8	26.670	3.60
7	23.070	3.60
6	19.470	3.60
5	15.870	3.60
4	12.270	3.60
3	8.670	3.60
2	4.470	4.20
1	-0.030	4.50
-1	-4.530	4.50
-2	-9.030	4.50

结构层楼面标高
结构层高

上部结构嵌固部位：
-0.030

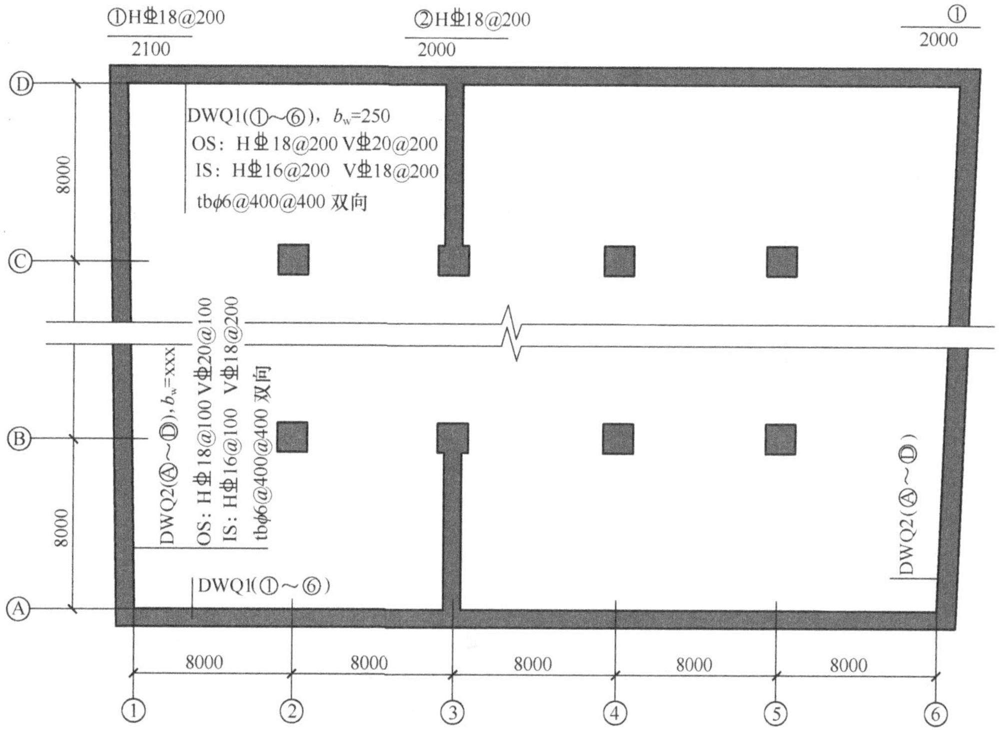

-9.030 ～ -4.500

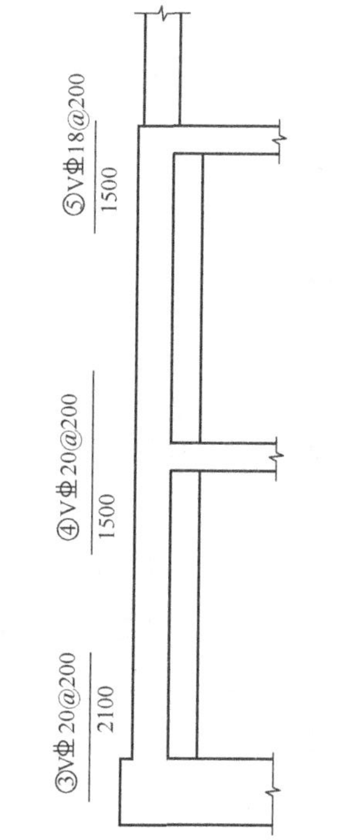

DWQ1 外侧竖向非贯通筋布置图
(①～⑥)轴

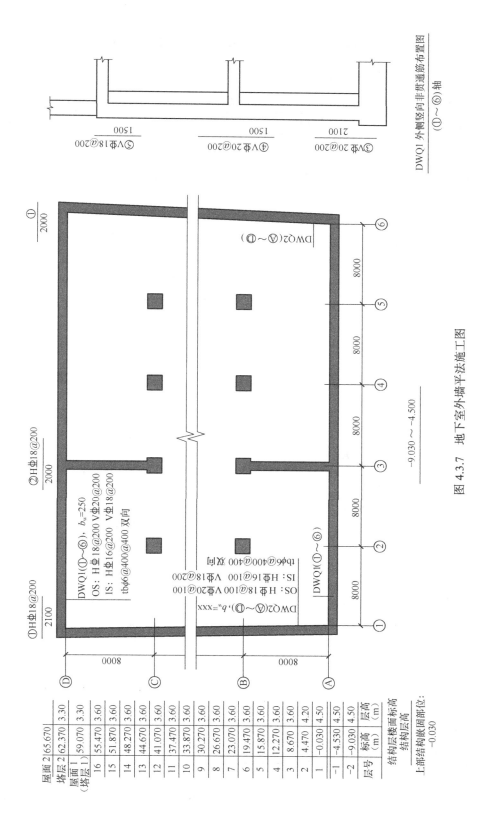

图 4.3.7　地下室外墙平法施工图

4.4 剪力墙结构钢筋计算

剪力墙内需要计算的钢筋如表 4.4.1 所示。

表 4.4.1　　剪力墙内需计算钢筋

构件类型	剪力墙柱	剪力墙身	剪力墙梁（连梁）
钢筋名称	纵筋 箍筋	水平分布筋 竖向分布筋 拉筋	上通筋 下通筋 箍筋 腰筋 拉筋

案例 1：某剪力墙平法图、层号、结构标高和层高表如图 4.4.1 所示，剪力墙柱表如表 4.4.2 所示，已知混凝土等级 C30，混凝土保护层厚度 20mm，三级抗震，层高 3m，墙身水平、竖向分布钢筋为 2 排，直径 10mm，间距 200mm，拉筋直径 6mm，间距 400mm，双向布置，筏板厚度为 800mm，筏板顶面标高为–5.450。假定纵筋采用焊接连接，求 GAZ1A 在–2 层和–1 层内纵筋和箍筋的工程量。

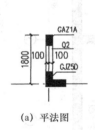

(a) 平法图　　(b) 层号、结构标高、层高表

图 4.4.1　剪力墙平法图、层号、结构标高和层高表

表 4.4.2　　剪力墙柱表

编号	GAZ1A	GJZ5D
截面	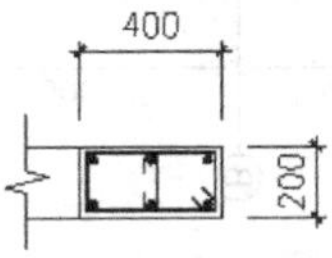	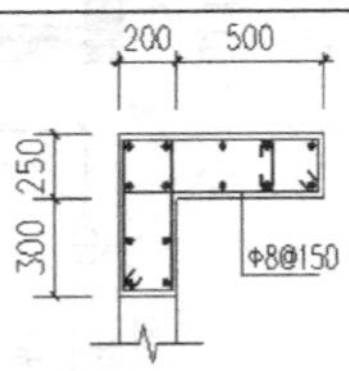
标高	基础顶～2.810	基础顶～2.810
纵筋	6 Φ12	14 Φ12
箍筋	ϕ6@150	ϕ6@150

第一步：学习图集 11G101-1 关于“剪力墙边缘构件纵向钢筋的连接构造”，如图 4.4.2 所示。

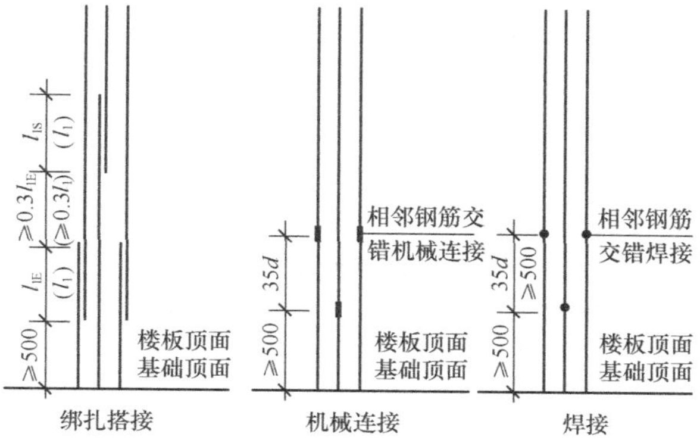

图 4.4.2　剪力墙边缘构件纵向钢筋的连接构造

（适用于约束边缘构件阴影部分和构造边缘构件的纵向钢筋）

从图集中可知，边缘构件纵向钢筋可采用搭接、焊接和机械连接，一个位置的连接百分率为 50%，每层纵筋低位置连接高出基础顶面或楼板顶面 500mm，当采用焊接连接时，高位置纵筋焊接位置高出 $35d$ 和 500mm 的较大值。

墙插筋包括剪力墙柱的纵向钢筋和墙身的竖向分布筋。学习图集 11G101-3“墙插筋在基础中锚固构造（一）”，如图 4.4.3 所示。从图集中可知，墙插筋插至基础底部支在底板钢筋网上，其水平段长度，当基础高度 $h_j>l_{aE}$ 时，为 $6d$，当基础高度 $h_j\leqslant l_{aE}$，为 $15d$。自基础顶面 100mm 往下放置第一道墙身水平分布筋与拉筋，水平分布筋的竖向间距≤500mm。

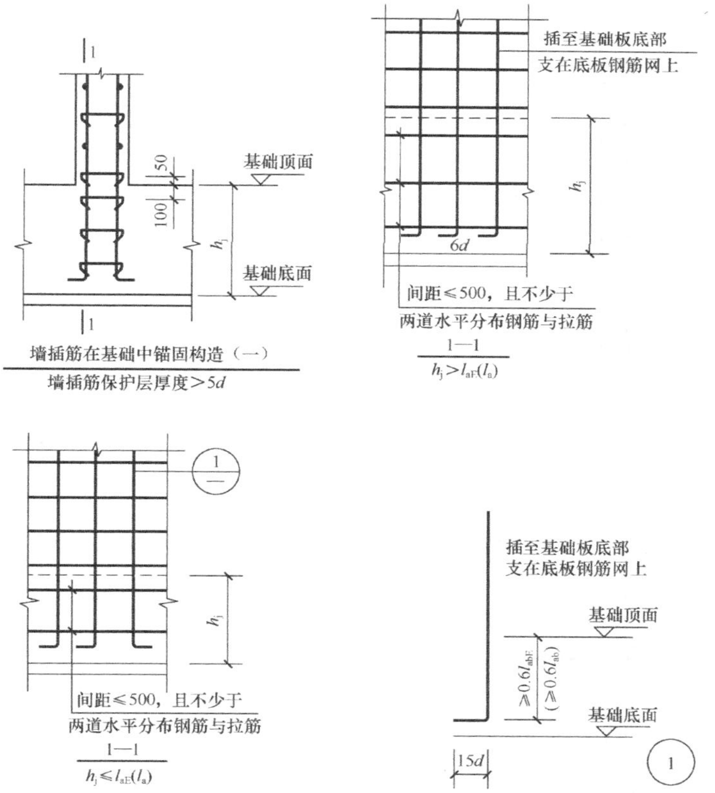

注：图中 h_j 为基础底面至基础顶面的高度。对于带基础梁的基础为基础梁顶面至基础梁底面的高度。

图 4.4.3　墙插筋在基础中锚固构造

第二步：判断柱基础插筋的水平段长度。

暗柱纵筋 l_{aE}=1.05×1.0×35×12=441mm<h_j=800（mm）

插筋水平段为 6d=6×12=72（mm）

第三步：绘出柱纵筋示意图，如图 4.4.4 所示。

基础插筋：

低位置连接：L=72+(800−40)+500=1332（mm）　　根数 3 Φ12

高位置连接：L=1332+500=1832（mm）　　根数 3 Φ12

−2 层纵筋：

L= −2 层层高=2660（mm）

根数 6 Φ12

−1 层纵筋：

L = −1 层层高=2700（mm）

根数 6 Φ12

第四步：绘出柱箍筋示意图，如图 4.4.5 所示。

矩形箍筋长度=(200+400)×2−8×20+75×2+1.9×6×2=1213（mm）

拉筋长度=200−2×20+75×2+1.9×6×2=333（mm）

根数 n=(2660+2700−50)/150+1=37（根）

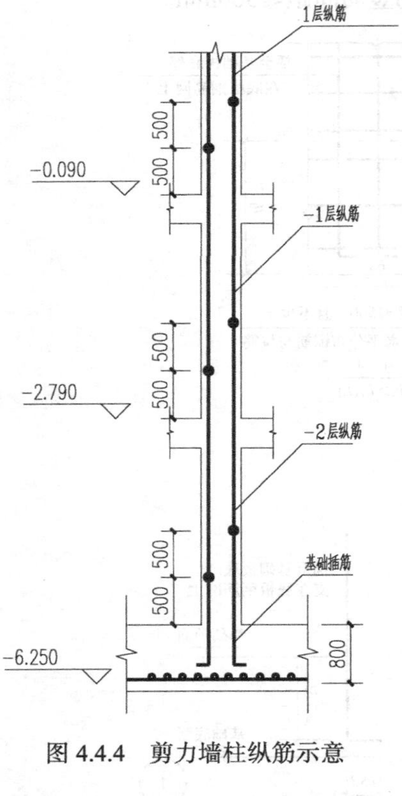

图 4.4.4　剪力墙柱纵筋示意

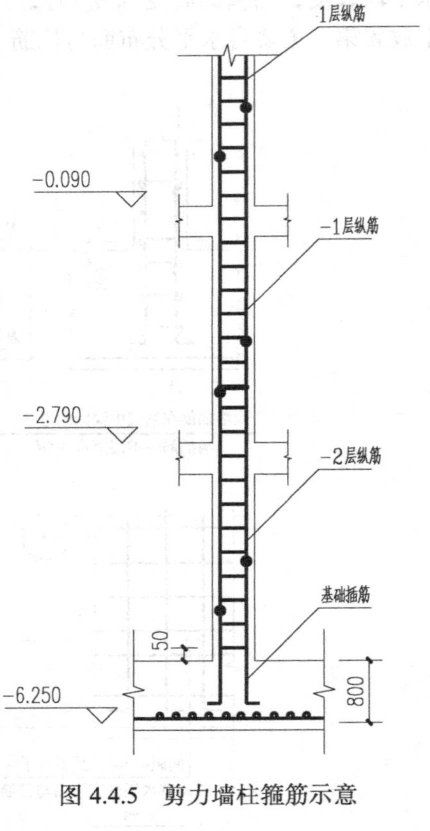

图 4.4.5　剪力墙柱箍筋示意

案例 2：已知条件同工程案例 1，剪力墙身表如表 4.4.3 所示，拉筋布置方式为矩形布置，求−2 层和−1 层剪力墙身竖向和水平分布筋及拉筋工程量。

表 4.4.3　　　　剪力墙身表

编号	标高	墙厚	水平分布筋	垂直布筋	拉筋
Q2	基础底～−0.080	250	ϕ10@200	ϕ10@200	ϕ6@400

第一步：学习图集关于剪力墙身竖向分布筋和水平分布筋的连接构造，如图 4.4.6 和图 4.4.7 所示。

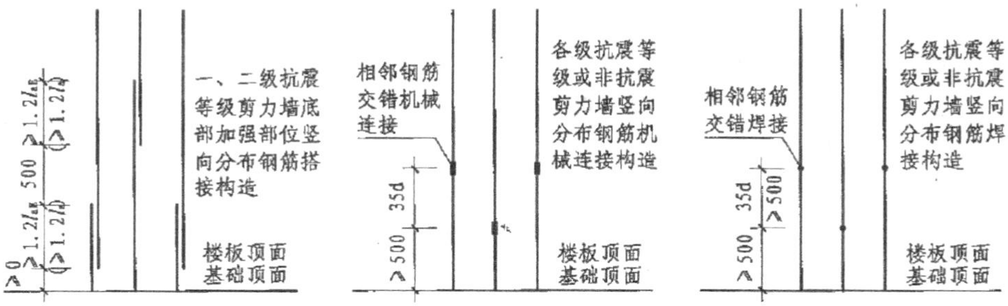

图 4.4.6　剪力墙身竖向分布筋连接构造

从图 4.4.6、图 4.4.7 可知，剪力墙竖向分布钢筋可采用搭接、焊接、机械连接，当采用焊接或机械连接时，其钢筋构造与剪力墙柱纵向钢筋完全相同。一、二级抗震等级剪力墙底部加强部位采用搭接连接时同一位置的连接百分率不能超过 50%，一、二级抗震等级剪力墙非底部加强部位或三、四级抗震等级剪力墙可在同一部位搭接。剪力墙竖向钢筋在顶部锚固构造为伸至墙顶，留一个保护层后水平弯折，水平弯折长度为 12d，如图 4.4.8 所示。

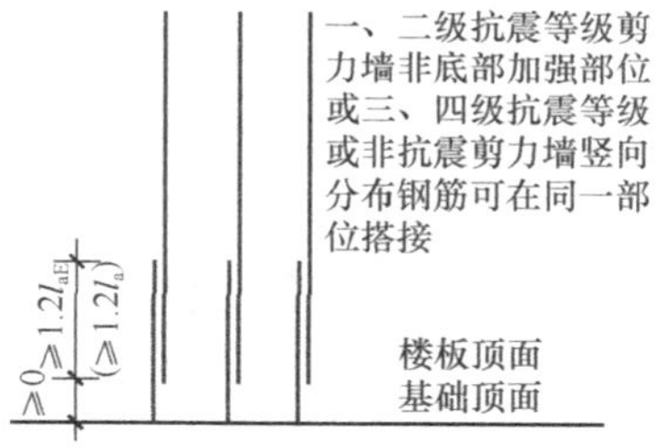

图 4.4.7　剪力墙身竖向分布筋连接构造

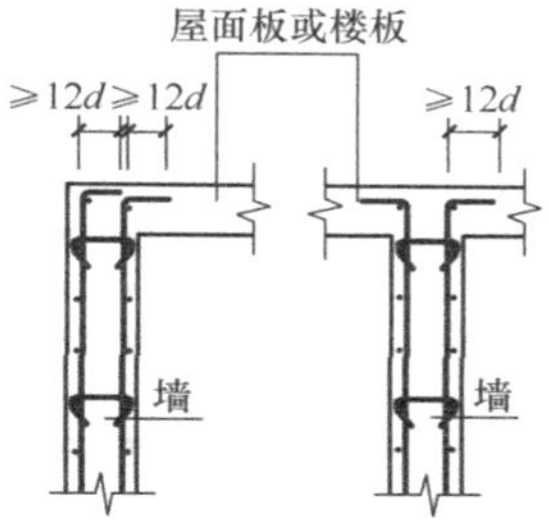

图 4.4.8　剪力墙竖向钢筋顶部构造

竖向分布筋在基础中锚固构造与剪力墙柱完全相同。

端部有暗柱时，剪力墙身水平分布筋伸至暗柱端头，留一个保护层，水平弯折 10d，如图 4.4.9 所示。转角墙时，剪力墙身水平分布筋伸至转角外侧，留一个保护层，水平弯折 15d，如图 4.4.10 所示。

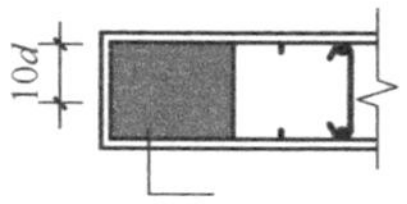

图 4.4.9　端部有暗柱时剪力墙水平钢筋做法

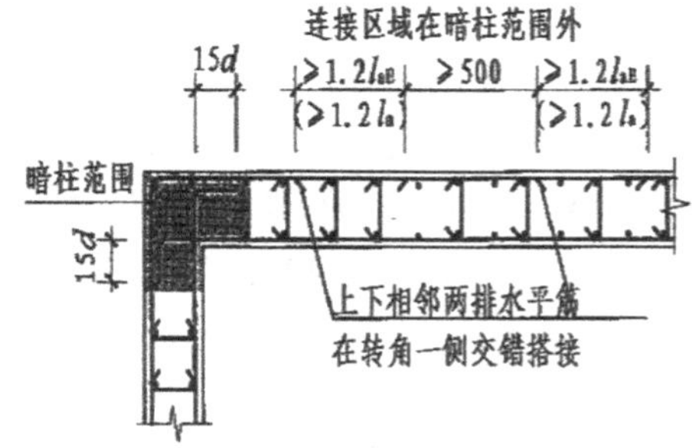

图 4.4.10　转角墙时剪力墙身水平分布筋做法

第二步：绘出竖向分布筋和水平分布筋计算示意图。

绘图结果如图 4.4.11 所示。

第三步：计算。

剪力墙身竖向分布筋：

剪力墙身竖向分布筋根数 n=[(975−200×2)/200+1]×2=4×2=8（根）

剪力墙身竖向分布筋长度同剪力墙柱。

基础插筋：

低位置连接：L=72+(800−40)+500=1332（mm）　　根数 4 根

高位置连接：L=1332+500=1832（mm）　　根数 4 根

−2 层纵筋：L=2660mm 根数 8 根

−1 层纵筋：L=2700mm 根数 8 根

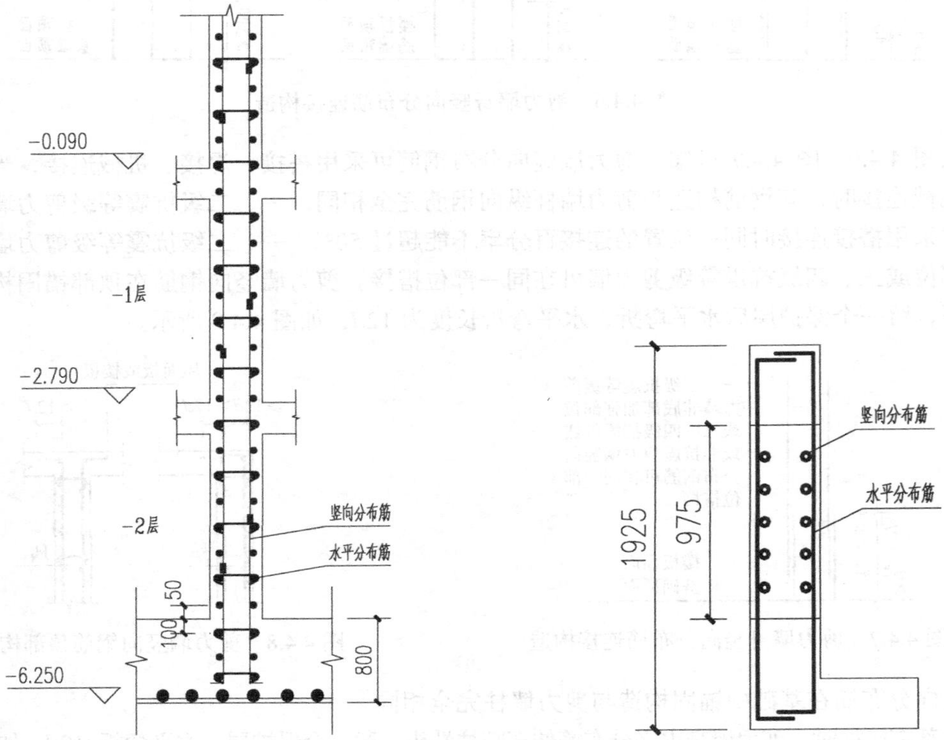

(a) 竖向分布筋　　(b) 水平分布筋

图 4.4.11　剪力墙竖向分布筋和水平分布筋计算示意

剪力墙身水平分布筋：

单根预算长度=1925−20×2+10×10+15×10=2135（mm）

单排根数=基础内根数+（−2）层根数+（−1）层根数

=[(800−100−40)/500+1]+[(2730−50)/200+1]+[(2630−200)/200+1]

=3+15+14=32（根）

两排根数=32×2=64（根）

基础内根数 =（基础高度−基础保护层−100）/间距+1

中间楼层根数 =（层高−起步）/间距+1

拉筋：

单根预算长度=200−20×2+75×2+1.9×6×2=333（mm）

矩形布置，拉筋根数=墙身净面积/拉筋布置面积

梅花形布置，拉筋根数≈2 墙身净面积/拉筋布置面积

（−2，−1）层根数=2 墙身净面积/拉筋布置面积=2 × 975 × (2660+2700)/(400×400)=66（根）

项目五

砌体结构

以块体和砂浆砌筑而成的墙、柱作为建筑物主要受力构件的结构称为砌体结构，砌体结构是砖砌体、砌块砌体和石砌体结构的统称。

砌体结构是古老且被广泛应用的建筑结构形式之一，它有着悠久而灿烂的历史，举世闻名的万里长城、埃及金字塔、古罗马大角斗场、建于1400多年前的安济桥、有着2200多年历史的都江堰水利工程、南京紫金山的无梁殿，都是经典的砌体结构。

砌体结构的优点：砖、石易于取材，符合“因地制宜、就地取材”的原则，造价低廉，施工简便。许多新型砌块，其原料为工业废渣，既可变废为宝，保护了土地资源，同时又获得了许多优良的性能。砌体材料有着良好的耐火性、化学稳定性和大气稳定性，特别是砖砌体有着良好的隔热、隔音性能。

缺点：砌体强度较低，使得构件体积大、用料多、自重大；砂浆和砌块的粘结强度弱，因此砌体的抗拉、抗剪强度低。砌体结构的整体性能不良，抗震性能较差；施工砌筑速度慢，现场作业量大。

5.1　砌体结构材料与砌体种类

5.1.1　块材

一、砖

1. *砖分类*

砖分为烧结砖和非烧结转。烧结砖有烧结普通砖、烧结多孔转、烧结空心砖。

烧结普通砖是以黏土、页岩、粉煤灰、煤矸石为主要原料，经过焙烧而成的实心砖。分为烧结煤矸石砖、烧结页岩砖、烧结粉煤灰砖、烧结黏土砖等，标准砖的规格尺寸为 240mm×115mm×53mm。

烧结多孔砖是以黏土、页岩、粉煤灰、煤矸石为主要原料经焙烧而成的孔洞率不大于35%，孔的尺寸小而数量多的，主要用于承重部位的砖。有190mm×190mm×90mm和240mm×190mm×90mm两种规格。

烧结空心砖是以黏土、页岩或粉煤灰为主要原料烧制的主要用于非承重的空心砖。其顶面有孔，孔大而少，孔洞率一般在35%以上，有多种规格。

非烧结砖是以硅质材料和石灰为主要原料，经过压制成坯、蒸压养护而成的实心砖，统称硅酸盐砖，如蒸压灰砂砖、蒸压粉煤灰砖，其尺寸与烧结普通砖相同。

混凝土砖是以水泥为胶结材料，以砂、石等为主要集料，加水搅拌、成型、养护制成的一种多孔的混凝土半盲孔砖或实心砖。多孔砖的主要规格尺寸为 240mm×115mm×90mm、240mm×190mm×90mm、190mm×190mm×90mm 等；实心砖的主规格尺寸为 240mm×115mm×53mm、240mm×115mm×90mm 等。砖的主要规格如图 5.1.1 所示。

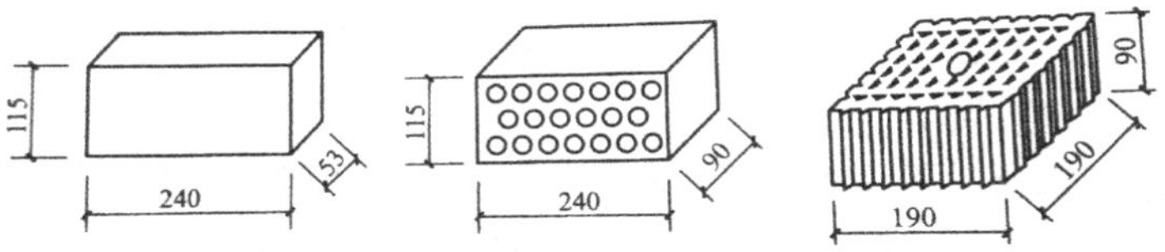

图 5.1.1　砖的主要规格

2. 砖强度等级

砖的强度等级以“MU”来表示，单位为 MPa。《砌体结构设计规范》GB50003—2011 规定，承重结构的块体强度等级应按下列规定采用。

（1）烧结普通砖、烧结多孔砖的强度等级：MU30、MU25、MU20、MU15 和 MU10。

（2）蒸压灰砂砖、蒸压粉煤灰普通砖的强度等级：MU25、MU20 和 MU15。

（3）混凝土普通砖、混凝土多孔砖的强度等级：MU30、MU25、MU20 和 MU15。

二、砌块

砌块与砖相比，尺寸较大，可减小劳动量，加快施工进度。砌块按尺寸可以分为小型砌块、中型砌块和大型砌块 3 种。混凝土小型空心砌块是我国目前应用最为普遍的墙体承重材料。主规格尺寸为 390mm×190mm×190mm，如图 5.1.2 所示，空心率为 25%～50%的空心砌块，简称混凝土砌块。

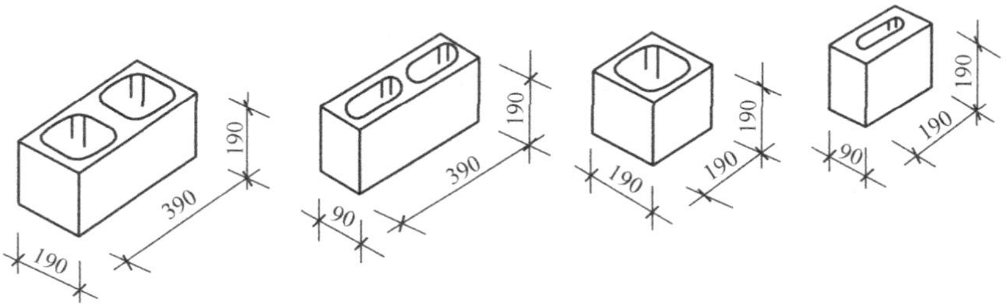

图 5.1.2　部分混凝土小型砌块规格

《砌体结构设计规范》GB50003—2011 规定，混凝土砌块、轻集料混凝土砌块的强度等级分为 MU20、MU15、MU10 和 MU7.5 和 MU5。

三、石材

天然石材具有强度高、抗冻性好和抗气性好的特点，由于其传热性能高，保温性能差，在寒冷和炎热地区需要很大墙厚且不经济。

5.1.2　砂浆

砂浆是由胶凝材料（如水泥、石灰）和细骨料（砂）加水搅拌而成的混合材料砂浆粘结块体，使其成为整体，均匀抹平的砂浆可以使砌块间的应力分布均匀，此外，砂浆填满了砌体间的缝隙，降低了砌体的透气性，提高了砌体的隔热和抗冻性能。

一、砂浆分类

常用砂浆按其成分分为水泥砂浆、混合砂浆。水泥砂浆是由水泥、砂子和水搅拌而成，其强度高，耐久性好，但和易性差，一般用于对强度有较高要求的砌体中。混合砂浆是在水泥砂浆中掺入适量塑化剂，如石灰，这种砂浆具有一定的强度和耐久性，且和易性和保水性较好，是一般墙体中常用的砂浆类型。

砂浆按是否掺入掺合料和外加剂等分为普通砂浆和专用砂浆。常见专用砂浆有混凝土砌块（砖）专用砌筑砂浆、蒸压灰砂普通砖、蒸压粉煤灰普通砖专用砌筑砂浆。

二、砂浆的强度等级

普通砂浆强度等级用 M 表示，蒸压灰砂普通砖、蒸压粉煤灰普通砖砌体专用砂浆强度等级用 Ms 表示，混凝土普通砖、混凝土多孔砖、单排孔混凝土砌块和煤矸石混凝土砌块砌体砂浆强度等级用 Mb 表示。

《砌体结构设计规范》GB50003—2011 规定，砂浆的强度等级应按下列规定采用。

（1）烧结普通砖、烧结多孔砖、蒸压灰砂普通砖和蒸压粉煤灰普通砖砌体采用的普通砂浆强度等级：M15、M10、M7.5、M5、M2.5；蒸压灰砂普通砖、蒸压粉煤灰普通砖砌体采用的专用砌筑砂浆强度等级：Ms15、Ms10、Ms7.5、Ms5.0。

（2）混凝土普通砖、混凝土多孔砖、单排孔混凝土砌块和煤矸石混凝土砌块砌体采用的专用砌筑砂浆强度等级：Mb20、Mb15、Mb10、Mb7.5 和 Mb5.0。

（3）双排孔或多排孔轻集料混凝土砌块砌体采用的专用砌筑砂浆的强度等级：Mb10、Mb7.5 和 Mb5.0。

《建筑抗震设计规范》GB50011—2010 规定：砌体结构材料应符合下列规定。

（1）普通砖和多孔砖的强度等级不应低于 MU10，其砌筑砂浆强度等级不应低于 M5；蒸压灰砂普通砖、蒸压粉煤灰砖及混凝土砖的强度等级不应低于 MU15，其砌筑砂浆强度等级不应低于 Ms5（Mb5）。

（2）混凝土砌块的强度等级不应低于 MU7.5，其砌筑砂浆强度等级不应低于 Mb7.5。

课内练习

1. 某抗震设防烈度为 6 度混凝土小型空心砌块砌体房屋，其砌筑砂浆的强度等级可以为 Mb5 吗？
2. 某抗震设防烈度为 6 度普通砖和多孔砖砌体房屋，其砌筑砂浆的强度等级可以为 M5 吗？

三、砂浆的性能要求

为满足工程质量和施工要求，砂浆除应具有足够的强度外，还应有较好的和易性和保水性。和易性好则便于砌筑，可保证砌筑质量和提高施工功效；保水性好，则不致在存放、运输过程中出现明显的泌水、分层和离析，以保证砌筑质量。水泥砂浆和易性和保水性不如混合砂浆好，在砌筑墙体、柱时，除有防水要求外，一般采用混合砂浆。

5.1.3 砌体的种类

砌体按照所用的材料不同分为砖砌体、砌块砌体和石砌体，如图 5.1.3、图 5.1.4 所示；按照砌体中有无配筋分为无筋砌体和配筋砌体。按实心与否可分为实心砌体与空心砌体，按在结构中所起的作用不同分为承重砌体和自承重砌体。

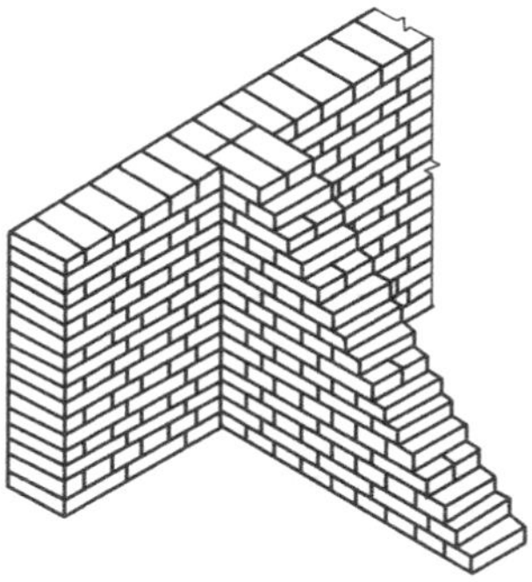

图 5.1.3　砖砌体

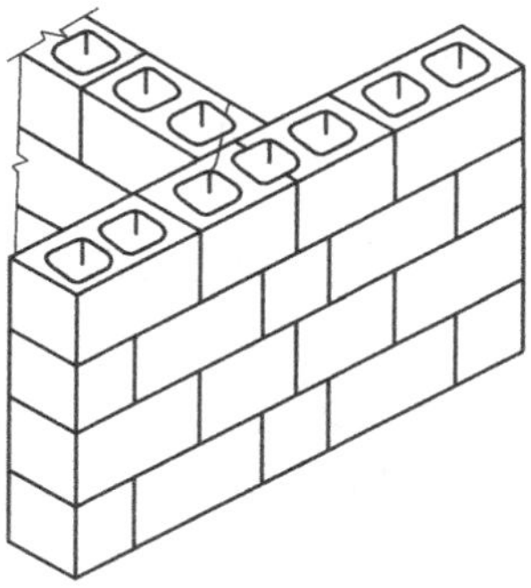

图 5.1.4　砌块砌体

配筋砌体是由配置钢筋的砌体作为建筑物主要受力构件的结构。是网状配筋砌体柱、水平配筋砌体墙、砖砌体和钢筋混凝土面层或钢筋砂浆面层组合砌体柱（墙）、砖砌体和钢筋混凝土构造柱组合墙和配筋砌块砌体剪力墙结构的统称，如图 5.1.5 所示。

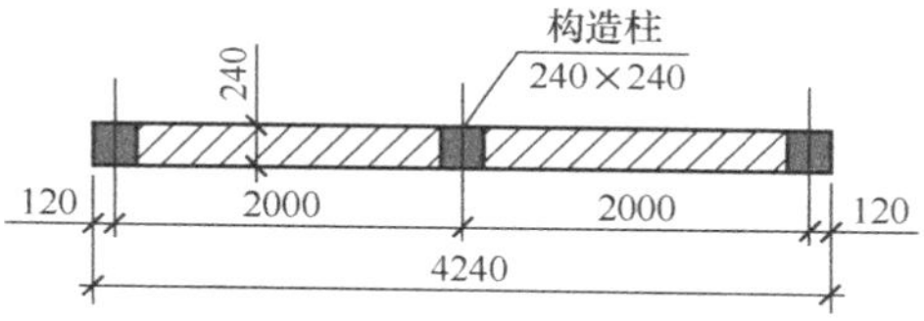

图 5.1.5　配筋砌体—砖砌体和钢筋混凝土构造柱组合墙

5.2 过　梁

过梁即门窗洞上部横梁，它用来承受洞口顶面以上砌体的自重及上层楼盖梁板传来的荷载。过梁的形式有钢筋砖过梁、砖拱过梁、钢筋混凝土过梁、木过梁等，如图 5.2.1 所示。

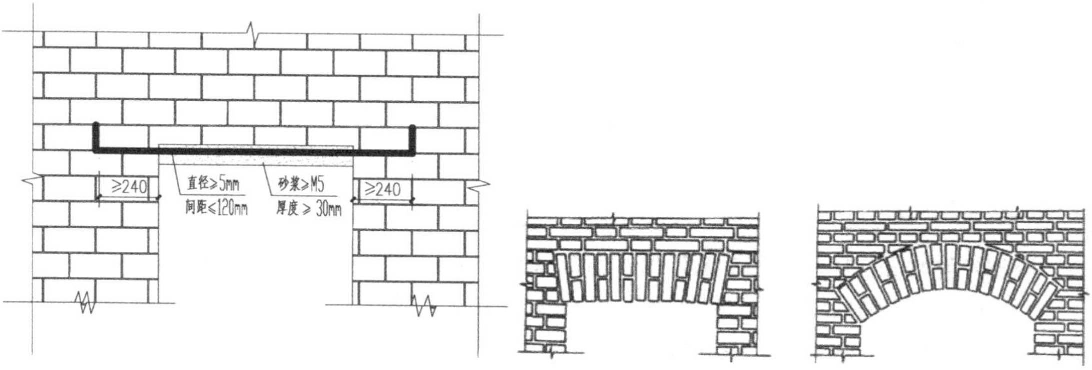

(a) 钢筋砖过梁　　(b) 砖拱过梁

图 5.2.1　过梁种类

《砌体结构设计规范》GB50003—2011 规定，对有较大震动荷载或可能产生不均匀沉降的房屋，应采用混凝土过梁。当过梁的跨度不大于 1.5m 时，可采用钢筋砖过梁；不大于 1.2m 时，可采用砖砌平拱过梁。

1. 钢筋砖过梁

钢筋砖过梁，是指在平砌砖的灰缝中加适量的钢筋而形成的过梁，其底面砂浆处的钢筋，直径不应小于 5mm，间距不应大于 120mm，钢筋伸入支座砌体内的长度不宜小于 240mm，砂浆层的厚度不宜小于 30mm，砖砌过梁所用砂浆不宜低于 M5.0。

2. 砖拱过梁

砖拱过梁又分为平拱过梁和弧拱过梁等。由于抗震规范的加强，各地对抗震要求的提高，这种过梁已经淘汰不用了。

3. 钢筋混凝土过梁

钢筋混凝土过梁有矩形、L 形等形式。宽度同墙厚，高度及配筋根据结构计算确定。

《建筑抗震设计规范》GB50011—2010 规定：过梁支撑长度，6 ~ 8 度时不应小于 240mm，9 度时不应小于 360mm。

钢筋混凝土过梁多为预制构件，其选用应参考标准图集。过梁图集有国标和省标，国标过梁图集编号为 03G322—1 ~ 4,山东省标过梁图集编号 L03G303,下面以省标过梁图集为例说明图集的选用。山东省标过梁图集适用于烧结普通砖、蒸压粉煤灰砖、蒸压灰砂砖、P 型烧结多孔砖、M 型烧结多孔砖、混凝土小型空心砌块等。

（1）构件编号如图 5.2.2 所示。

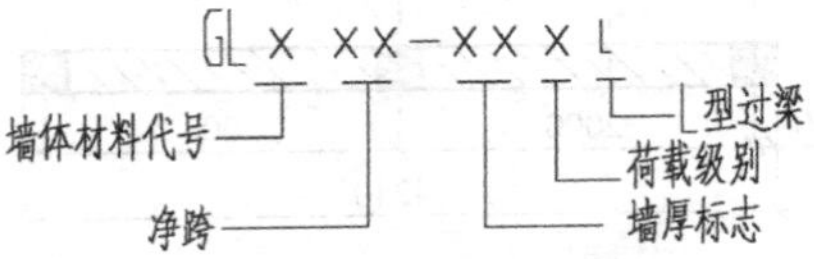

图 5.2.2　过梁编号

（2）墙体材料代号如下。

A：烧结普通砖、蒸压粉煤灰砖、蒸压灰砂砖。

B：P 型烧结多孔砖。

C：M 型烧结多孔砖、混凝土小型空心砌块。

（3）荷载级别

山东省标过梁图集 LO3G303 规定，过梁荷载等级分为 0、1、2、3、4 共 5 个等级，如表 5.2.1 所示。

表 5.2.1　　过梁荷载等级表

荷载级别	0	1	2	3	4
梁板传来荷载设计值（kN/m）	0	10	20	30	40

当墙厚为 90mm 时，仅取 0 级荷载；当墙厚为 120mm 时，仅取 0、1 两级荷载。

过梁上的荷载包括梁自重（包括粉刷等）、墙体重及梁板传来的荷载设计值，选用时仅按梁板传来的荷载即可。当过梁下墙体高度较高时，不考虑梁板传来荷载，反之则考虑梁板荷载，规范规定如下。

当过梁下墙体高度 $h_w \geqslant L_n$ 时，不考虑梁板传来荷载。

当 $h_w < L_n$ 时，应考虑梁板传来荷载，且对混凝土空心砌块砌体取 $L_n/2$ 高度墙体计算，其他墙体取 $L_n/3$ 高度墙体计算。

对于非承重填充墙，则不考虑梁板传来荷载，荷载等级取为 0。

（4）墙厚及截面形式。

过梁墙厚标志、墙厚、截面形式及净跨如表 5.2.2 所示。

表 5.2.2　　　　　　　　　　过梁墙厚标志、墙厚、截面形式及净跨

<table>
<tr><th>墙厚标志</th><th>墙厚（mm）</th><th>截面形式</th><th>过梁净跨（m）</th></tr>
<tr><td>09</td><td>90</td><td rowspan="4">矩形</td><td rowspan="4">0.6　0.7　0.8
0.9　1.0　1.2</td></tr>
<tr><td>12</td><td>120</td></tr>
<tr><td>19</td><td>190</td></tr>
<tr><td>24</td><td>240</td></tr>
<tr><td>29</td><td>290</td><td rowspan="3">矩形
L 形</td><td rowspan="3">0.6　0.7　0.8
0.9　1.0　1.2
1.3　1.5　1.8
2.1　2.4　2.7</td></tr>
<tr><td>34</td><td>340</td></tr>
<tr><td>37</td><td>370</td></tr>
</table>

（5）选用实例如下。

过梁选用实例如下：

240 厚烧结普通砖墙体，洞口宽度 2400mm，过梁上传来的梁板设计值为 20kN/m，板下墙体高度为 750mm，拟采用矩形截面过梁，由此可确定过梁编号为 GLA24-242。

370 厚 P 型多孔砖墙体，洞口宽度 1800mm，过梁上传来的梁板设计值为 10kN/m，板下墙体高度为 1000mm，拟采用 L 形截面过梁，由此可确定过梁编号为 GLB18-371L。

240 厚烧结普通砖墙体，洞口宽度 1500mm，板下墙体高度为 1600mm，拟采用矩形截面过梁，由此可确定过梁编号为 GLA15-240。

课内练习

某砌体结构施工图如图 5.2.3 所示，解释图中过梁各字符含义。

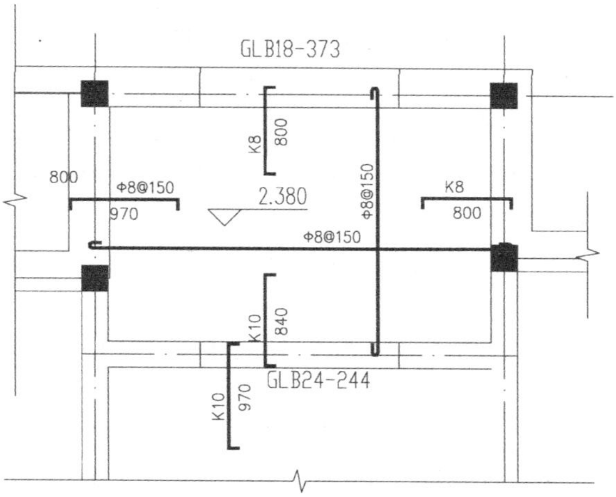

图 5.2.3

5.3 墙　　梁

墙梁是砌体结构中由钢筋混凝土托梁和梁上计算高度范围内的砌体墙组成的组合构件。包括简支墙梁、连续墙梁和框支墙梁。墙梁按承重与否分为承重墙梁和自承重墙梁。墙梁组成如

图 5.3.1 所示。

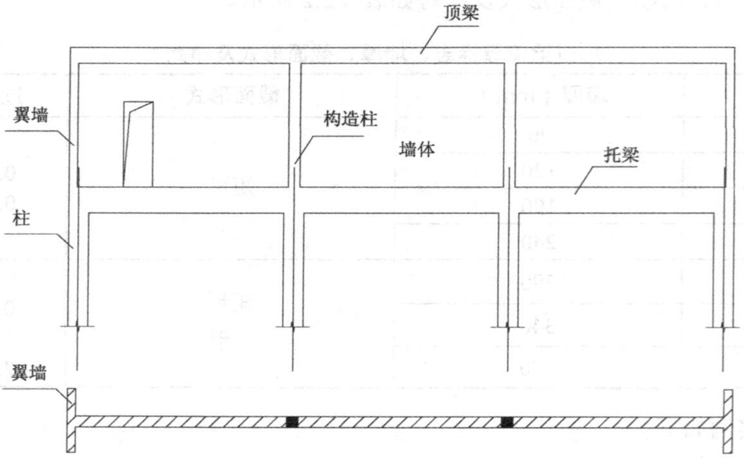

图 5.3.1 墙梁组成示意

《砌体结构设计规范》GB50003—2011 规定，墙梁的构造应符合下列规定。

（1）托梁和框支柱的混凝土强度等级不应低于 C30。

（2）承重墙梁的块体强度等级不应低于 MU10，计算高度范围内墙体的砂浆强度等级不应低于 M10（Mb10）。

（3）墙梁计算高度范围内的墙体厚度，对砖砌体不应小于 240mm，对混凝土砌块不应小于 190mm；

（4）墙梁洞口上方应设置混凝土过梁，其支承长度不应小于 240mm；洞口范围内不应施加集中荷载。

（5）承重墙梁的支座处应设置落地翼墙，翼墙厚度，对砖砌体不应小于 240mm，对混凝土砌块砌体不应小于 190mm，翼墙宽度不应小于墙梁墙体厚度的 3 倍，并与墙梁墙体同时砌筑。当不能设置翼墙时，应设置落地且上、下贯通的混凝土构造柱。

（6）墙梁计算高度范围内的墙体，每天砌筑高度不应超过 1.5m，否则应加设临时支撑。

（7）托梁两侧各两个开间的楼盖应采用现浇混凝土楼盖，楼板厚度不应小于 120mm，当楼板厚度大于 150mm 时，应采用双层双向钢筋网。

（8）托梁每跨底部的纵向受力钢筋应通长设置，不应在跨中弯起或截断；钢筋应采用机械连接或焊接。

（9）托梁在砌体墙、柱上的支承长度不应小于 350mm；纵向受力钢筋伸入支座长度应符合受拉钢筋的锚固要求。

（10）对于洞口偏置的墙梁，其托梁的箍筋加密区范围应延到洞口外，距洞口边的距离大于等于托梁截面高度 h_b，箍筋直径不应小于 8mm，间距不应大于 100mm。如图 5.3.2 所示。

《建筑抗震设计规范》GB50011—2010 规定：底部框架抗震墙砌体房屋的钢筋混凝土托梁，其构造应符合下列规定。

（1）箍筋直径不应小于 8mm，间距不应大于 200mm；梁端在 1.5 倍梁高且不小于 1/5 梁净跨范围内，以及上部墙体的洞口处和洞口两侧各 500mm 且不小于梁高的范围内，箍筋间距不应大于 100mm。

（2）沿梁高应设腰筋，数量不少于 $2\phi14$，间距不应大于 200mm。

（3）梁的纵向受力钢筋和腰筋应按受拉钢筋的要求锚固在柱内，且支座上部的纵向钢筋在柱内的锚固长度应符合钢筋混凝土框架梁的有关要求。

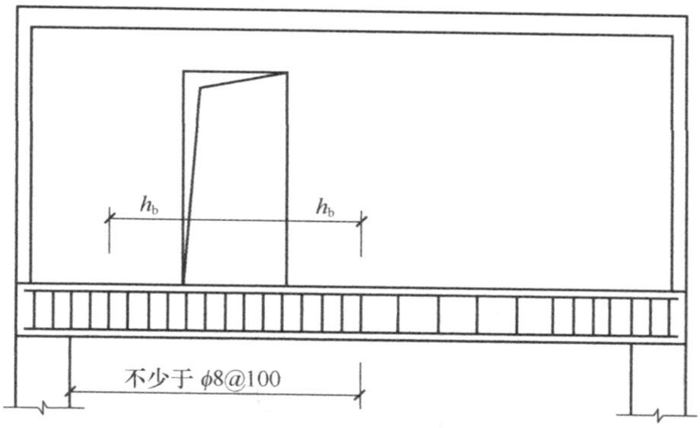

图 5.3.2　偏开洞口时托梁箍筋加密区

《建筑抗震设计规范》GB50011—2010 规定：底部框架—抗震墙砌体房屋的材料强度等级应符合下列要求。

过渡层砌体块材的强度等级不应低于 MU10，砖砌体砌筑砂浆强度等级不应低于 M10，砌块砌体砌筑砂浆的强度等级不应低于 Mb10。

课内练习

某 7 度抗震设防底部框架—抗震墙墙梁砌体结构施工图结构设计说明如下，请找出其中的错误。

1. 托梁混凝土强度等级为 C25。
2. 承重墙梁计算高度范围内墙体的砂浆强度等级为 M5。
3. 托梁纵向受力钢筋可采用搭接、焊接或机械连接。
4. 托梁在砌体墙上的支撑长度不应小于 240mm。
5. 托梁可不设箍筋加密区。
6. 托梁腹板高度大于等于 450mm 时，设置构造腰筋。

5.4　挑　　梁

一、基本知识

挑梁是嵌固在砌体中的悬挑式钢筋混凝土梁。一般指房屋中的阳台挑梁、雨篷挑梁或外廊挑梁。如图 5.4.1 所示。

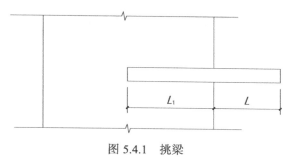

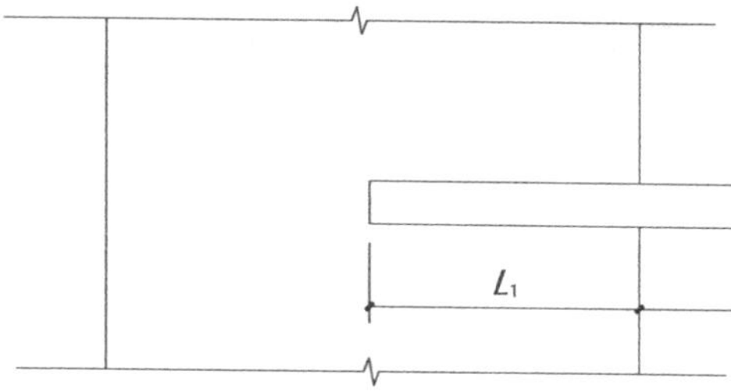

图 5.4.1　挑梁

《砌体结构设计规范》GB50003—2011 规定，挑梁构造应符合下列要求。

（1）纵向受力钢筋至少应有 1/2 的钢筋面积伸入梁尾端，且不少于 2ϕ12。其余钢筋伸入支座的长度不应小于 $2L_1/3$。

（2）挑梁埋入砌体长度 L_1 与挑出长度 L 之比宜大于 1.2；当挑梁上无砌体时，L_1 与 L 之比宜大于 2。

二、详图识读

某砌体结构挑梁如图 5.4.2 所示，读图回答问题。

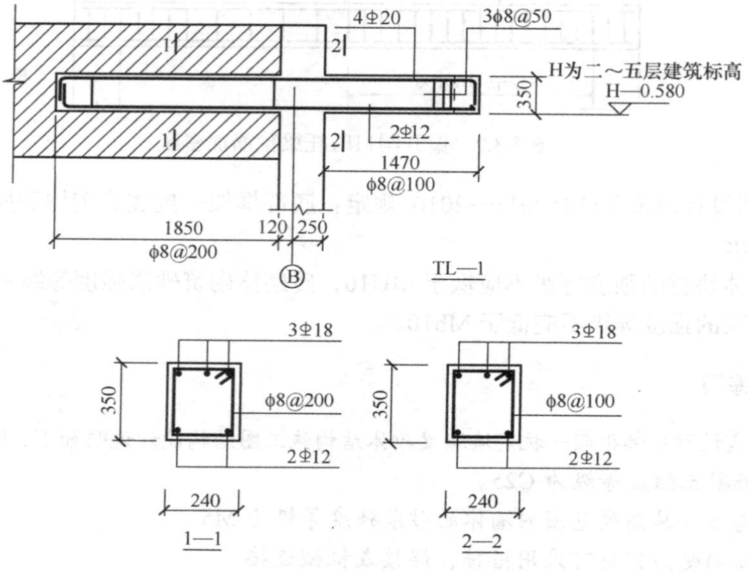

（a）1～5 层挑梁详图

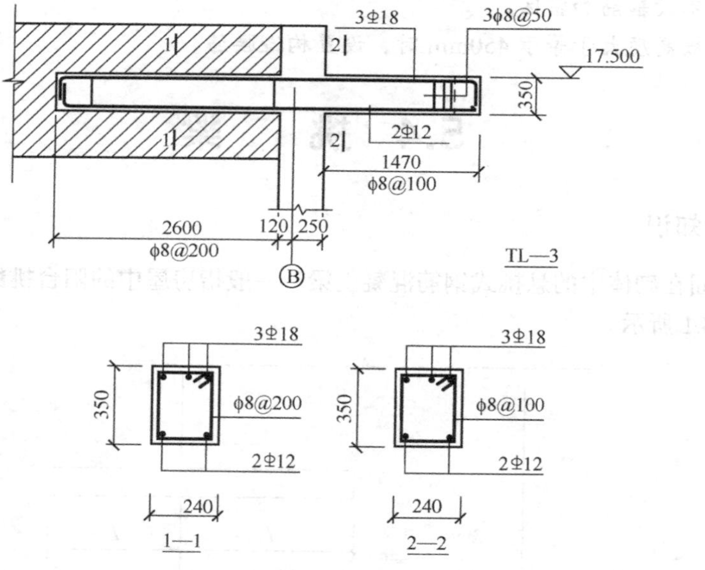

（b）顶层挑梁详图

图 5.4.2　某砌体结构挑梁详图

1. “2～5层挑梁详图”中埋入砌体部分（即 L_1）挑梁长度是多少？挑出部分长度是多少？挑出部分箍筋的直径及间距是多少？埋入砌体部分箍筋的直径及间距是多少？挑梁挑出端部附加什么钢筋？挑梁截面尺寸是多少？

2. “顶层挑梁详图”中埋入砌体部分（即 L_1）挑梁长度是多少？挑出部分长度是多少？

3. 挑梁是否符合相关规范构造要求？

5.5　砌体结构抗震构造措施

一、一般规定

1. *房屋高度的限制*

《建筑抗震设计规范》GB50011—2010 规定，砌体结构房屋的总层数和总高度，应符合表5.5.1 所列规定。

表 5.5.1　　砌体结构房屋的总高度和层数

房屋类别		最小墙厚度（mm）	设计烈度和设计基本地震加速度											
			6度		7度				8度				9度	
			0.05g		0.10g		0.15g		0.20g		0.30g		0.40g	
			高度	层数	高度	层数	高度	层数	高度	层数	高度	层数	高度	层数
多层砌体房屋	普通砖	240	21	7	21	7	21	7	18	6	15	3	12	4
	多孔砖	240	21	7	21	7	18	6	18	6	15	5	9	3
	多孔砖	190	21	7	18	6	15	5	15	5	12	4	—	—
	混凝土砌块	190	21	7	21	7	18	6	18	6	15	5	9	3
底部框架—抗震墙砌体房屋	普通砖 多孔砖	240	22	7	22	7	19	6	16	5	—	—	—	—
	多孔砖	190	22	7	19	6	16	5	13	4	—	—	—	—
	混凝土砌块	190	22	7	22	7	19	6	16	5	—	—	—	—

注：1. 房屋的总高度指室外地面到主要屋面板顶或檐口的高度，半地下室从地下室室内地面算起，全地下室和嵌固条件好的半地下室应允许从室外地面算起；对带阁楼的坡屋面应算到山尖墙的 1/2 高度处。

2. 室内外高差大于 0.6m 时，房屋总高度应允许比表中的数据适当增加，但增加量应少于 1.0m。

2. *层高的限制*

《建筑抗震设计规范》GB50011—2010 规定，多层砌体承重房屋的高度，不应超过 3.6m。

底部框架—抗震墙砌体房屋的高度，层高不应超过 4.5m，当底层采用约束砌体抗震墙时，底层的层高不应超过 4.2m。

当使用功能确有需要时采用约束砌体等加强措施的普通砖房屋，层高不应超过 3.9m。

3. 高宽比的限制

《建筑抗震设计规范》GB50011—2010 规定，多层砌体房屋的总高度与总宽度的最大比值宜符合表 5.5.2 所列要求。

表 5.5.2 房屋最大高宽比

烈度	6 度	7 度	8 度	9 度
最大高宽比	2.5	2.5	2.0	1.5

4. 房屋抗震横墙间距限制

《建筑抗震设计规范》GB50011—2010 规定，房屋抗震横墙的间距不应超过表 5.5.3 所列要求。

表 5.5.3 房屋抗震横墙的间距

房屋类别		烈度			
		6 度	7 度	8 度	9 度
多层砌体结构	现浇或装配整体式钢筋混凝土楼、屋盖	15	15	11	7
	装配式钢筋混凝土楼、屋盖	11	11	9	4
	木屋盖	9	9	4	—
底部框架—抗震墙砌体房屋	上部各层	同多层砌体房屋			—
	底层或底部两层	18	15	11	—

5. 砌体墙段局部尺寸限值

《建筑抗震设计规范》GB50011—2010 规定，房屋局部尺寸应符合表 5.5.4 的要求。

表 5.5.4 房屋的局部尺寸限值

部位	6 度	7 度	8 度	9 度
承重窗间墙最小宽度	1.0	1.0	1.2	1.5
承重外墙尽端至门窗洞边的最小距离	1.0	1.0	1.2	1.5
非承重外墙尽端至门窗洞边的最小距离	1.0	1.0	1.0	1.0
内墙阳角至门窗洞边的最小距离	1.0	1.0	1.5	2.0
无锚固女儿墙（非出入口处）的最大高度	0.5	0.5	0.5	0.0

6. 防震缝和抗震等级

房屋有下列情况之一时宜设置防震缝，缝两侧均应设置墙体，缝宽应根据烈度和房屋高度确定，可采用 70 ~ 100mm。

（1）房屋立面高差在 6m 以上。

（2）房屋有错层、且楼板高差大于层高的 1/4。

（3）各部分结构刚度、质量截然不同。

多层砌体房屋的抗震构造措施按烈度设防，无抗震等级的划分。底部框架—抗震墙砌体房屋的钢筋混凝土结构部分底部框架的抗震等级，6、7、8 度时应分别按三、二、一级采用；混凝土墙体的抗震等级 6、7、8 度应分别按三、二、一级采用。

二、抗震构造措施

1. 设置构造柱

构造柱是在砌体房屋墙体的规定部位，按构造配筋，并按先砌墙后浇灌混凝土柱的施工顺序制成的混凝土柱，通常称为混凝土构造柱，简称构造柱，建筑图纸里符号为 GZ。

各类多层砌体房屋，应按表 5.5.5 要求设置现浇钢筋混凝土构造柱。

表 5.5.5　多层砌体房屋构造柱设置要求

房屋层数				设置部位	
六	七	八	九		
四、五	三、四	二、三		楼梯间四角，楼梯斜梯段上下端对应的墙体处 外墙四角和对应转角 错层部位横墙与外纵墙交接处 大房间内外墙交接处 较大洞口两侧	隔 12m 或单元横墙与外纵墙交接处 楼梯间对应的另一侧内横墙与外纵墙交接触
六	五	四	二		隔开间横墙与外墙交接处 山墙与内纵墙交接处
七	≥六	≥五	≥三		内墙与外墙交接处 内墙的局部较小墙垛处 内纵墙与横墙交接处

多层砌体房屋的构造柱应符合下列要求。

（1）构造柱最小截面可采用 180mm × 240mm（墙厚 190mm 时为 180mm × 190mm），纵向钢筋宜采用 4ϕ12，箍筋间距不宜大于 250mm，且在柱上下端应适当加密；6、7 度时超过六层、8 度时超过五层和 9 度时，构造柱纵向钢筋宜采用 4ϕ14，箍筋间距不应大于 200mm；房屋四角的构造柱应适当加大截面及配筋。

（2）构造柱与墙连接处应砌成马牙槎。沿墙高每隔 500mm 设 2ϕ6 水平钢筋和ϕ4 分布短筋平面内点焊组成的拉结网片或ϕ4 点焊钢筋网片，每边伸入墙内不宜小于 1m。6、7 度时底部 1/3 楼层，8 度时底部 1/2 楼层，9 度时全部楼层，上述拉结钢筋网片应沿墙体水平通长设置。

（3）构造柱与圈梁连接处，构造柱的纵筋应在圈梁纵筋内侧穿过，保证构造柱纵筋上下贯通。

（4）构造柱可不单独设置基础，但应伸入室外地面下 500mm，或与埋深小于 500mm 的基础圈梁相连。

（5）房屋高度和层数接近规范规定的限值时，纵、横墙内构造柱间距尚应符合下列要求。

① 横墙内的构造柱间距不宜大于层高的 2 倍；下部 1/3 楼层的构造柱间距适当减小。

② 当外纵墙开间大于 3.9m 时，应另设加强措施。内纵墙的构造柱间距不宜大于 4.2m。

构造柱拉接筋，箍筋加密区及纵筋搭接示意图如图 5.5.1 所示，构造柱根部构造做法如图 5.5.2 所示，构造柱马牙槎构造如图 5.5.3 所示。

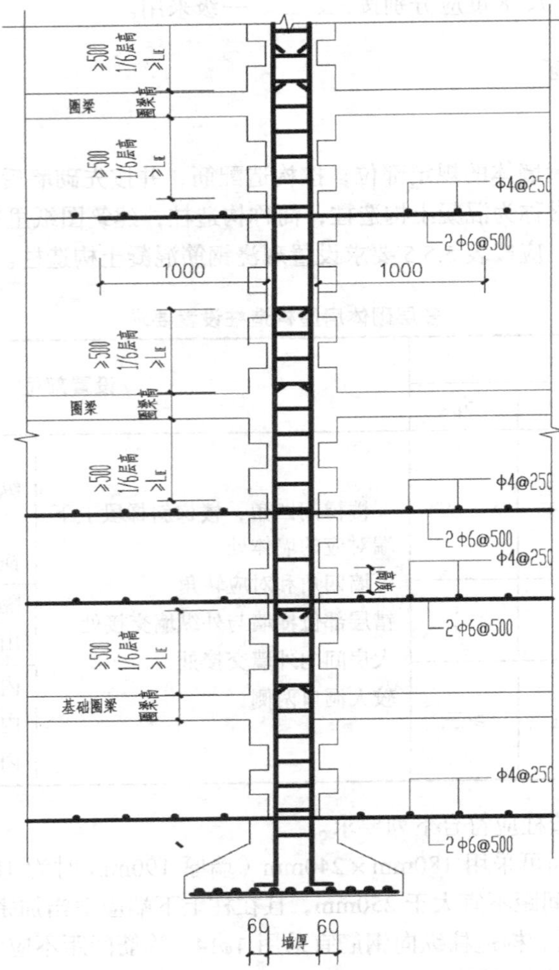

图 5.5.1　构造柱拉接筋、箍筋加密区、纵筋搭接示意

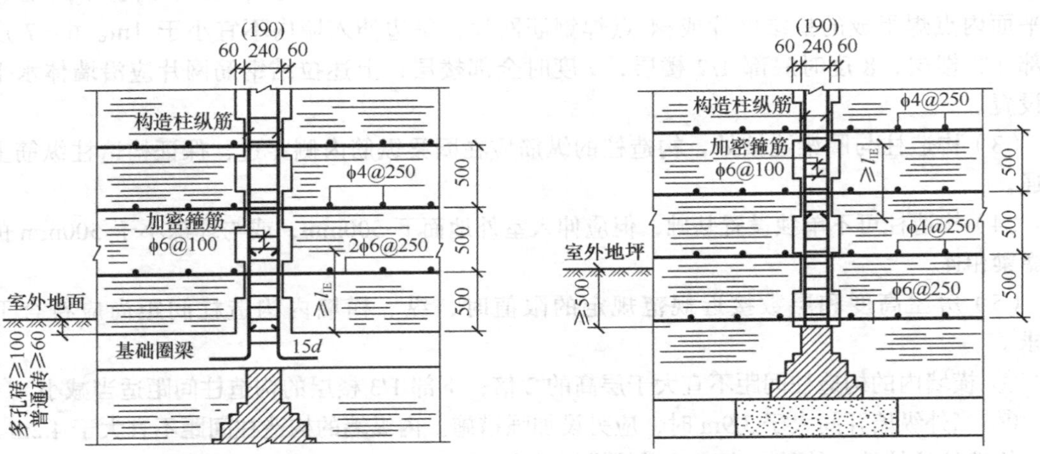

（a）构造柱根部与基础圈梁连接做法　　（b）构造柱深入室外地坪下 500mm 做法

图 5.5.2　构造柱根部构造做法

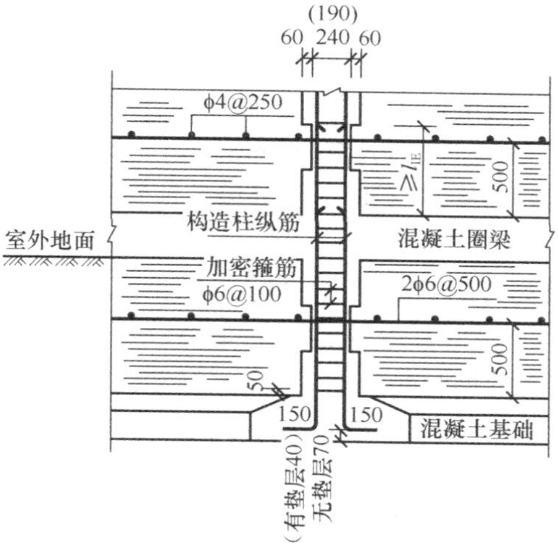

（c）构造柱根部锚入基础

图 5.5.2　构造柱根部构造做法（续）

2. 设置圈梁

砌体结构房屋中，在砌体内沿水平方向设置封闭的钢筋砼梁，以提高房屋空间刚度、增加建筑物的整体性、提高砖石砌体的抗剪、抗拉强度，防止由于地基不均匀沉降、地震或其他较大振动荷载对房屋的破坏。在房屋的基础上部的连续的钢筋混凝土梁叫基础圈梁，也叫地圈梁（DQL）。

圈梁通常设置在基础上部、屋盖处及每层楼盖处，其间距应符合抗震规范要求。

多层砌体房屋中的圈梁构造应闭合，遇有洞口圈梁应上下搭接。圈梁宜与预制板设在同一标高处或紧靠板底；圈梁截面高度不应小于 120mm，配筋应符合表 5.5.6 所列要求，基础圈梁截面高度不应小于 180mm，配筋不应少于 4ϕ12。图 5.5.4 所示为圈梁遇洞口的搭接示意，图 5.5.5 所示为楼板与圈梁同时浇注的情况。

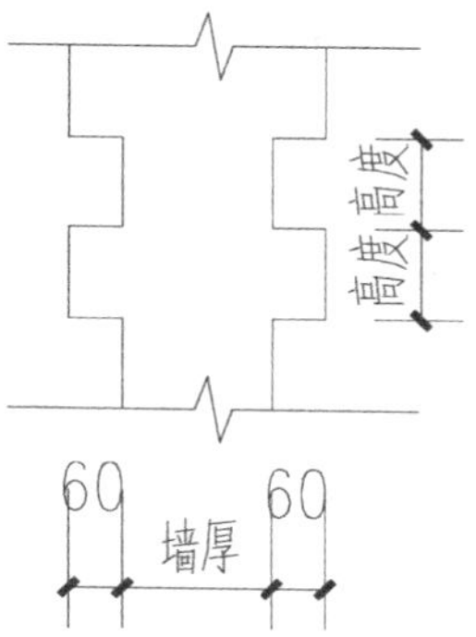

图 5.5.3　构造柱马牙槎尺寸示意（马牙槎高度多孔砖不大于 300mm，普通砖不大于 250mm）

表 5.5.6　　多层砖砌体房屋圈梁配筋要求

配筋	烈度		
	6、7 度	8 度	9 度
最小纵筋	4ϕ10	4ϕ12	4ϕ14
箍筋最大间距（mm）	250	200	150

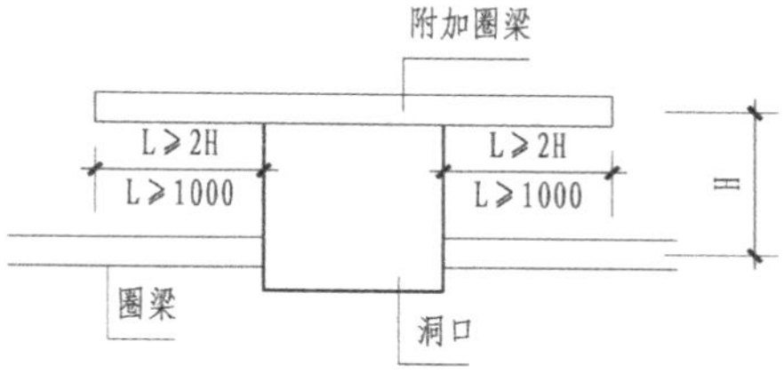

图 5.5.4　圈梁遇洞口搭接示意

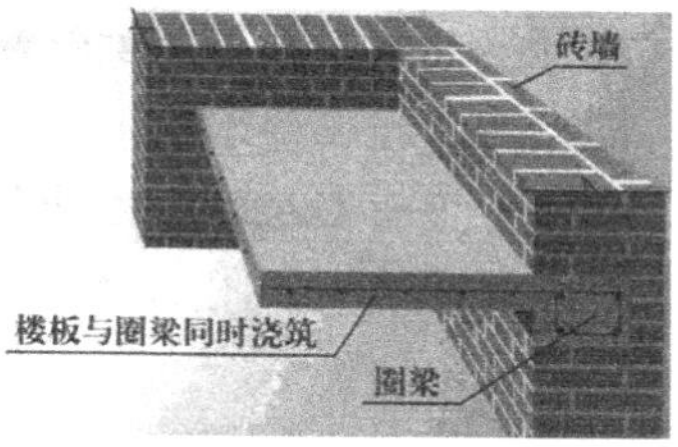

图 5.5.5　楼板与圈梁同时浇注

3. 楼屋盖构造要求

现浇钢筋混凝土楼板或屋面板伸进纵横墙内的长度均不应小于 120mm。装配式钢筋混凝土楼板或屋面板，当圈梁未设在板的同一标高时，板端伸进外墙的长度不应小于 120mm，伸进内墙的长度不应小于 100mm，在梁上不应小于 80mm。

当板的跨度大于 4.8m 并与外墙平行时，靠外墙的预制板侧边应与墙或圈梁拉结。

4. 楼梯间构造要求

顶层楼梯间墙体应沿墙高每隔 500mm 设 2Φ6 通长钢筋和ϕ4 分布短钢筋平面内点焊组成的拉结网片或ϕ4 点焊网片；7 ~ 9 度时其他各层楼梯间墙体应在休息平台或楼层半高处设置 60mm 厚、纵向钢筋不应少于 2ϕ10 的钢筋混凝土带或配筋砖带，配筋砖带不少于 3 皮，每皮的配筋不少于 2ϕ6，砂浆强度等级不应低于 M7.5 且不低于同层墙体的砂浆强度等级。

凸出屋顶的楼、电梯间，构造柱应伸到顶部，并与顶部圈梁连接，所有墙体应沿墙高每隔 500mm 设 2ϕ6 通长钢筋和Φ4 分布短筋平面内点焊组成的拉结网片或ϕ4 点焊网片。

课内练习

判断下列各题对错。

1. 构造柱有箍筋加密区（　　）。
2. 圈梁有箍筋加密区（　　）。
3. 多层普通砌体结构有抗震等级（　　）。
4. 底部框架抗震墙结构的混凝土部分有抗震等级（　　）。
5. 6 度抗震设防，多孔砖承重的普通砌体房屋的最大适用高度是 21m 和 6 层（　　）。
6. 构造柱与墙连接处可以不砌成马牙槎（　　）。
7. 房屋四角构造柱宜与其他部位构造柱截面、配筋相同（　　）。
8. 构造柱拉接筋每边伸入墙内长度不应小于 1m（　　）。
9. 预制板与圈梁不在同一标高时，板端伸进内墙的长度不应小于 120mm。
10. 顶层楼梯间墙体应沿墙高每隔 1000mm 设 2ϕ6 通长钢筋和ϕ4 分布短钢筋平面内点焊组成的拉结网片或Φ4 点焊网片。

5.6　砌体结构施工图识读

案例：读附图 6 某砌体结构施工图，回答问题。

1. GZ1 的截面尺寸及配筋是多少？
2. 有无基础圈梁？
3. 找出一层结构布置图中所有的梁，描述梁的配筋详图。
4. 找出一层结构布置图中所有的雨篷，描述雨篷及雨篷梁钢筋。
5. 描述屋面上人孔处附加钢筋。
6. 圈梁布置在哪些墙体上？各层圈梁顶面标高是多少？与相应楼层楼板标高是否相同？
7. 哪些位置有 GZ2？GZ2 纵筋生根于什么构件？
8. 描述女儿墙压顶附加钢筋。

5.7　砌体结构钢筋计算

一、圈梁钢筋工程量计算

案例 1：某砌体结构基础平面图及断面详图如图 5.7.1 所示，圈梁箍筋保护层为 20mm，计算①号轴圈梁钢筋工程量。已知构造柱纵筋直径为 14mm，箍筋直径为 8mm 间距为 200mm，箍筋保护层为 20mm。

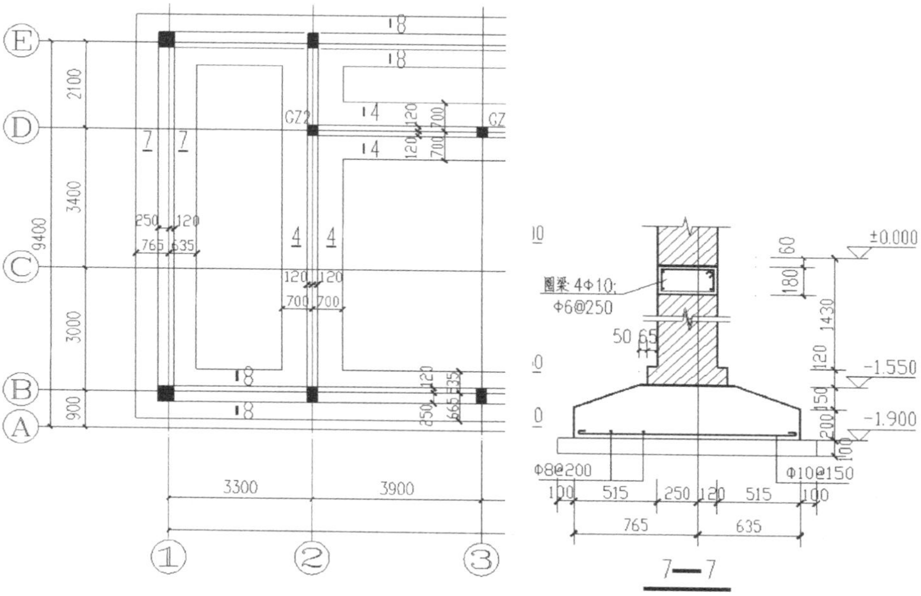

图 5.7.1

第一步：学习图集 11G329-2 关于圈梁钢筋构造。

图集 11G329-2 第 25 页关于圈梁与构造柱连接节点构造，如图 5.7.2 所示，圈梁纵筋应伸至构造柱纵筋外侧并下弯或水平弯折 15*d*。

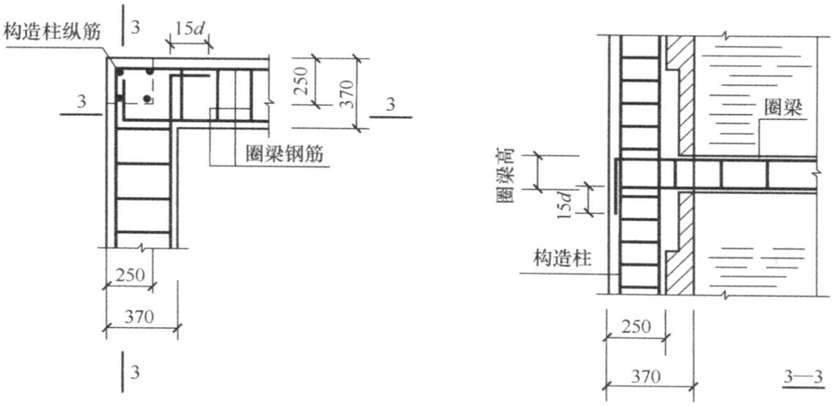

图 5.7.2　圈梁与构造柱详图

第二步：绘制详图。

圈梁详图如图 5.7.3 所示。

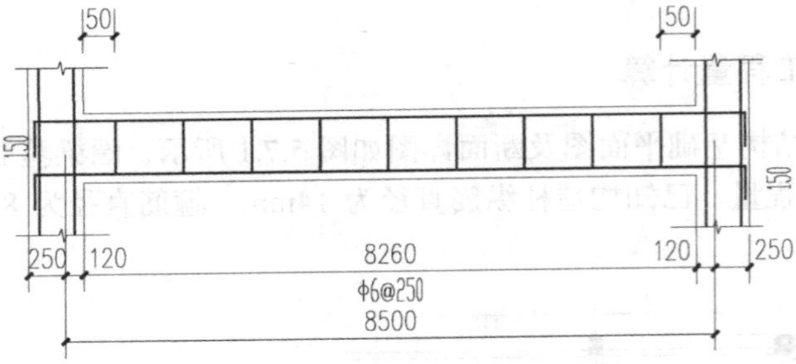

图 5.7.3

第三步：计算。

1. 纵筋

单根预算长度 l=150×2+（8500+250×2−20×2−8×2+10×2）=9264mm

根数 4 根

2. 箍筋

单根预算长度 l=（370+180）×2−8×20+75×2+1.9×6×2=13103mm

$$根数\ n=\frac{8260-50\times2}{250}+1=34\ 根$$

课内练习

某砌体结构局部详图如图 5.7.4 所示，计算圈梁钢筋工程量。

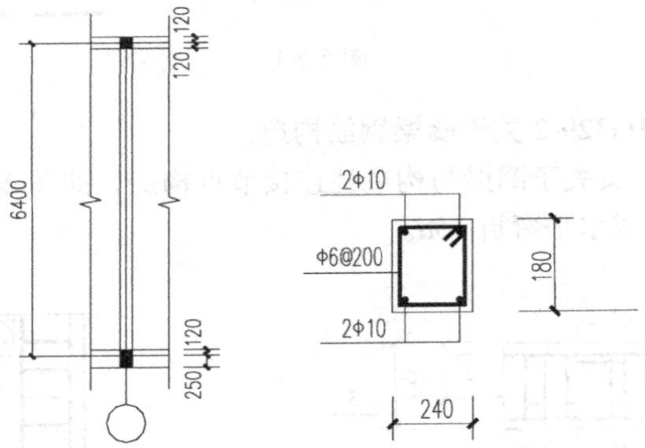

图 5.7.4 圈梁详图

二、构造柱钢筋工程量计算

案例 2：某中柱构造柱详图及所在墙下条形基础详图如图 5.7.5 所示（非加密区箍筋间距 250mm，加密区箍筋间距 100mm），已知构造柱混凝土 C30，箍筋保护层 20mm，纵向钢筋锚入基础，一层圈梁顶结构标高 3.100，顶层圈梁顶结构标高 6.200，各层圈梁高均为 180mm，计算构造柱纵向钢筋和箍筋工程量。

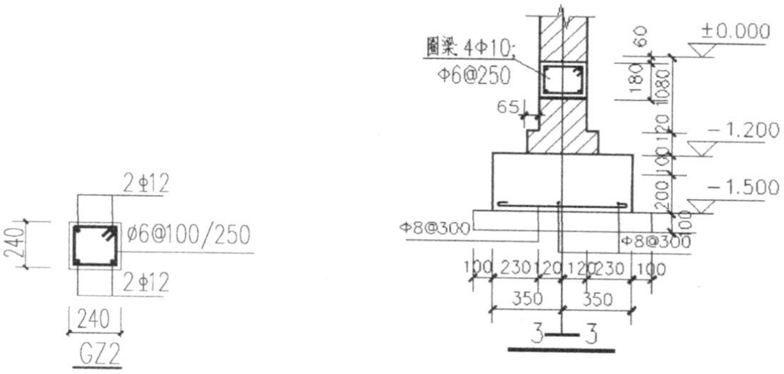

(a) 构造柱详图　　(b) 构造柱所在墙下条形基础详图

图 5.7.5　构造柱与墙下条形基础详图

第一步：学习图集 11G329-2 关于构造柱构造要求。

构造柱钢筋构造如图 5.7.6 所示。

1. 纵筋

从标准构造详图中可知，构造柱纵筋分为基础插筋、一层纵筋和顶层纵筋，纵筋采用搭接连接，搭接位置为相应楼层圈梁顶部，搭接长度为 l_{lE}，顶层纵筋伸至柱顶后（留一个保护层）水平弯折 15d。

2. 箍筋

自距离基础顶面 50mm 放置第一个箍筋，本案例共有 3 个箍筋加密区，每层圈梁上下箍筋加密区的范围应满足 3 个条件：≥500mm，≥1/6 层高，≥l_{lE}。

3. 搭接长度

根据图集 11G329-2 第 11 页规定，圈梁纵筋的搭接长度如表 5.7.1 所示。

第二步：绘出构造柱详图。

详图如图 5.7.7 所示。

$l_{lE}=1.2l_a=1.2\times29\times12=418$mm

一层层高的 $h_1/6=3160/6=527$mm

二层层高的 $h_2/6=517$mm

第三步：计算构造柱钢筋工程量。

1. 纵筋

（1）基础插筋。

单根预算长度 l=1440+418−40−8−8+150=1952mm

根数 4 Φ 12

（2）一层纵筋。

单根预算长度 l=3160+418=3578mm

根数 4 Φ 12

（3）二层纵筋。

单根预算长度 l=3100−20+180=3260mm

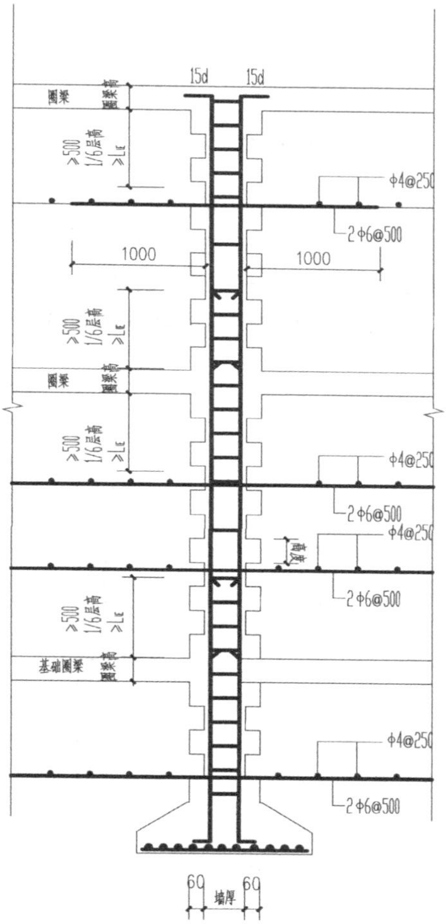

图 5.7.6　构造柱钢筋构造

表 5.7.1　　圈梁、构造柱及砌体墙水平配筋带钢筋的锚固长度

钢筋种类	混凝土强度等级			
	C20	C25	C30	C35
	$d\leqslant 25$	$d\leqslant 25$	$d\leqslant 25$	$d\leqslant 25$
HPB300 热扎光圆钢筋	39d	34d	30d	28d
HPB335 热扎带肋钢筋	38d	33d	29d	27d
HPB400 热扎带肋钢筋	—	40d	35d	32d

注：构造柱纵筋可在同一截面搭接，搭接长度 l_{IE} 可取 $1.2l_a$。

根数 4 Φ 12

2. 箍筋

单根预算长度=周长$-8c+1.9d\times2+\max(10d, 75)\times2=(240+240)\times2-8\times20+1.9\times6\times2+75\times2=973$（mm）

$$n=\left(\frac{960+180+527-50}{100}+1\right)+\left(\frac{527+180+517}{100}+1\right)+\left(\frac{517+180-20}{100}+1\right)+\left(\frac{5046}{250}-1\right)+\left(\frac{4986}{250}-1\right)$$

$=18+14+8+20+19=79$（根）

课内练习

某砌体结构构造柱断面图及其所在墙体下条形基础详图如图 5.7.8 所示，计算构造柱纵筋和箍筋工程量。假定已知构造柱纵筋锚入基础，构造柱混凝土 C30，箍筋保护层 20mm，纵向钢筋锚入基础，一层圈梁顶结构标高 3.000，顶层圈梁顶结构标高 6.000，各层圈梁高均为 180mm，计算构造柱纵向钢筋和箍筋工程量。

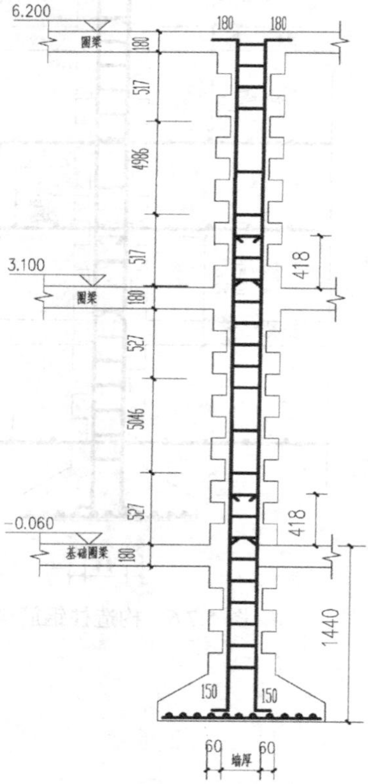

图 5.7.7　构造柱详图

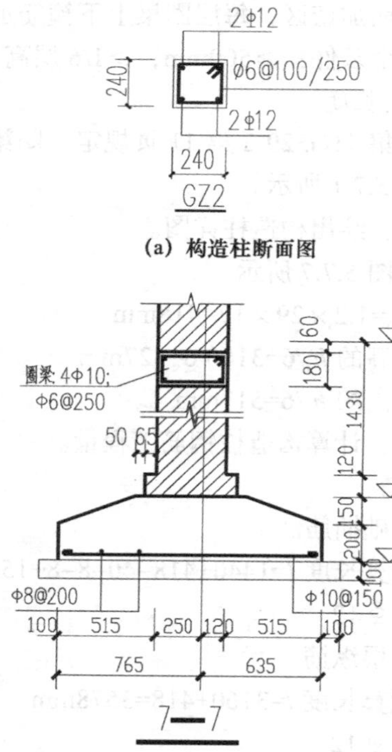

（a）构造柱断面图

（b）基础详图

图 5.7.8　构造柱断面图与基础详图

综合练习题

一、判断题

1. 承重的框架柱下根据需要也可以选用条形基础。 ( )
2. LL 是框架梁的代号。 ( )
3. 为增强独立基础的整体性，防止地基的不均匀沉降，独立基础之间宜设置基础梁。 ( )
4. 承重的砌体墙下也可以选用条形基础。 ( )
5. 单柱独立基础长方向的钢筋在下，短方向的钢筋在上。 ( )
6. 双向板下皮短向为主要传力方向，钢筋在下，长方向为次要传力方向，受力筋在上。 ( )
7. 钢筋混凝土悬臂板的受力筋在板的下皮。 ( )
8. 主梁与次梁交接处可以同时附加箍筋和吊筋，也可以只附加箍筋，不附加吊筋。 ( )
9. 只在受拉区配置受力钢筋的梁称为“单筋梁”。 ( )
10. 受拉区和受压区都有受力钢筋的梁称为“双筋梁”。 ( )
11. 框架结构抵抗水平地震的能力较强。 ( )
12. 框架结构平面布置较灵活。 ( )
13. 框架结构适合住宅楼。 ( )
14. 装配式结构的整体性和抗震性最好。 ( )
15. 某基础垫层的混凝土强度等级为 C15。 ( )
16. 某钢筋混凝土梁的混凝土等级为 C15。 ( )
17. 某框架柱纵筋为 HRB400，采用 C20 混凝土。 ( )
18. 某现浇板的纵向受力钢筋采用 HPB300。 ( )
19. 某钢筋混凝土梁纵向受力钢筋采用 HPB300。 ( )
20. 同一构件中绑扎搭接接头宜相互错开。 ( )
21. 柱类构件的绑扎搭接接头面积百分率不宜大于 25%。 ( )
22. 震级代表地震本身的强弱，只同震源发出的地震波能量有关。 ( )
23. 我国的抗震设防目标是三级水准的，即“小震不坏、中震可修、大震不倒”，已知某地区的抗震设防烈度是 7 度，当某次地震对该地区的破坏程度为 8 度时，该地区建筑的设防目标是可修。 ( )
24. 一般常见建筑物的抗震设防类别为重点设防类（乙类）。 ( )
25. 涉及国家公共安全的重大建筑工程、地震时可能发生严重次生灾害等特别重大灾害后果的建筑抗震设防类别为特殊设防类（甲类），如存放高放射物品及剧毒生物制品的建筑物。 ( )
26. 平面和竖向越规则的建筑地震破坏越重。 ( )
27. 抗震等级与设防类别、烈度、结构类型和房屋高度有关。 ( )
28. 当剪力墙身所设置的水平与竖向分布钢筋排数为 2 排时，可不注写钢筋排数，如 Q1 表示剪力墙身 1，分布筋排数为 2 排。 ( )
29. 平法制图规则将剪力墙按剪力墙柱、剪力墙身和剪力墙梁 3 类构件分别编号。 ( )

30. 剪力墙结构适合住宅楼。（　　）

31. 梁搭在剪力墙上时，当梁的定位轴线与墙长度方向重合时，沿梁的轴向方向设置与梁相连的扶壁柱。（　　）

32. 剪力墙平法施工图中 JD 表示圆形洞口。（　　）

33. 剪力墙平法施工图中 YD 表示圆形洞口。（　　）

34. 当矩形洞口的洞宽或圆形洞口的直径不大于 800mm 时，在洞口的上下需设置补强暗梁。（　　）

35. 剪力墙结构可利用墙身水平分布钢筋拉通作为连梁的腰筋。（　　）

36. 约束边缘构件除注明阴影部位的纵筋和箍筋外，尚需在剪力墙平面布置图中注写非阴影区内布置的拉筋（或箍筋）。（　　）

37. 当墙身水平分布纵筋满足连梁、暗梁及边框梁的梁侧面纵向构造钢筋的要求时，该筋配置同墙身水平分布钢筋配置。（　　）

38. 砌体结构中门窗洞口上方的横梁称为圈梁。（　　）

39. GL 是圈梁的代号。（　　）

40. 砌体结构中 GZ 是构造柱的代号。（　　）

41. 砌体结构中由钢筋混凝土梁和梁上计算高度范围内的墙体组成的组合构件称为墙梁。（　　）

42. 砌体结构中挑梁埋入砌体长度 L_1 与挑出长度 l 之比宜大于 1.2；当挑梁上无砌体时，L_1 与 l 之比宜大于 2。（　　）

二、选择题

1. 适筋梁的破坏特征是（　　）。
   A. 受拉钢筋屈服同时受压混凝土被压碎
   B. 受拉钢筋先屈服
   C. 受压混凝土先压碎

2. 超筋梁的破坏特征是（　　）。
   A. 受拉钢筋屈服同时受压混凝土被压碎
   B. 受拉钢筋先屈服
   C. 受压混凝土先压碎

3. 少筋梁的破坏特征是（　　）。
   A. 受拉钢筋屈服同时受压混凝土被压碎
   B. 受拉钢筋先屈服
   C. 受压混凝土先压碎

4. 下面不属于简支梁架立筋作用的是（　　）。
   A. 固定箍筋位置和形成钢筋骨架
   B. 承受混凝土收缩和温度变化产生的拉力
   C. 和受压区混凝土形成力偶承担弯矩

5. 下图中梁的箍筋是几肢箍（　　）。

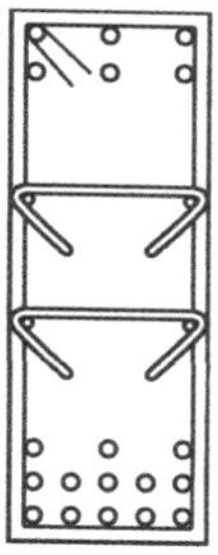

A. 2　　B. 3　　C. 4　　D. 5

6. 下图中 1 号筋的名称为（　　）。

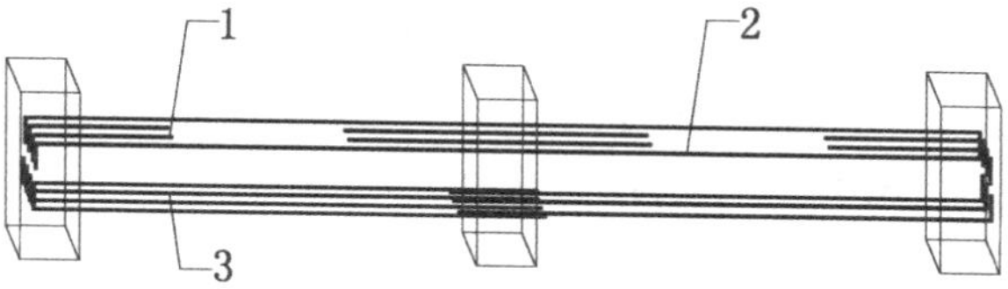

注：第 6～第 8 题均用此图

A. 被截断负弯矩筋　　B. 通长筋　　C. 下部纵向受力筋　　D. 腰筋

7. 上图中 2 号筋的名称为（　　）。

A. 被截断负弯矩筋　　B. 通长筋　　C. 下部纵向受力筋　　D. 腰筋

8. 上图中 3 号筋的名称为（　　）。

A. 被截断负弯矩筋　　B. 通长筋　　C. 下部纵向受力筋　　D. 腰筋

9. 下面是单筋梁概念的是（　　）。

A. 只在受拉区配置受力钢筋　　B. 在受拉区和受压区都有受力钢筋

10. 下面是双筋梁概念的是（　　）。

A. 只在受拉区配置受力钢筋　　B. 在受拉区和受压区都有受力钢筋

11. 下面关于负弯矩筋说法错误的是（　　）。

A. 在梁上部支座处

B. 伸出支座一定长度都被截断（通常筋除外）

C. 大小跨相邻时小跨梁负弯矩筋通长不截断

D. 负弯矩筋是受力筋

12. 下图中 1 号筋为支座负弯矩筋截断后搭接的钢筋，其名称是（　　）。

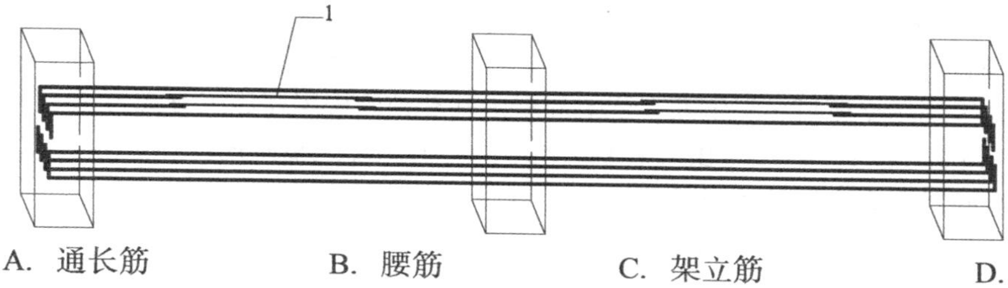

A. 通长筋　　B. 腰筋　　C. 架立筋　　D. 箍筋

13. 主梁与次梁交接处，在主梁上应附加（　　）筋和（　　）筋。

A. 吊筋　　B. 腰筋　　C. 架立筋　　D. 箍筋

14. 当梁的腹板高度大于等于 450mm 时，在梁的高度中部设置的沿梁的长度方向的钢筋称为（　　）。

A. 构造腰筋　　B. 受扭腰筋　　C. 拉筋

15. 腰筋有两种，分别是（　　）腰筋和（　　）腰筋。

A. 构造腰筋　　B. 受扭腰筋　　C. 拉筋

16. 梁承受扭矩较大时，根据需要应在梁的高度中部设置（　　）筋。

A. 构造腰筋　　B. 受扭腰筋　　C. 拉筋　　D. 箍筋

17. 外伸梁悬挑端受力筋一般设置在梁的（　　）。

A. 上部　　B. 高度中部　　C. 下部

18. 下面属于受力筋的是（　　）。

A. 构造腰筋　　B. 受扭腰筋　　C. 架立筋　　D. 箍筋

19. 梁的平法施工图有两种注写方式，分别是平面注写方式和（　　）注写方式。

A. 截面　　B. 立面　　C. 断面

20. 平法施工图中 KL 表示（　　）。

A. 楼层框架梁　　B. 屋面框架梁　　C. 框支梁　　D. 井字梁

21. 平法施工图中 WKL 表示（　　）。

A. 楼层框架梁　　B. 屋面框架梁　　C. 框支梁　　D. 井字梁

22. 平法施工图中 KZL 表示（　　）。

A. 楼层框架梁　　B. 屋面框架梁　　C. 框支梁　　D. 井字梁

23. 平法施工图 KL2(3A)表示（　　）。

A. 3 号框架梁，2 跨，一端悬挑　　B. 2 号框架梁，3 跨，一端悬挑

C. 3 号框架梁，2 跨，两端悬挑　　D. 2 号框架梁，3 跨，两端悬挑

24. 平法施工图 KL2(3B)表示（　　）。

A. 3 号框架梁，2 跨，一端悬挑　　B. 2 号框架梁，3 跨，一端悬挑

C. 3 号框架梁，2 跨，两端悬挑　　D. 2 号框架梁，3 跨，两端悬挑

25. 一般情况下，框架梁的支座是（　　）。

A. 框支梁　　B. 非框架梁　　C. 井字梁　　D. 框架柱

26. 梁的平法施工图分为集中标注和原位标注，（　　）标注表达梁的通用数值。

A. 集中标注　　B. 原位标注

27. 梁的平法施工图分为集中标注和原位标注，（　　）标注表达梁的特殊数值。

A. 集中标注　　B. 原位标注

28. 下面钢筋常用原位标注的是（　　）。

A. 支座处负弯矩筋　　B. 通长筋

C. 箍筋　　D. 下部纵向受力筋

29. 在施工现场支模板、绑钢筋、浇筑混凝土并养护的楼屋盖施工方式为（　　）。

A. 预制装配式　　B. 现浇整体式　　C. 装配整体式

30. 只在两对边有支撑的楼板是（　　）。

A. 双向板　　B. 密肋板　　C. 单向板　　D. 无梁楼板

31. 四边有支座，且板的长边与短边长度之比大于等于 3.0 的板应按（　　）计算。

A. 双向板　　B. 密肋板　　C. 单向板　　D. 无梁楼板

32. 四边有支座，且板的长边与短边长度之比小于 2.0 的板应按（　　）计算。

A. 双向板　　B. 密肋板　　C. 单向板　　D. 无梁楼板

33. （　　）楼板空间通畅简洁，平面布置灵活，能降低建筑物层高。

A. 双向板　　B. 密肋板　　C. 单向板　　D. 无梁楼板

34. 对于四边支撑的板，板的跨度指板的（　　）尺寸。

A. 长边　　B. 短边

35. 民用建筑楼屋面板现浇单向板的最小厚度是（　　）mm。

A. 80　　B. 60　　C. 70　　D. 100

36. 现浇双向板的最小厚度是（　　）mm。

A. 80　　B. 60　　C. 70　　D. 100

37. 只有一端有支撑的板称为（　　）。

A. 单向板　　B. 双向板　　C. 悬臂板　　D. 无梁板

38. 下面不属于现浇板分布筋作用的是（　　）。

A. 固定受力钢筋的位置形成钢筋网

B. 将板上荷载有效地传给受力钢筋

C. 防止温度变化或砼收缩等原因使板沿跨度方向产生裂缝

D. 承担弯矩

39. 悬臂板受力筋在板的（　　）。

A. 上皮　　B. 下皮

40. 在板平面图中，下皮钢筋弯钩或截断符号向（　　）和向（　　）。

A. 上　　B. 下　　C. 左　　D. 右

41. 上皮的钢筋弯钩或截断符号向（　　）和向（　　）。

A. 上　　B. 下　　C. 左　　D. 右

42. 下列不属于柱纵向钢筋作用的是（　　）。

A. 协助混凝土承受压力

B. 承受可能的弯矩，以及混凝土收缩和温度变形引起的拉应力

C. 防止构件发生突然的脆性破坏

D. 承受剪力

43. 下列不属于柱箍筋作用的是（　　）。

A. 承受弯矩

B. 保证纵向钢筋的位置正确

C. 抵抗水平荷载作用下在柱内产生的剪力

D. 防止纵向钢筋压屈，从而提高柱的承载能力

44. 下图所示柱箍筋属于（　　）。

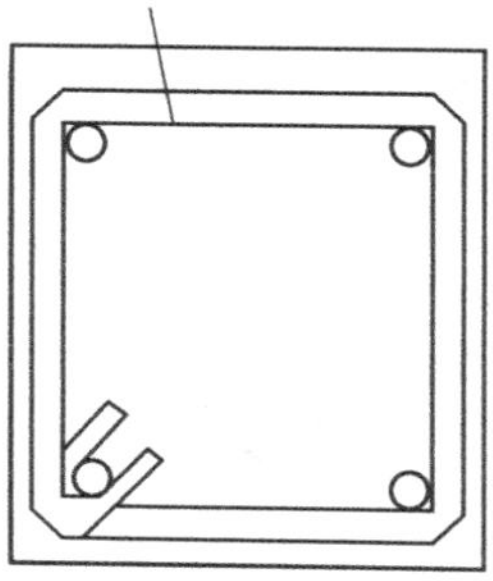

A. 普通箍筋　　B. 复合箍筋　　C. 螺旋箍筋

45. 下图所示箍筋属于（　　）。

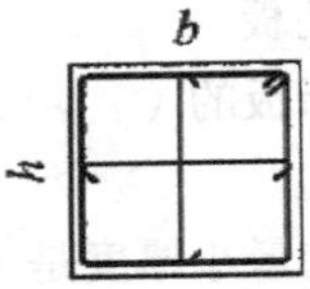

A. 普通箍筋　　B. 复合箍筋　　C. 螺旋箍筋

46. KZ 是（　　）的代号。

A. 框架柱　　B. 框支柱　　C. 梁上柱　　D. 芯柱

47. KZZ 是（　　）的代号。

A. 框架柱　　B. 框支柱　　C. 梁上柱　　D. 芯柱

48. 柱平法施工图有两种表示方法，列表表示法和（　　）表示法。

A. 断面　　B. 截面　　C. 平面　　D. 立面

49. 某框架柱平法施工图如下所示，下列说法正确的是（　　）。

柱号	标高	$b\times h$（圆柱直径 D）	b_1	b_2	h_1	h_2	全部纵筋	角筋	b 边一侧中部筋	h 边一侧中部筋	箍筋类型号	箍筋	备注
KZ1	0.000 ~ 4.100	450×450	120	330	225	225		4Φ22	1Φ18	1Φ18	1(3×3)	ϕ8@100/200	
	4.100 ~ 7.700	450×450	120	330	225	225	8Φ20				1(3×3)	ϕ8@100/200	
	7.700 ~ 11.000	450×450	120	330	225	225		4Φ22	1Φ22	1Φ14	1(3×3)	ϕ8@100/200	

A. 该柱是变截面柱

B. 定位轴线经过 b 边的中点

C. 4.100 ~ 7.700 标高 b 边一侧中部筋是 1 根

D. 箍筋无加密区和非加密区之分

50. 某框架柱平法施工图如下所示，下列说法错误的是（　　）。

柱号	标高	$b\times h$（圆柱直径 D）	b_1	b_2	h_1	h_2	全部纵筋	角筋	b 边一侧中部筋	h 边一侧中部筋	箍筋类型号	箍筋	备注
KZ5	0.000 ~ 4.100	500×500	250	250	120	380	12Φ16				1(4×4)	ϕ10@100/200	
	4.100 ~ 7.700	450×450	225	225	120	330	8Φ20				1(3×3)	ϕ8@100/200	
	7.700 ~ 11.000	400×400	200	200	120	280		4Φ25	1Φ20	1Φ14	1(3×3)	ϕ8@100/200	

A. 该柱是变截面柱

B. 0.000 ~ 4.100 高度处，h 边一侧中部筋是 2 根

C. 定位轴线经过 h 边的中点

D. 箍筋是复合箍筋

51. 某柱平法施工图如下所示，下列说法错误的是（　　）。

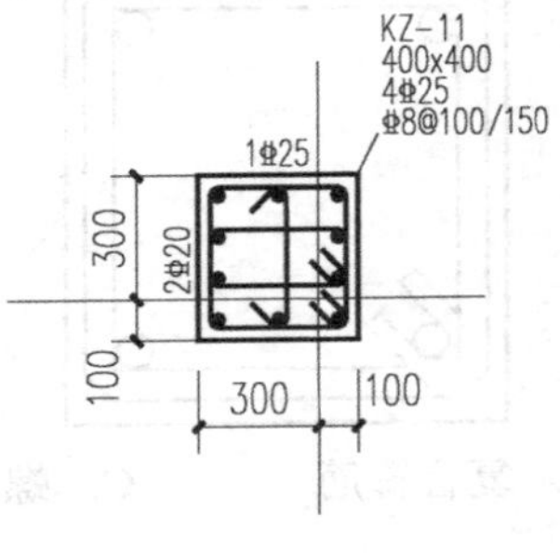

A. 角筋 4 根直径 25mm HRB400 钢筋
B. 箍筋类型为 4×4
C. 加密区箍筋间距为 100mm
D. 两个方向定位轴线都不居中

52. 某柱平法施工图如下所示，下列说法错误的是（　　）。

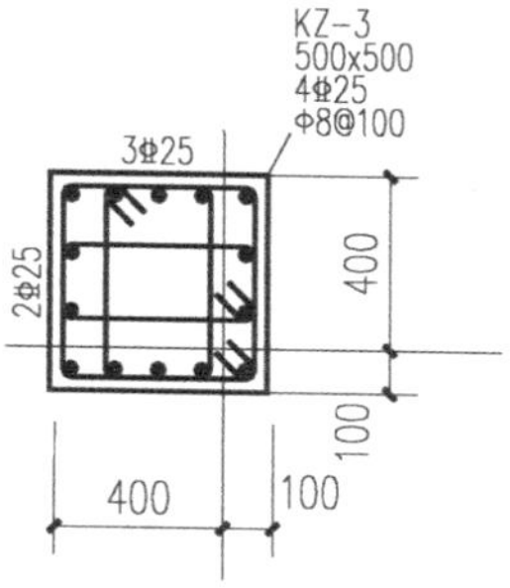

A. 角筋 4 根直径 25mm HRB400 钢筋
B. 箍筋类型为 4×4
C. 非加密区箍筋间距为 200mm
D. *b* 边一侧中部筋为 3 根直径 25mm HRB400 钢筋

53. 下图所示的箍筋肢数是（　　）肢箍。

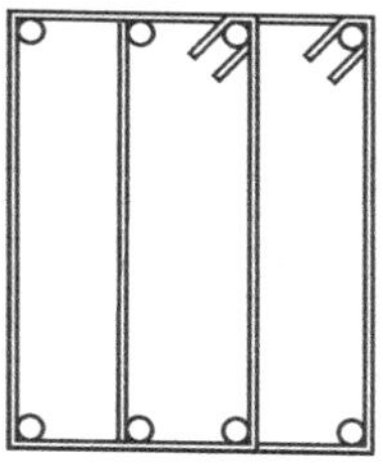

A. 单　　B. 2 双　　C. 三　　D. 四

54. 下图所示梯段是（　　）。
A. 板式楼梯　　B. 梁式楼梯

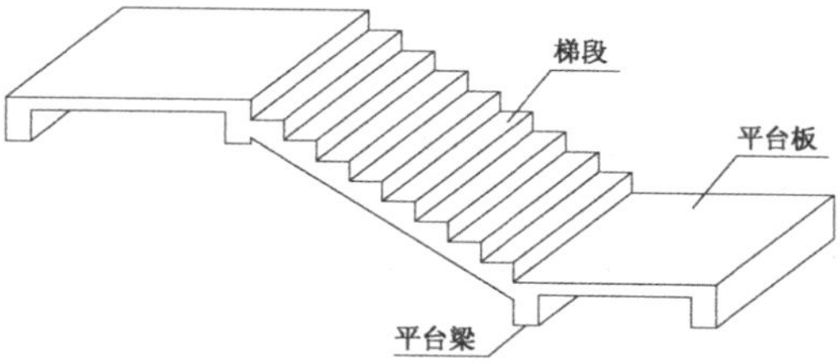

55. 下图所示梯段是（　　）。
A. 板式楼梯　　B. 梁式楼梯

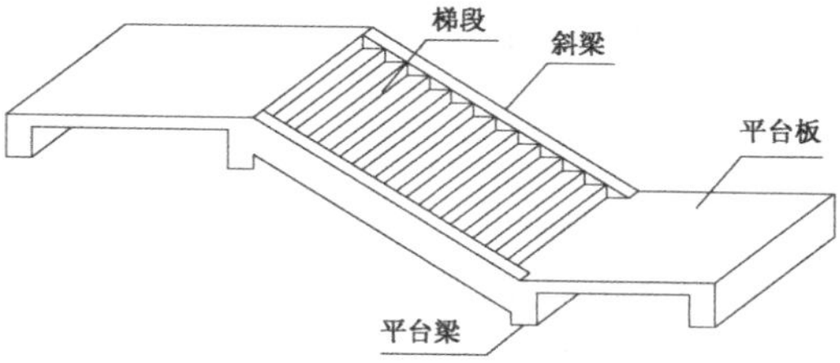

56. （　　）楼梯结构简单，施工方便，当梯段的长度较大时因梯板较厚，不经济。

A. 板式楼梯　　B. 梁式楼梯

57. （　　）楼梯施工复杂，当梯段长度较大时，梯板较薄，用材经济。

A. 板式楼梯　　B. 梁式楼梯

58. 某板式楼梯梯板结构施工图如下所示，该梯段板厚度为（　　）mm。

A. 100　　B. 110　　C. 120　　D. 130

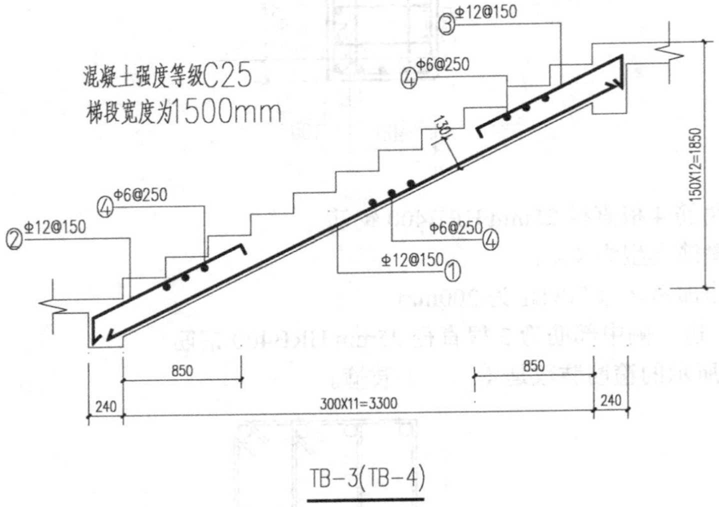

58 ~ 63 题图

59. 分布筋的编号是（　　）号。

A. ①　　B. ②　　C. ③　　D. ④

60. 所有受力筋编号是（　　）号。

A. ①②　　B. ②③　　C. ①②③　　D. ①②③④

61. 已知梯段宽度为 1500mm，板混凝土保护层厚度为 15mm，则④号筋的预算长度为（　　）mm。

A. 1500　　B. 1485　　C. 1470　　D. 1515

62. 已知钢筋斜长与水平投影长度比值为 1.118，①号筋预算长度为（　　）mm。

A. 3958　　B. 3690　　C. 3300　　D. 4226

63. 已知钢筋斜长与水平投影长度比值为 1.118，梁纵筋混凝土保护层厚度为 25mm，板混凝土保护层厚度为 15mm，②号筋预算长度为（　　）mm。

A. 1370　　B. 1537　　C. 1065　　D. 1090

64. 我国建筑抗震设防依据是（　　）。

A. 震级　　B. 烈度

65. 下列不属于我国建筑抗震设防烈度的是（　　）。

A. 7　　B. 8　　C. 9　　D. 10

66. 框架结构防震缝的最小宽度为（　　）。

A. 70mm　　B. 80mm　　C. 90mm　　D. 100mm

67. 幼儿园、小学、中学等教学用房及学生宿舍和食堂抗震设防类别为（　　）类。

A. 甲类　　B. 乙类　　C. 丙类　　D. 丁类

68. 已知淄博周村地区的抗震设防烈度为 7 度，淄博职业学院的教学楼为丙类建筑，职业学院的教学楼在地震作用计算时，抗震措施应符合（　　）度抗震设防的要求。

A. 6　　B. 7　　C. 8　　D. 9

69. 已知淄博周村地区的抗震设防烈度为 7 度，某小学的教学楼为乙类建筑，该小学的教学楼抗震措施应符合（　　）度抗震设防的要求。

A. 6　　B. 7　　C. 8　　D. 9

70. 现浇钢筋混凝土房屋的最大适用高度如下表所示，某抗震设防烈度为 7 度的丙类框架结构的最大适用高度为（　　）m。

结构类型	烈度				
	6 度	7 度	8（0.2g）度	8（0.3g）度	9 度
框架	60	50	40	35	24

A. 60　　B. 50　　C. 40　　D. 24

71. 淄博职业学院综合楼结构形式为框架结构，丙类建筑，高度为 30m，其构件的抗震等级为（　　）级。

结构体系类型		抗震设防烈度						
		6 度		7 度		8 度		9 度
框架结构	高度（m）	≤24	> 24	≤24	> 24	≤24	> 24	≤24
	框架	四	三	三	二	二	一	一
	剧场、体育馆等大跨度公共建筑	三		二		一		一

A. 一级　　B. 二级　　C. 三级　　D. 四级

72. 已知框架梁端箍筋加密区的长度、箍筋的最大间距和最小直径要求如下表所示，某截面尺寸为 300mm × 600mm 的框架梁，抗震等级为二级，纵筋直径为 18mm，该梁箍筋加密区长度、最大间距和最小直径正确的为（　　）。

A. 1200；100；10　　B. 900；100；8　　C. 900；100；6　　D. 500；100；8

（mm）

抗震等级	加密区长度（采用较大值）	箍筋最大间距（采用最小值）	箍筋最小直径
一	$2h_b$，500	$h_b/4,6d,100$	10
二	$1.5h_b$，500	$h_b/4,8d,100$	8
三	$1.5h_b$，500	$h_b/4,8d,150$	8
四	$1.5h_b$，500	$h_b/4,8d,150$	6

注：h_b 为梁高，d 为纵筋直径。

73. 《建筑抗震设计规范》GB50011—2010 规定“梁端加密区的箍筋肢距，一级不宜大于 200mm 和 20 倍箍筋直径的较大值，二、三级不宜大于 250mm 和 20 倍箍筋直径的较大值，四级不宜大于 300mm。”已知框架梁截面宽度为 350mm，抗震等级为二级，箍筋保护层厚度为 20mm，箍筋直径为 10mm，该梁（　　）选用双肢箍。

A. 能　　B. 不能

74. 框架梁柱节点内，（　　）箍筋加密。

A. 柱　　B. 梁

75. 框架梁柱节点内，无（　　）箍筋。

A. 柱　　B. 梁

76. 抗震框架柱纵筋（　　）在梁柱节点区截断。

A. 宜　　B. 不宜

77.《建筑抗震设计规范》GB50011—2010 规定，为防止填充墙的破坏，填充墙砂浆的强度等级不宜低于（　　）。

A. M2.5　　B. M5　　C. M7.5　　D. M10

78. 我国三级水准建筑抗震设防目标是“小震不坏，中震可修，大震不倒”，已知北京地区抗震设防烈度是 7 度，当某次地震对北京的破坏程度为 6 度时，建筑物（　　）。

A. 不坏　　B. 可修　　C. 不倒

79. 建筑工程抗震设防分类标准 GB50223—2008 规定，建筑工程应分为 4 个抗震设防类别：特殊设防类（简称甲类）、重点设防类（简称乙类）、标准设防类（简称丙类）、适度设防类（简称丙类），一般的住宅楼、办公楼等属于（　　）。

A. 甲类　　B. 乙类　　C. 丙类　　D. 丁类

80. 下面不属于框架结构填充墙抗震措施的是（　　）。

A. 与主体结构拉结筋　　B. 压顶

C. 构造柱　　D. 与主体结构连接水平梁

81. 人流密集的大型商场的抗震设防类别为（　　）类。

A. 甲类　　B. 乙类　　C. 丙类　　D. 丁类

82. 某普通 6 层住宅楼的抗震设防类别为（　　）类。

A. 甲类　　B. 乙类　　C. 丙类　　D. 丁类

83. 以钢筋混凝土墙体组成的承受竖向和水平荷载的结构称为（　　）。

A. 框架结构　　B. 剪力墙结构

C. 框支剪力墙结构　　D. 框架剪力墙结构

84. 下图所示的边缘构件是（　　）。

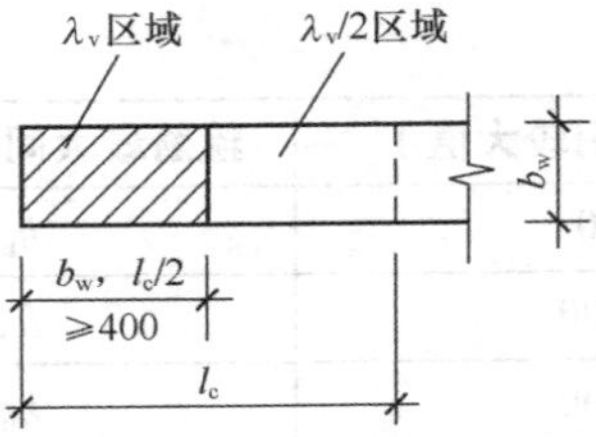

A. 约束边缘构件　　B. 构造边缘构件

85. 下图所示的边缘构件是（　　）。

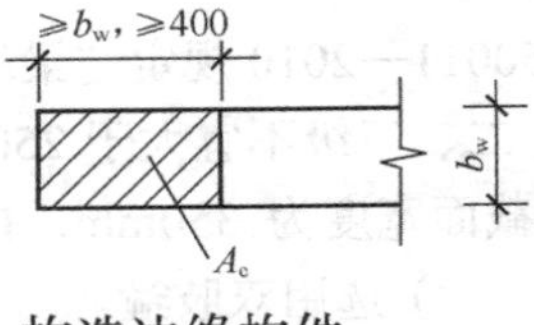

A. 约束边缘构件　　B. 构造边缘构件

86. 下图所示的边缘构件是（　　）。

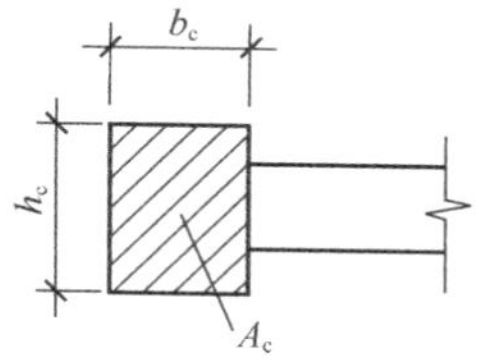

A．暗柱　　B．端柱　　C．翼墙　　D．转角墙

87．下图所示的边缘构件是（　　）。

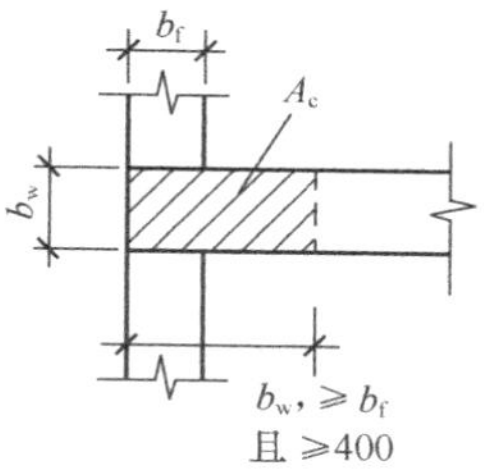

A．暗柱　　B．端柱　　C．翼墙　　D．转角墙

88．下图所示的边缘构件是（　　）。

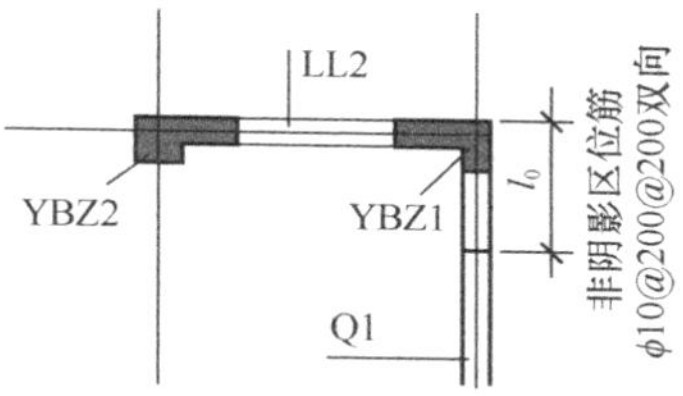

A．约束边缘构件　　B．构造边缘构件

89．当矩形洞口的洞宽、洞高均不大于 800mm 时，四周设（　　）。

A．补强钢筋　　B．补强暗梁

90．下面不属于剪力墙墙身钢筋的是（　　）。

A．箍筋　　B．水平分布筋　　C．竖向分布筋　　D．拉筋

91．剪力墙结构中，连接两片剪力墙，且跨高比小于 5 的梁是（　　）。

A．框架梁　　B．连梁　　C．暗梁

92．（　　）构件位于剪力墙的两端及洞口两侧。

A．连梁　　B．墙身　　C．边缘构件

93．某剪力墙平法施工图如下图所示，该剪力墙边缘构件是（　　）。

A．约束边缘构件　　B．构造边缘构件

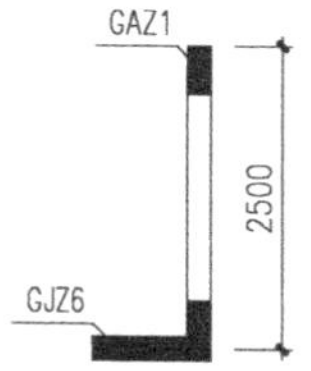

注：未注明剪力墙均为Q1，墙厚200mm，轴线居中。

93 ~ 95 题图

94．GAZ1 是（　　）。

A．暗柱　　B．端柱　　C．翼柱　　D．转角柱

95. GJZ6 是（　　）。

A. 暗柱　　B. 端柱　　C. 翼柱　　D. 转角柱

96. 某剪力墙结构连梁平法施工图如下图所示，该两片剪力墙用（　　）梁相连。

A. 框架梁　　B. 连梁　　C. 框支梁

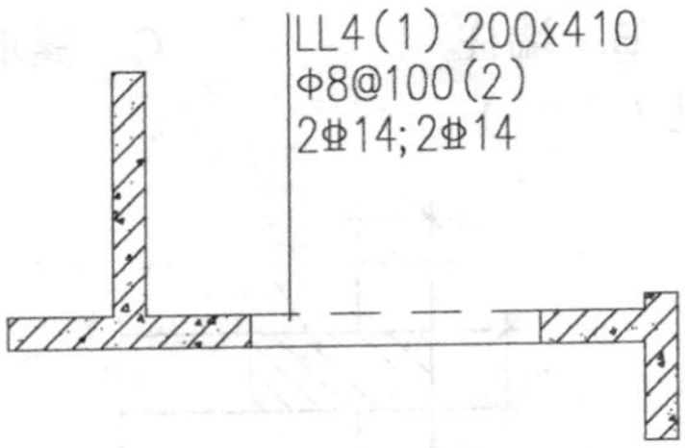

96～98 题图

97. 该梁有（　　）跨。

A. 1　　B. 2　　C. 3　　D. 4

98. 箍筋是（　　）肢箍。

A. 单　　B. 双　　C. 三　　D. 四

99. 下图所示的剪力墙钢筋的布置方式是（　　）。

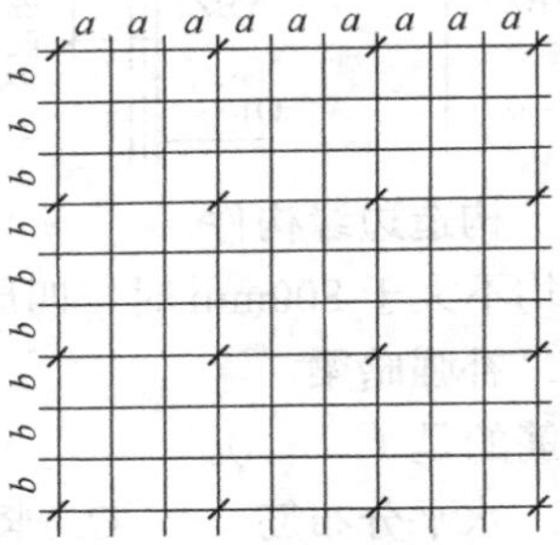

A. 双向布置　　B. 梅花双向布置

100. 下图所示剪力墙钢筋的布置方式是（　　）。

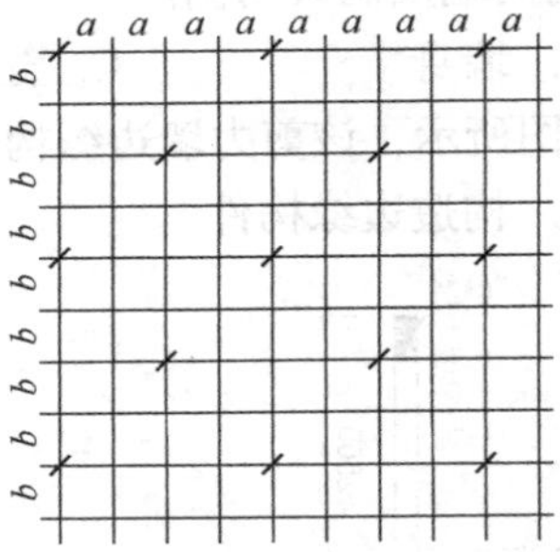

A. 双向布置　　B. 梅花双向布置

101. 门窗洞口上部的横梁称为（　　）。

A. 过梁　　B. 墙梁　　C. 挑梁

102. 砌体结构中（　　）与圈梁共同形成空间骨架，以增强房屋的整体刚度，提高墙体抵抗地震的能力。

A. 过梁　　B. 构造柱　　C. 框架柱　　D. 框架梁

103. 下图所示砌体结构构造柱纵向钢筋（　　）。

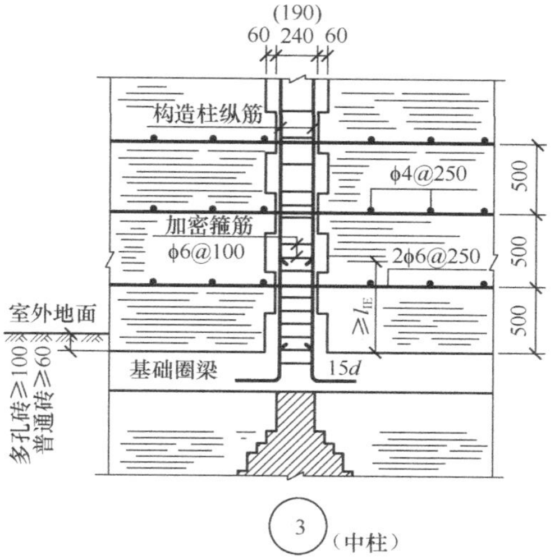

A. 锚入基础　　B. 锚入基础圈梁　　C. 伸入室外地坪下 500mm

104. 下图所示砌体结构构造柱纵向钢筋（　　）。

A. 锚入基础　　B. 锚入基础圈梁　　C. 伸入室外地坪下 500mm

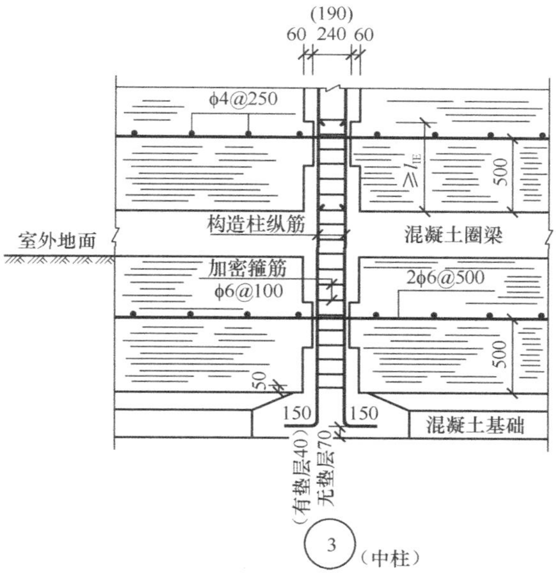

105. 建筑物的变形分为伸缩缝、沉降缝、防震缝，其中（　　）最宽。

A. 伸缩缝　　B. 沉降缝　　C. 防震缝

106. 门窗洞口上部的横梁称为（　　）。

A. 过梁　　B. 墙梁　　C. 挑梁

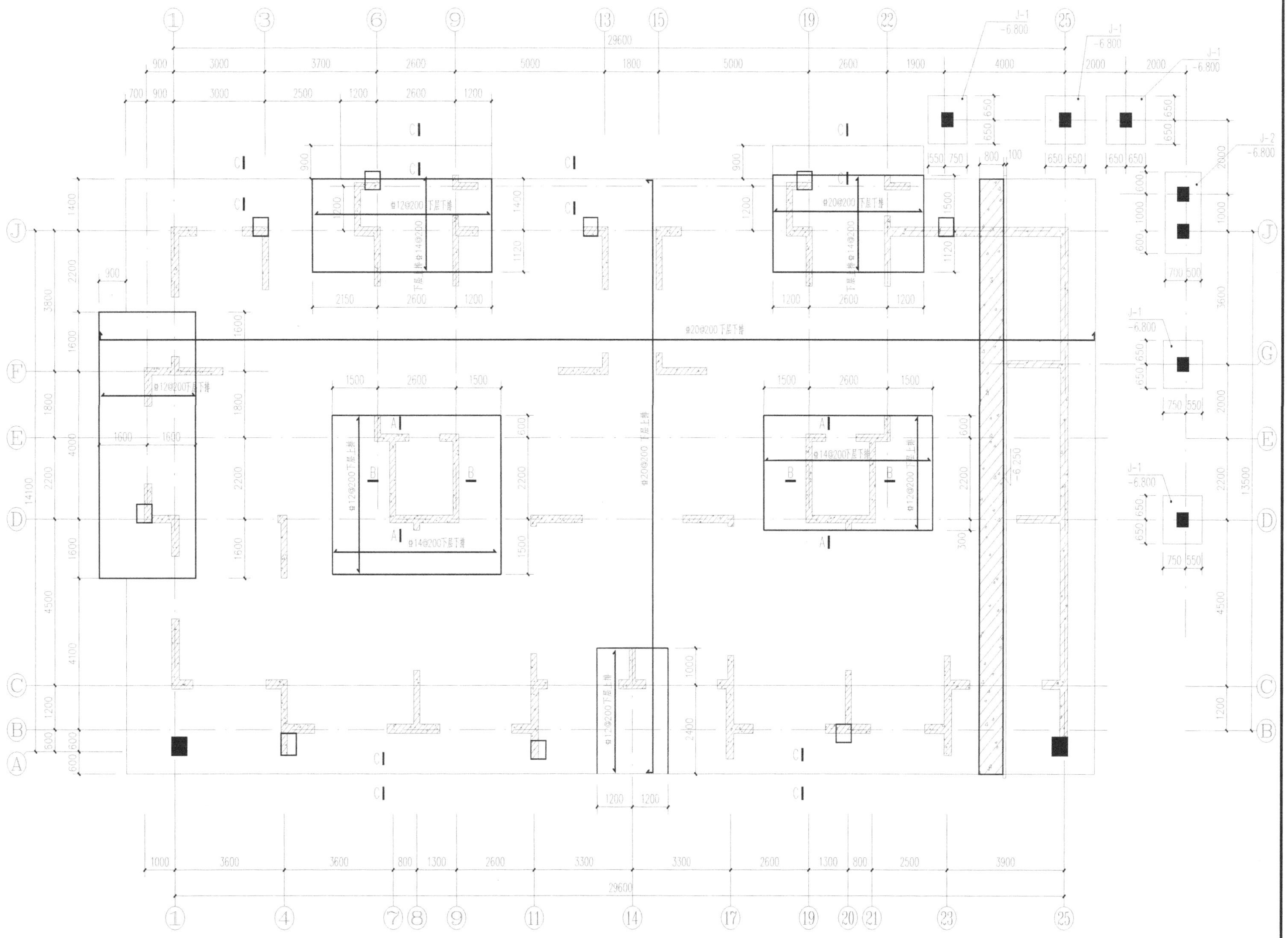

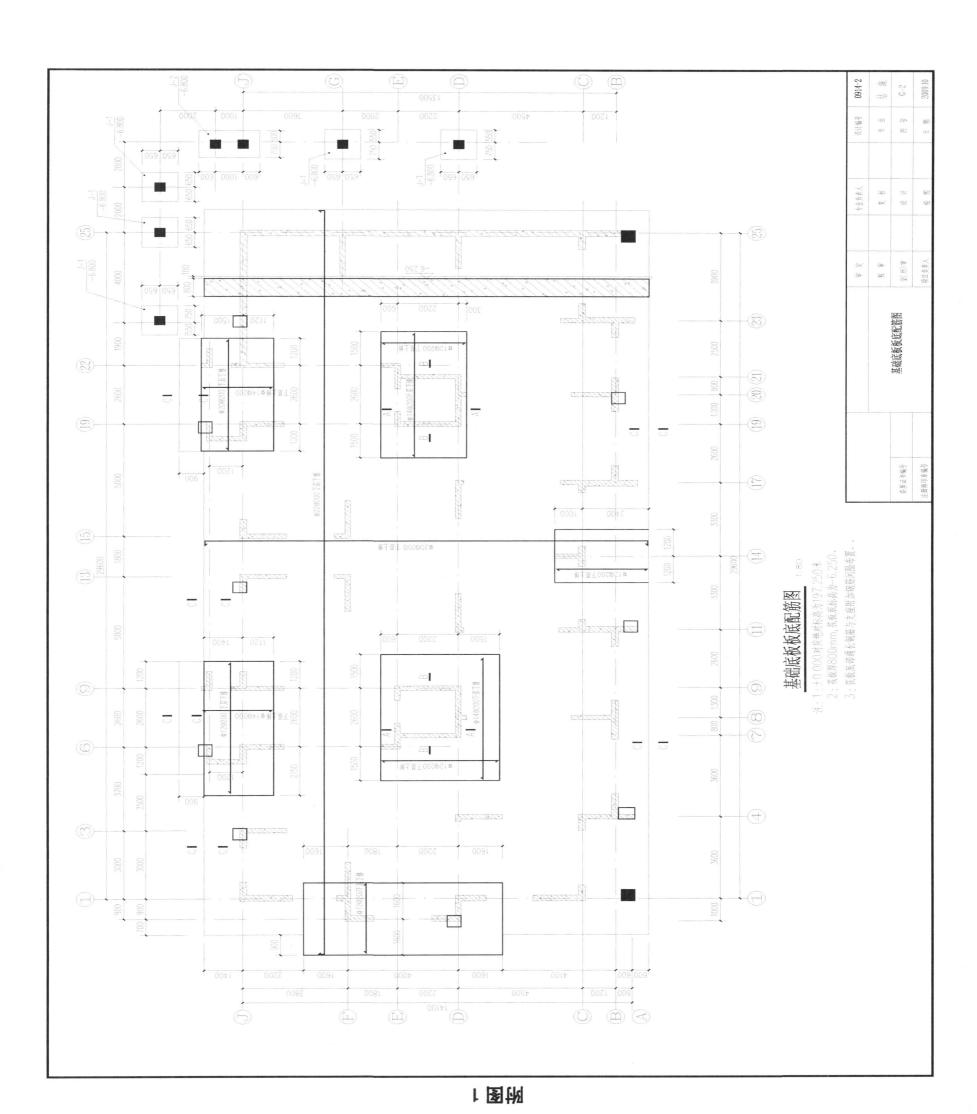

基础底板板底配筋图 1:80

注：1：±0.000对应绝对标高为197.250米
2：筏板厚800mm，筏板底标高为-6.250。
3：筏板底部通长钢筋与支座附加钢筋间隔布置。。

		审 定		专业负责人		设计编号	0914-2
	基础底板板底配筋图	院 审		复 核		专 业	结 施
资质证书编号		室(所)审		设 计		图 号	G-2
注册师印章编号		项目负责人		绘 图		日 期	2009.10

附图 1

附图1

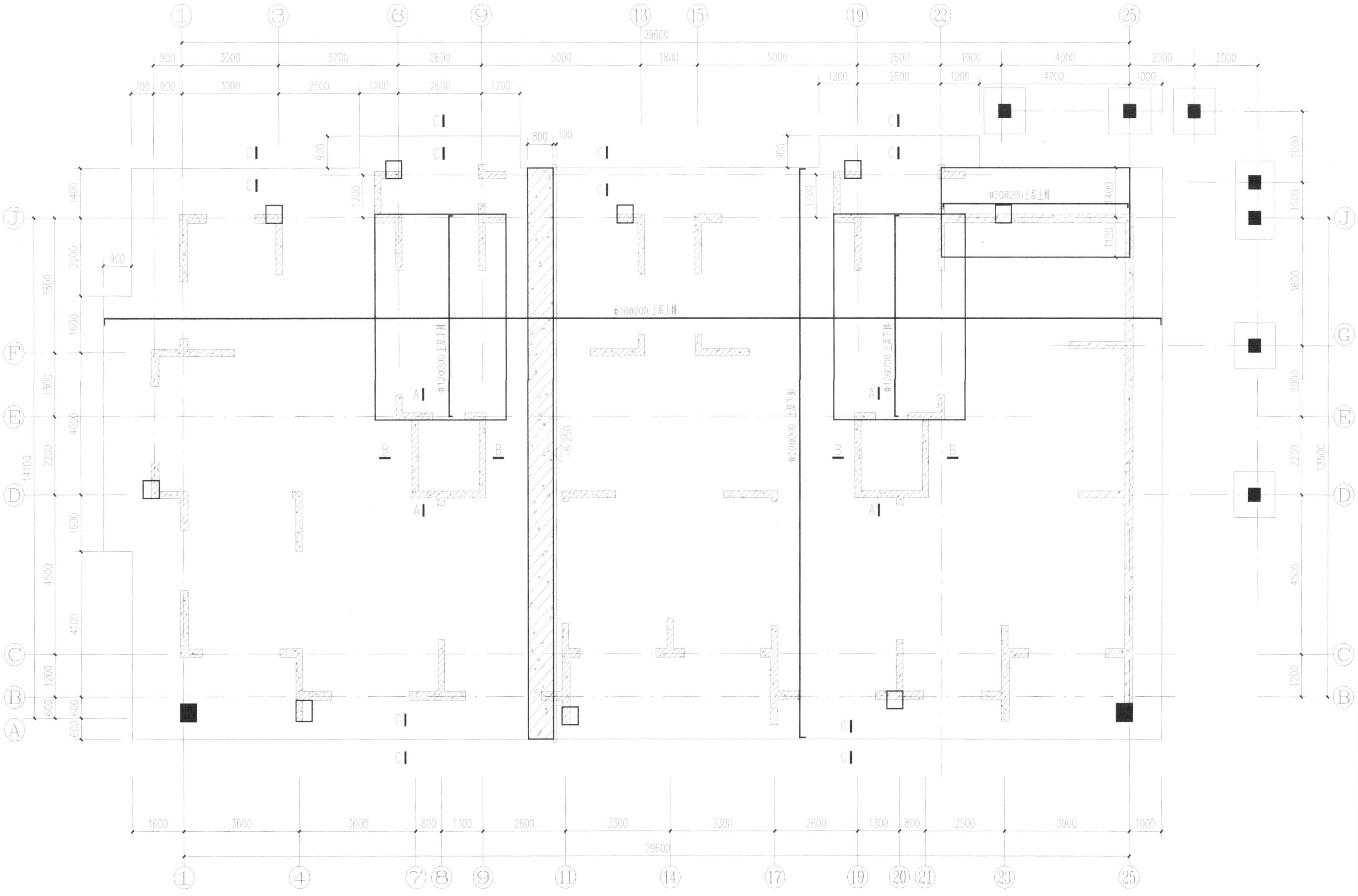

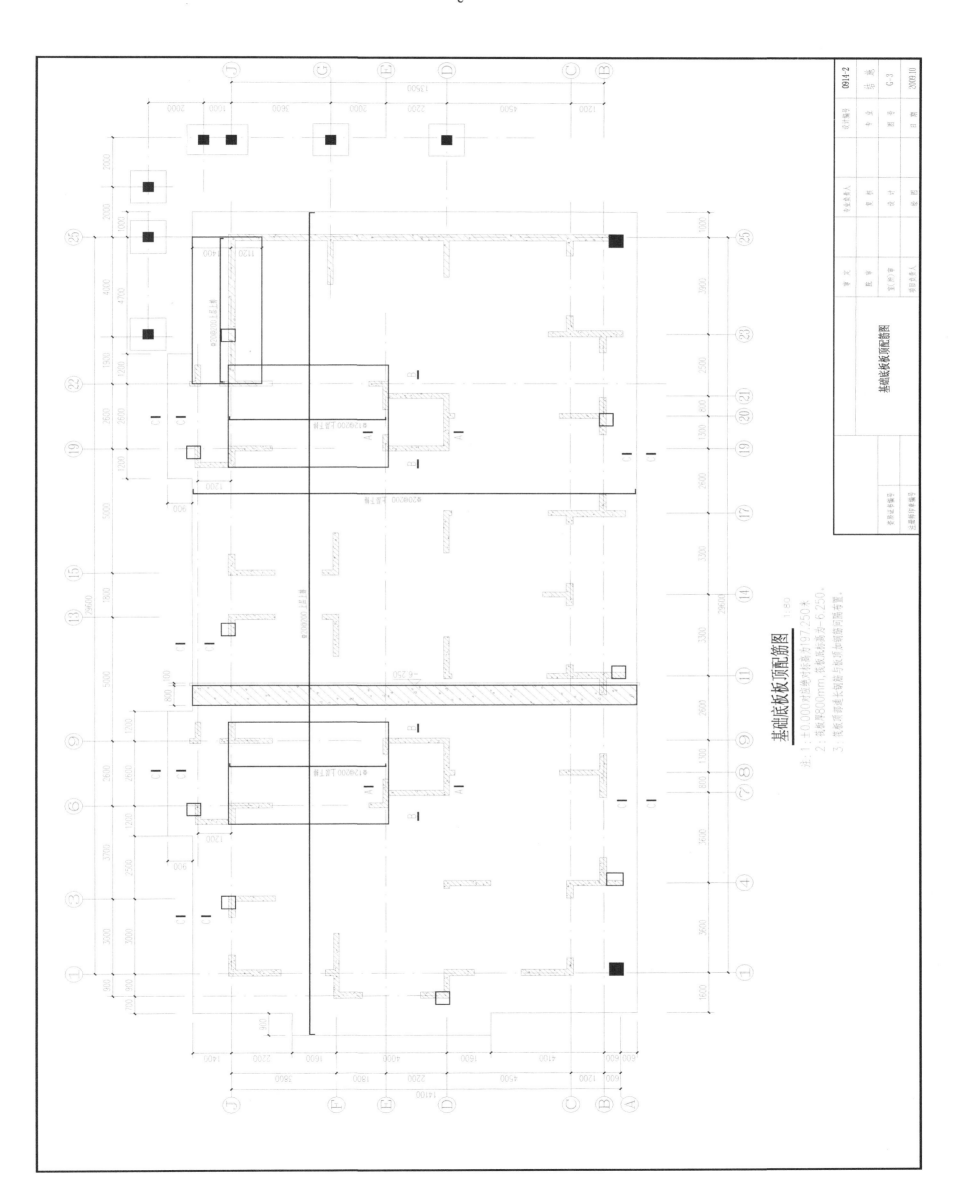

基础底板板顶配筋图 1:80

注：1：±0.000对应绝对标高为197.250米
2：筏板厚800mm，筏板底标高为-6.250。
3：筏板顶部通长钢筋与板顶加钢筋间隔布置。

		审定		专业负责人		设计编号	0914-2
	基础底板板顶配筋图	院审		复核		专业	结施
资质证书编号		室(所)审		设计		图号	G-3
注册师印章编号		项目负责人		绘图		日期	2009.10

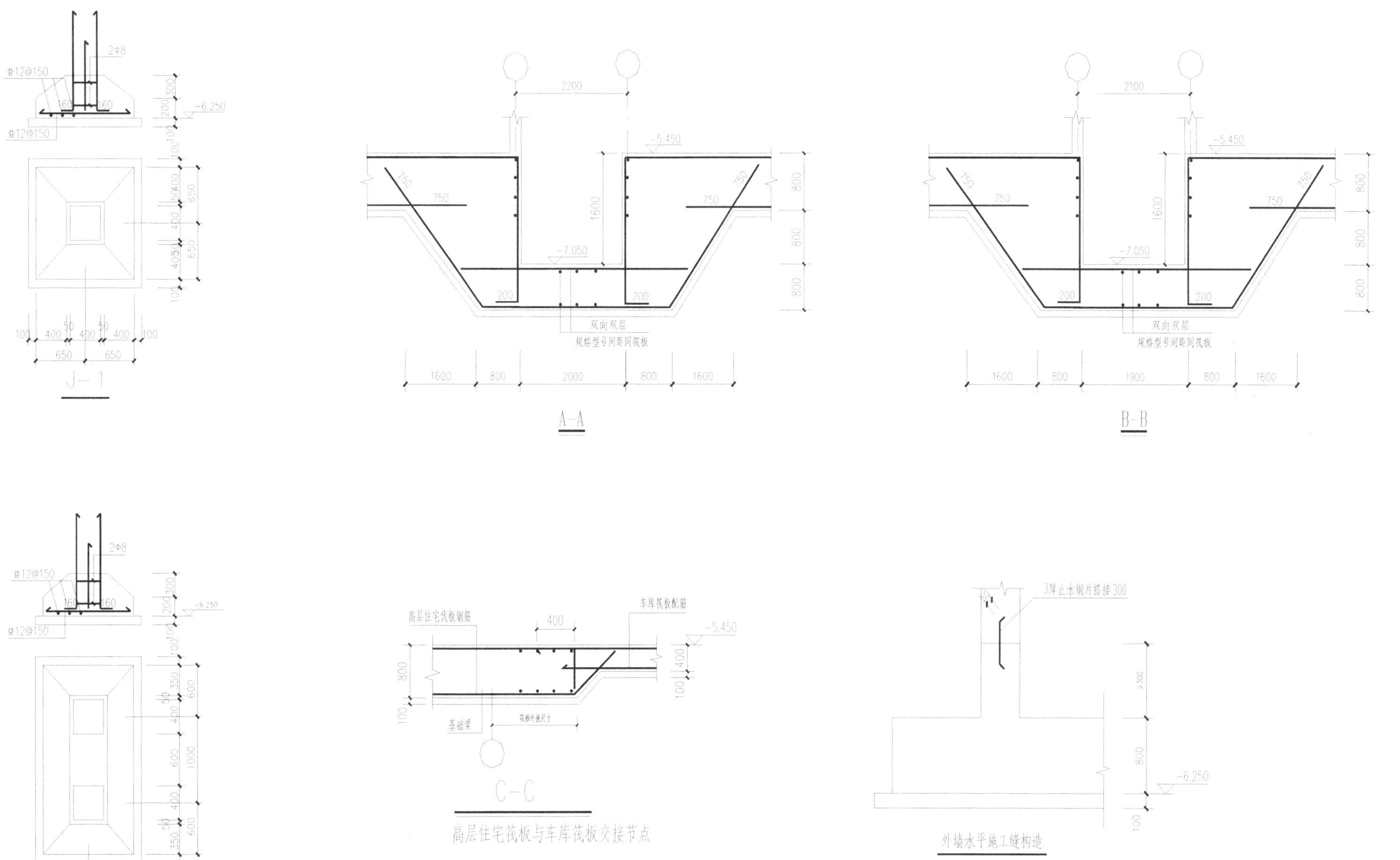

	基础详图	审定		专业负责人		设计编号	0914-2
		院审		复核		专业	结施
资质证书编号		室(所)审		设计		图号	G-4
注册师印章编号		项目负责人		绘图		日期	2009.10

附图 2

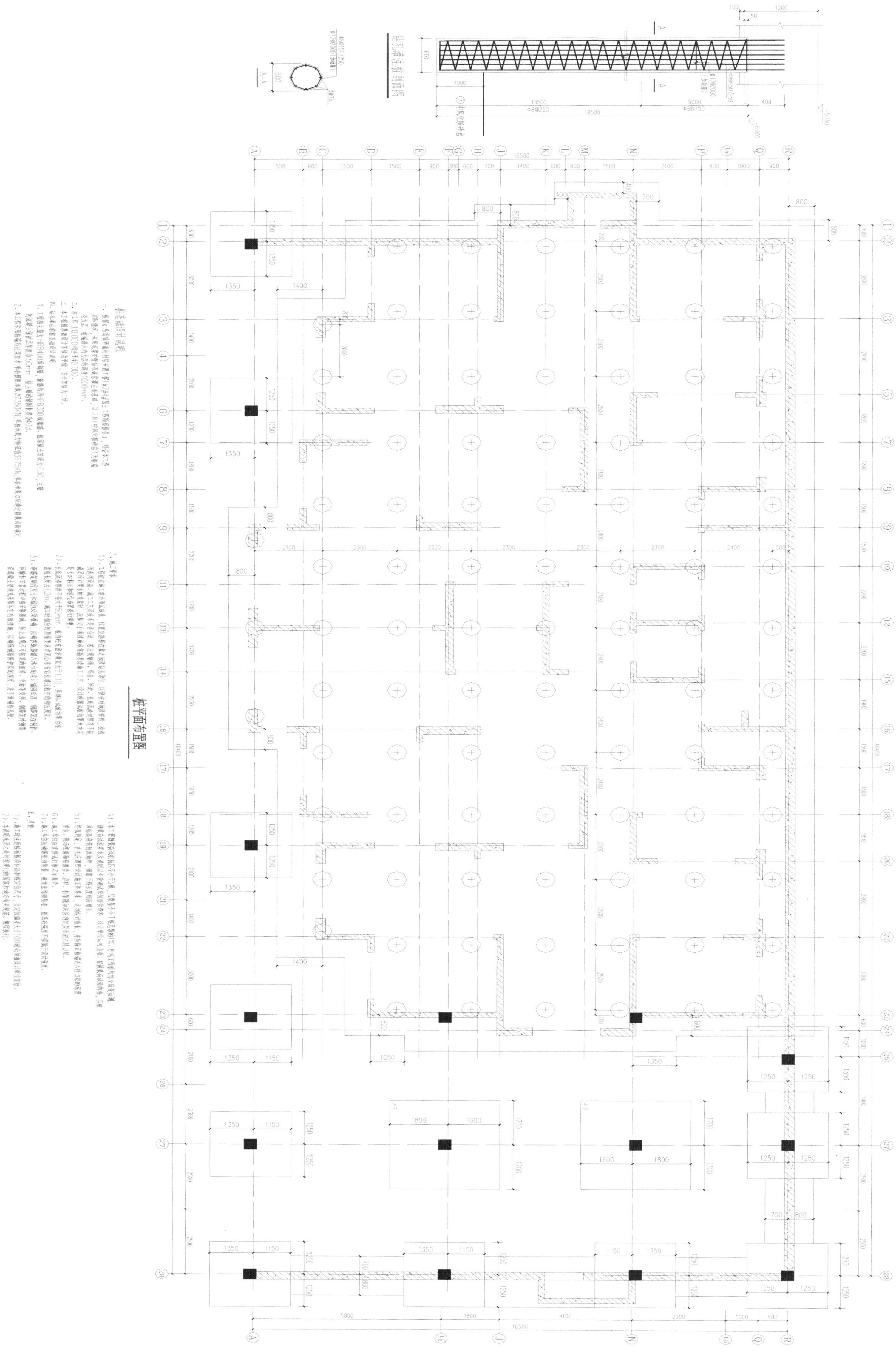

附图 5

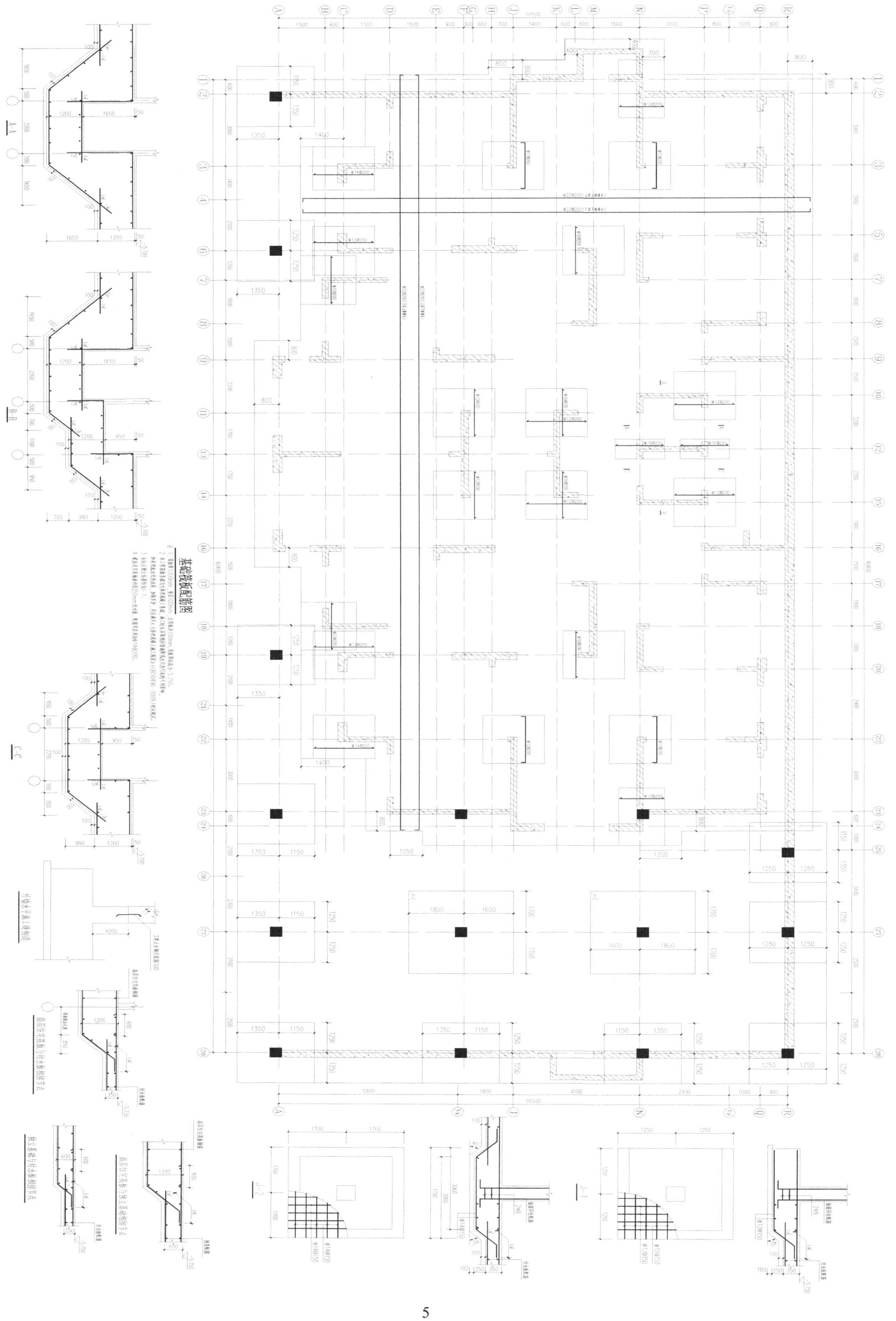
基础筏板配筋图
A-A
B-B
C-C
J-1
J-2

附图 3

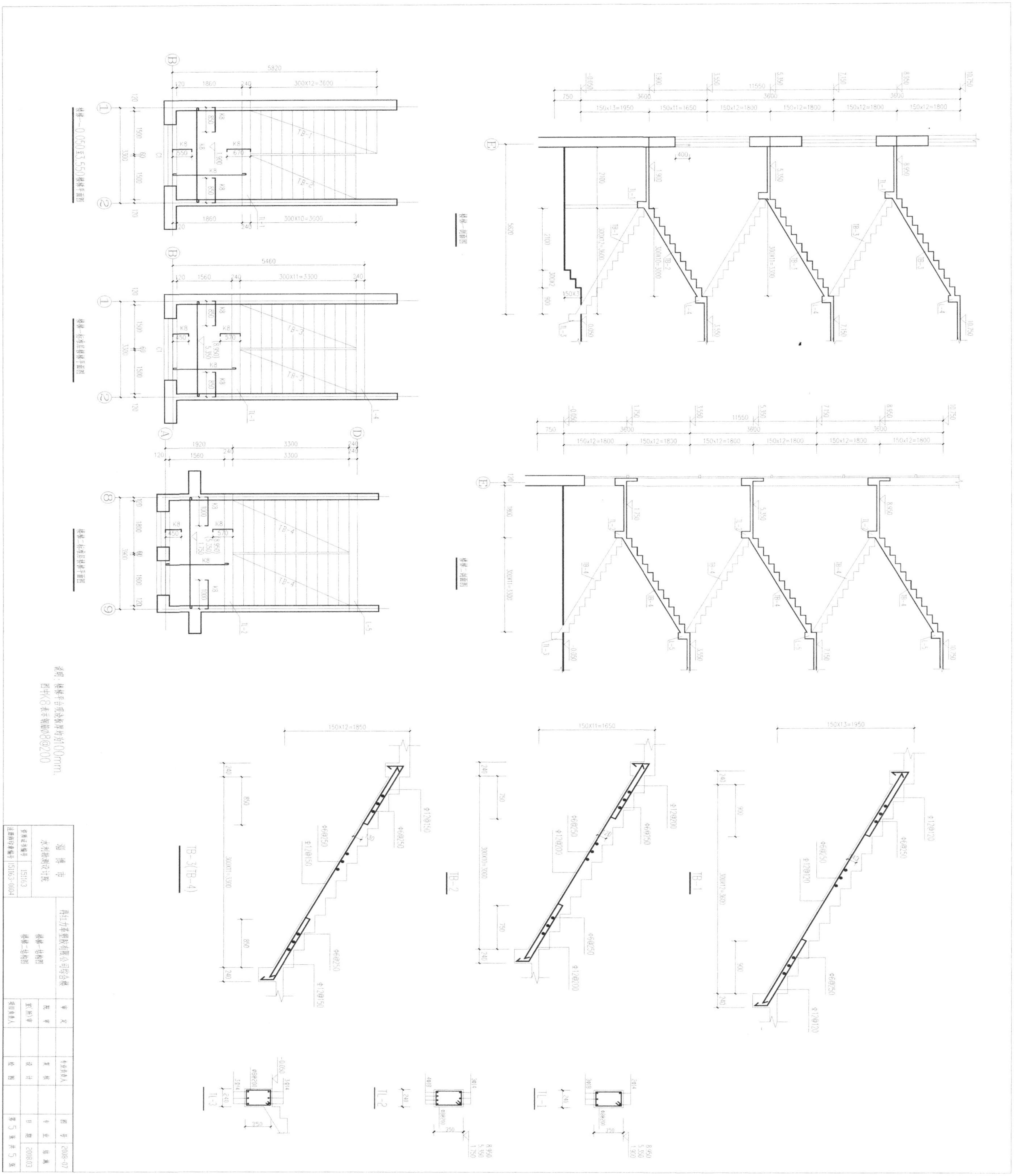

解图 3

附图 4

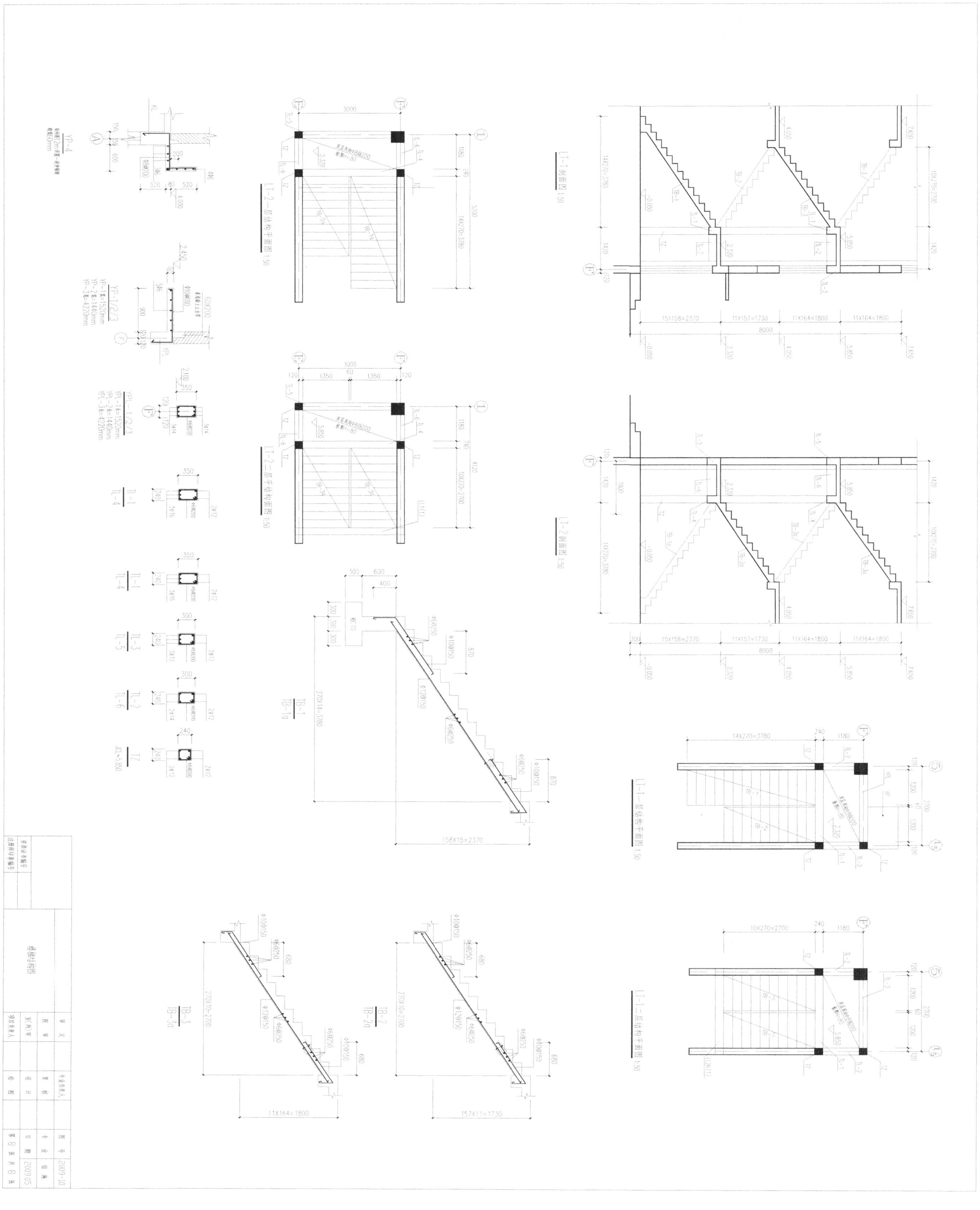
LT-1剖面图 1:50
LT-2剖面图 1:50
LT-1一层结构平面图 1:50
LT-1二层结构平面图 1:50
LT-2一层结构平面图 1:50
LT-2二层结构平面图 1:50
TB-1
TB-1a
TB-2
TB-2a
TB-3
TB-3a
TL-1
TL-4
TL-2
TL-6
TL-3
TL-5
TZ
YP-1/2/3
YP-4
15X158=2370
11X157=1730
11X164=1800
8000
14X270=3780
10X270=2700
158X15=2370
157X11=1730
11X164=1800
楼梯结构图
2009-10
2009.05

附图4

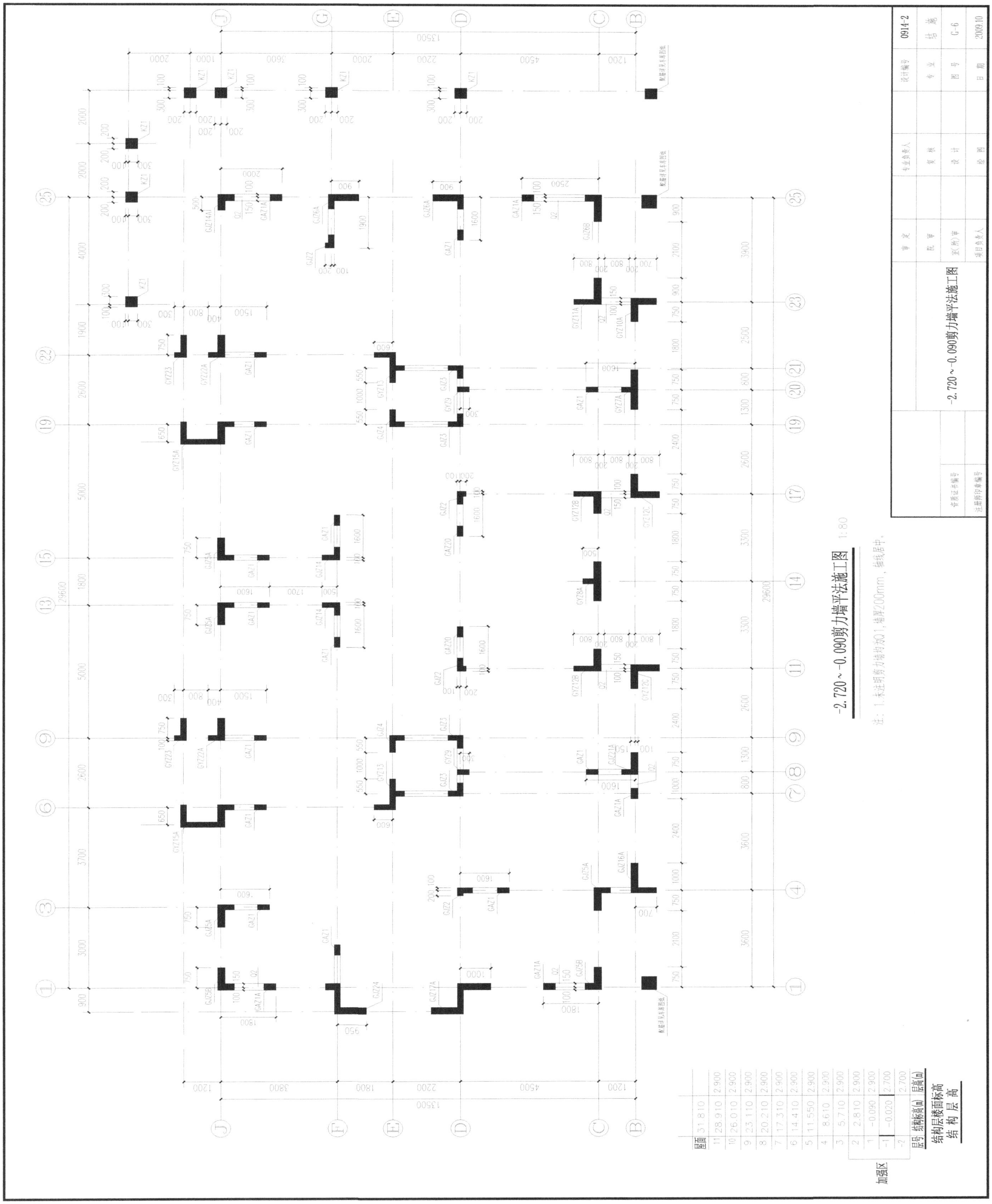
-2.720～-0.090剪力墙平法施工图 1:80
注：1.未注明剪力墙均为Q1，墙厚200mm，轴线居中。
-2.720～-0.090剪力墙平法施工图
0914-2
结施
G-6
2009.10
屋面 31.810
11 28.910 2.900
10 26.010 2.900
9 23.110 2.900
8 20.210 2.900
7 17.310 2.900
6 14.410 2.900
5 11.550 2.900
4 8.610 2.900
3 5.710 2.900
2 2.810 2.900
1 -0.090 2.900
-1 -0.020 2.700
-2 2.700
层号 结构标高(m) 层高(m)
加强区
结构层楼面标高
结构层高

附图 5

附图 2

截面

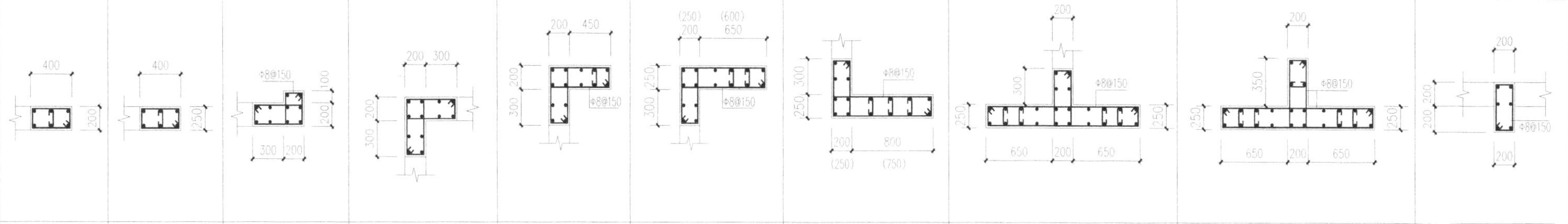

编号	GAZ1	GAZ1A	GJZ2	GJZ3	GJZ4	GJZ5A(GJZ5B)	GJZ6A(GJZ6B)	GYZ7A	GYZ8A	GYZ9
标高	-2.720~-0.090	-2.720~-0.090	-2.720~-0.090	-2.720~-0.090	-2.720~-0.090	-2.720~-0.090	-2.720~-0.090	-2.720~-0.090	-2.720~-0.090	-2.720~-0.090
纵筋	6Φ12	6Φ12	10Φ12	12Φ12	14Φ12	16Φ12	16Φ12	24Φ12	24Φ12	6Φ14
箍筋	Φ6@150	Φ6@150	Φ6@150	Φ6@150	Φ6@150	Φ6@150	Φ6@150	Φ6@150	Φ6@150	Φ6@150

截面

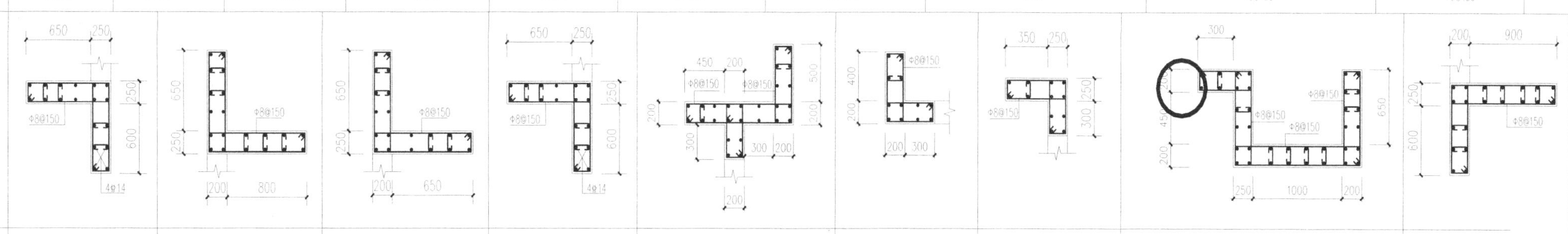

编号	GYZ10A	GYZ11A	GYZ12B	GYZ12C	GYZ13	GJZ14	GJZ14A	GYZ15A	GYZ16A
标高	-2.720~-0.090	-2.720~-0.090	-2.720~-0.090	-2.720~-0.090	-2.720~-0.090	-2.720~-0.090	-2.720~-0.090	-2.720~-0.090	-2.720~-0.090
纵筋	14Φ12+4Φ14	20Φ12	20Φ12	16Φ12+4Φ14	26Φ12	12Φ12	12Φ12	36Φ12	20Φ12
箍筋	Φ6@150	Φ6@150	Φ6@150	Φ6@150	Φ6@150	Φ6@150	Φ6@150	Φ6@150	Φ6@150

截面

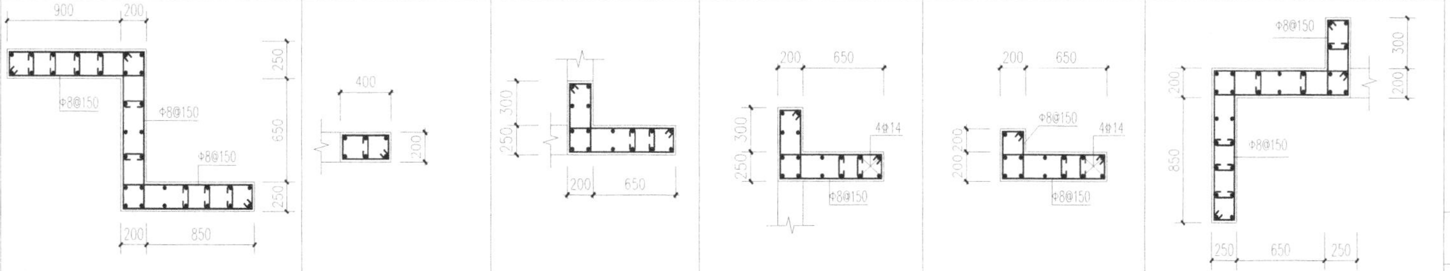

编号	GJZ17A	GAZ20	GJZ21A	GYZ22A	GYZ23	GJZ24
标高	-2.720~-0.090	-0.090~2.810	-0.090~2.810	-2.720~-0.090	-2.720~-0.090	-2.720~-0.090
纵筋	26Φ12	6Φ14	16Φ12	12Φ12+4Φ14	10Φ12+4Φ14	26Φ12
箍筋	Φ6@150	Φ6@150	Φ6@150	Φ6@150	Φ6@150	Φ6@150

剪 力 墙 身 表

编号	标 高	墙厚	水平分布筋	垂直分布筋	拉 筋
Q1	基础底~5.710	200	Φ10@200	Φ10@200	Φ6@400
	5.710~屋面	200	Φ8@200	Φ8@200	Φ6@600
Q2	基础底~-0.080	250	Φ10@200	Φ10@200	Φ6@400

		-2.720~-0.090标高剪力墙柱表	审 定		专业负责人		设计编号	0914-2
			核 审		复 核		专 业	结 施
资质证书编号			室(所)审		设 计		图 号	G-12
注册师印章编号			项目负责人		绘 图		日 期	2009.10

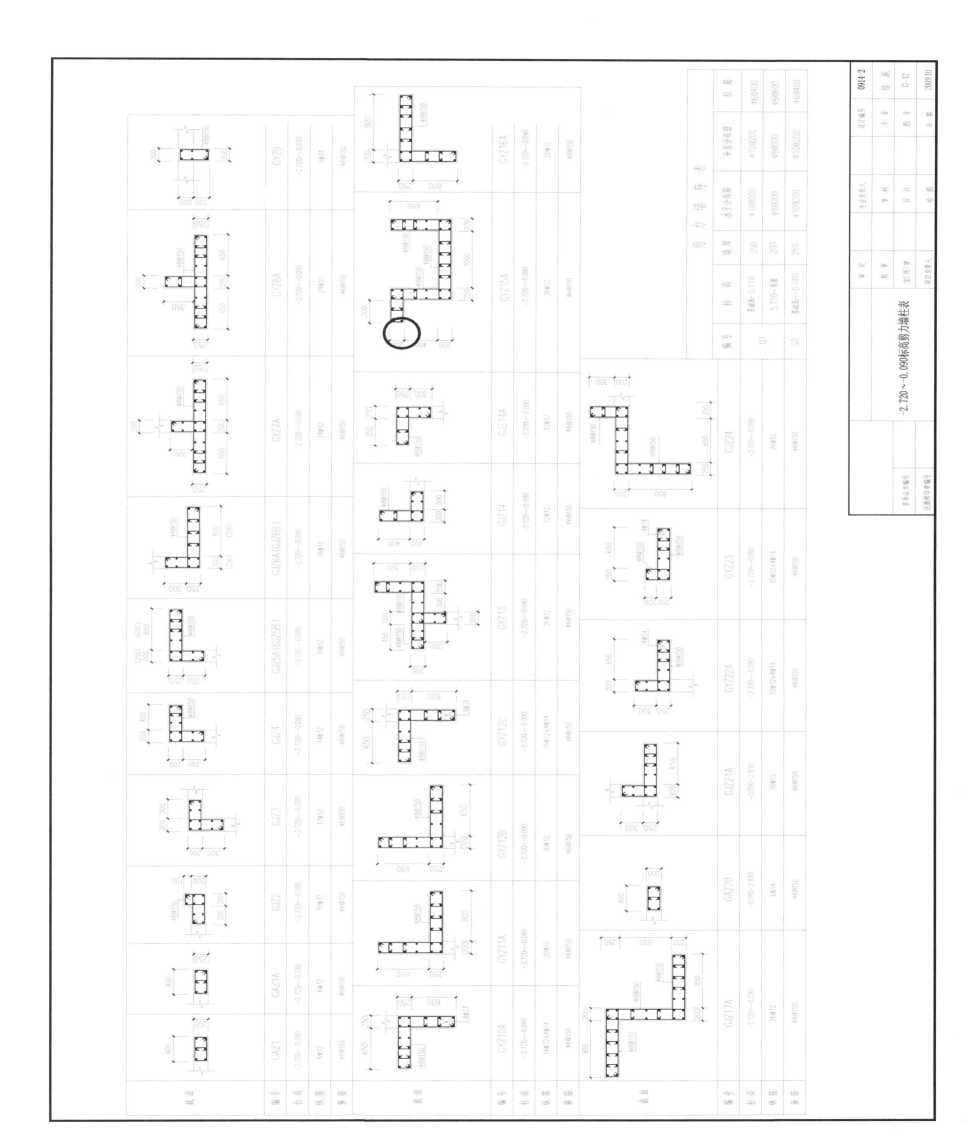

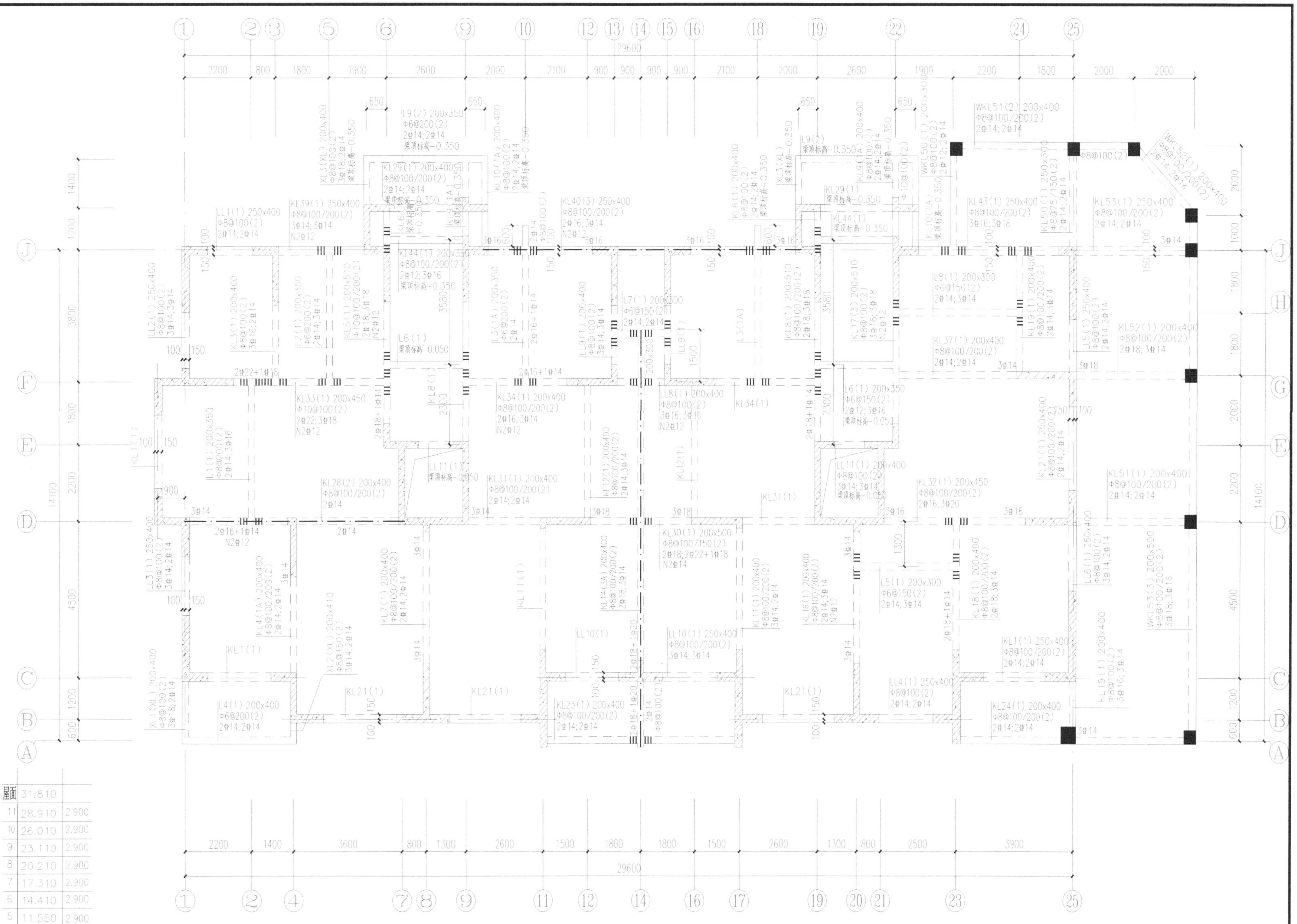

-0.090 梁配筋平面图 1:80

注：1. 主次梁交结部位附加箍筋同主梁箍筋直径，每侧各三根，附加箍筋构造详见03G101-1第63页。
2. 未标注的梁轴线居中。
3. -1.700~-0.090标高外填充墙采用煤矸石实心砖砌筑。

	层号	结构标高(m)	层高(m)
	屋面	31.810	
	11	28.910	2.900
	10	26.010	2.900
	9	23.110	2.900
	8	20.210	2.900
	7	17.310	2.900
	6	14.410	2.900
	5	11.550	2.900
	4	8.610	2.900
	3	5.710	2.900
加强区	2	2.810	2.900
	1	-0.090	2.900
	-1	-0.020	2.700
	-2		2.700

结构层楼面标高
结构层高

	山城明珠C地块2#住宅楼	审定	专业负责人	设计编号	0914-2
		院审	复核	专业	结施
资质证书编号	-0.090 梁配筋平面图	室(所)审	设计	图号	G-17
注册师印章编号		项目负责人	绘图	日期	2009.10

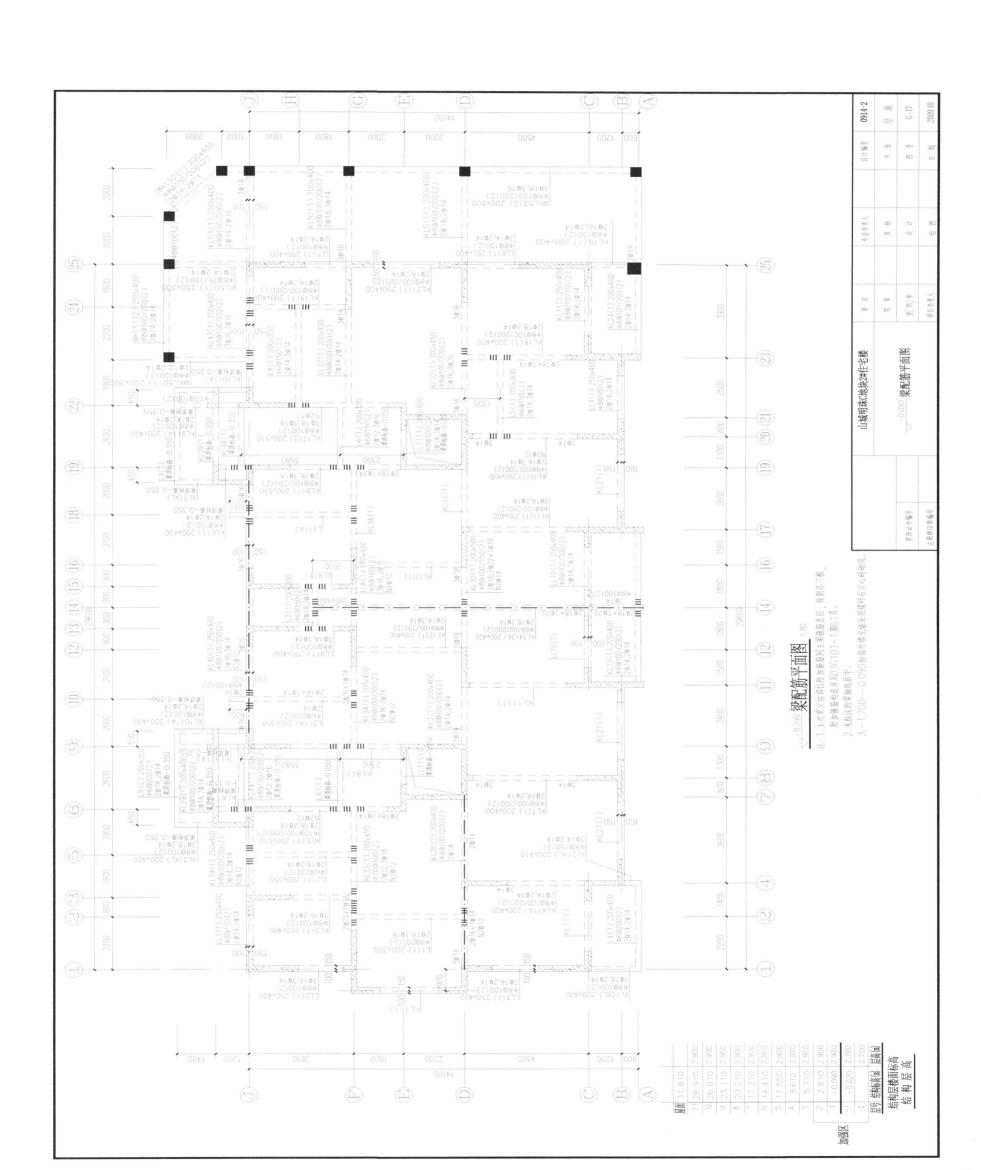

附图 6

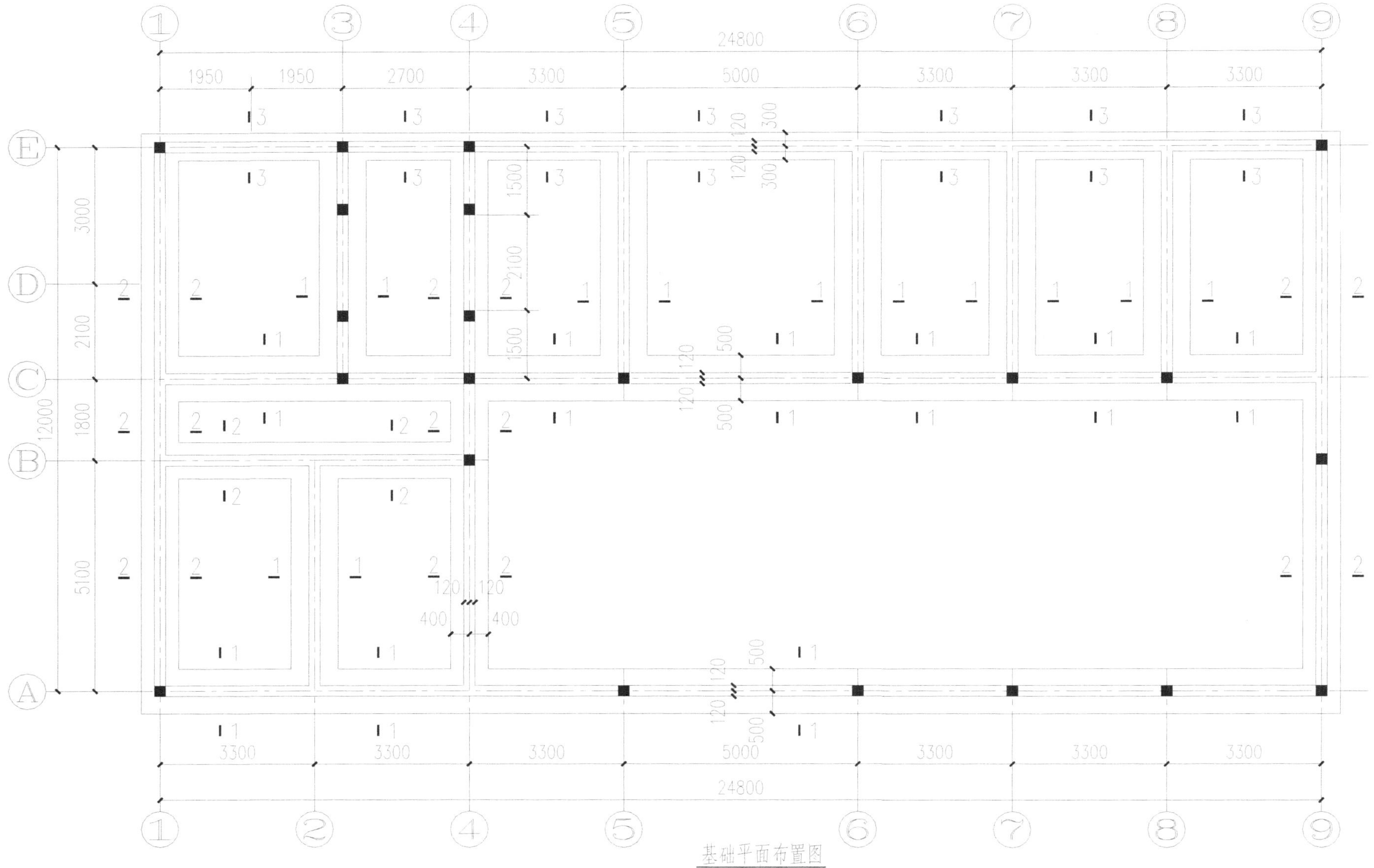

基础平面布置图

凡未注明构造柱均为GZ1

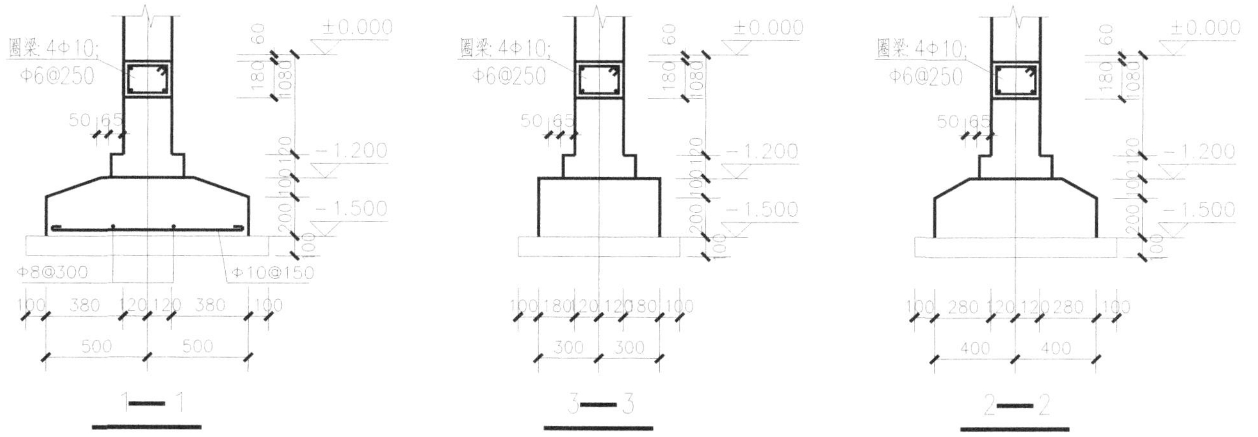

基础说明：

1、室外回填均采用2:8灰土 600宽，自槽底回填至散水底。

2、基槽必须挖至原状土，基槽挖出后，须经设计人员验收认可后，方能进行下一步施工。

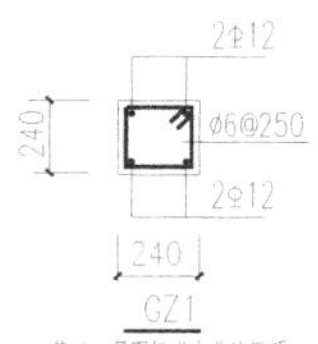

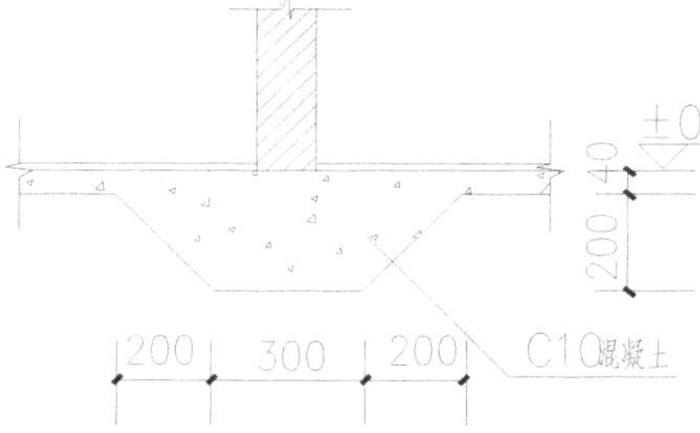

隔墙基础

（具体布置详建筑图）

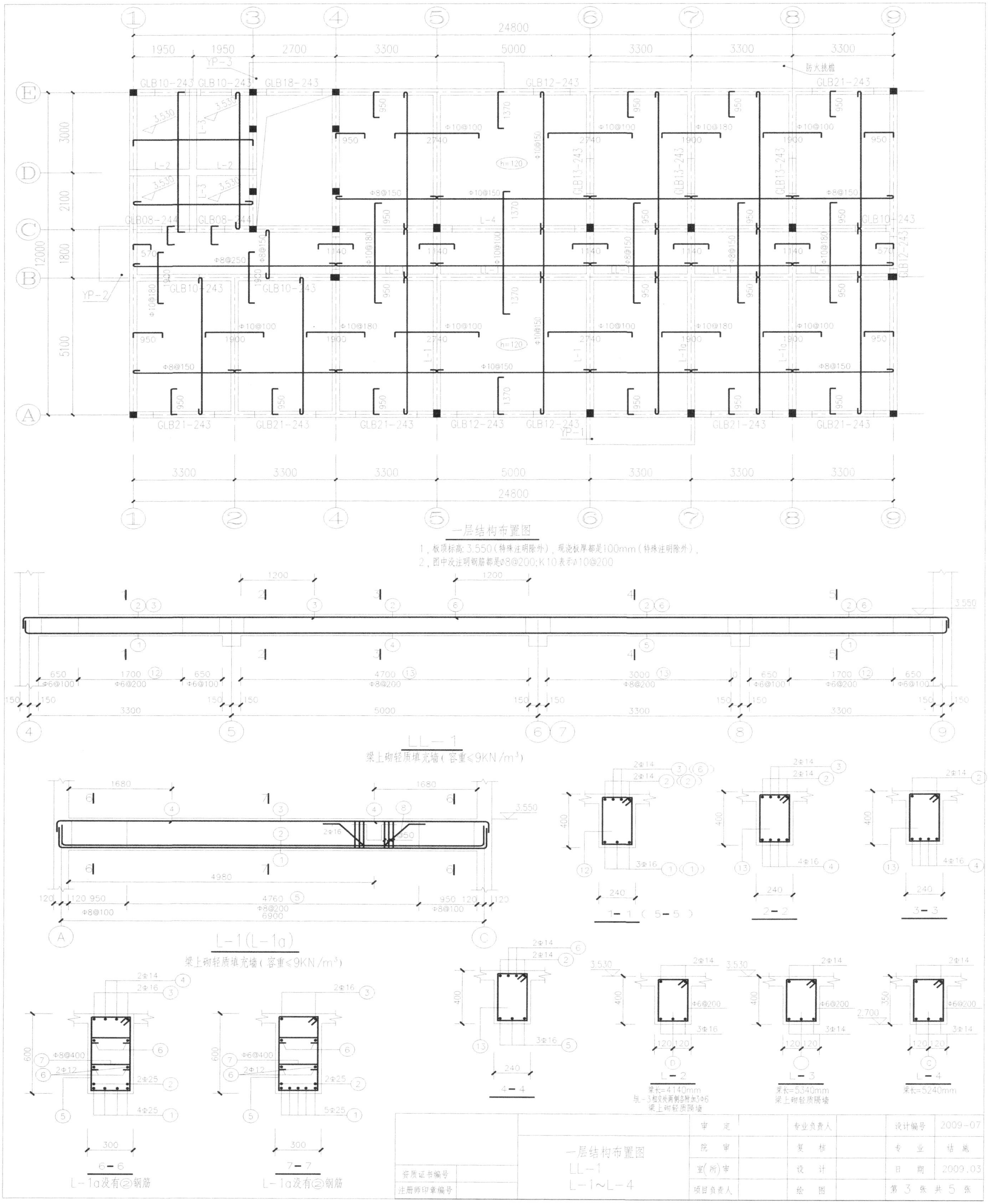

一层结构布置图
1，板顶标高3.550（特殊注明除外），现浇板厚都是100mm（特殊注明除外）。
2，图中没注明钢筋都是Φ8@200;K10表示Φ10@200
LL－1
梁上砌轻质填充墙（容重≤9KN/m³）
L－1(L－1a)
梁上砌轻质填充墙（容重≤9KN/m³）
6－6
L－1a没有②钢筋
7－7
L－1a没有②钢筋
1－1（5－5）
2－2
3－3
4－4
L－2
梁长=4140mm
与L－3相交处两侧各附加3Φ6
梁上砌轻质隔墙
L－3
梁长=5340mm
梁上砌轻质隔墙
L－4
梁长=5240mm
资质证书编号
注册师印章编号
一层结构布置图
LL－1
L－1～L－4
审定
院审
室(所)审
项目负责人
专业负责人
复核
设计
绘图
设计编号
2009－07
专业
结施
日期
2009.03
第3张 共5张

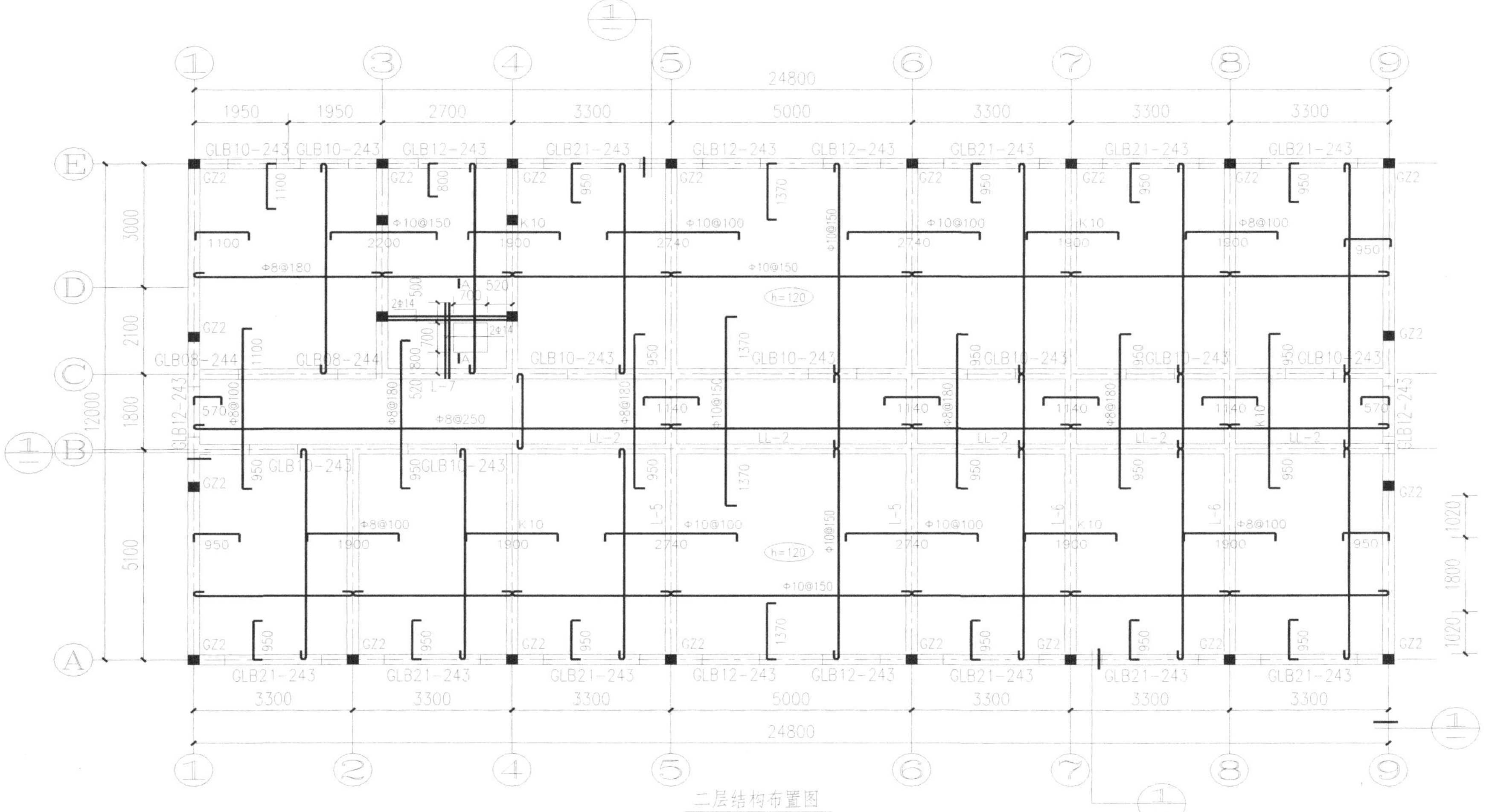

二层结构布置图

1，板顶标高 7.200，现浇板厚都是100mm（特殊注明除外）。
2，图中没注明钢筋都是Φ8@200；K10表示Φ10@200

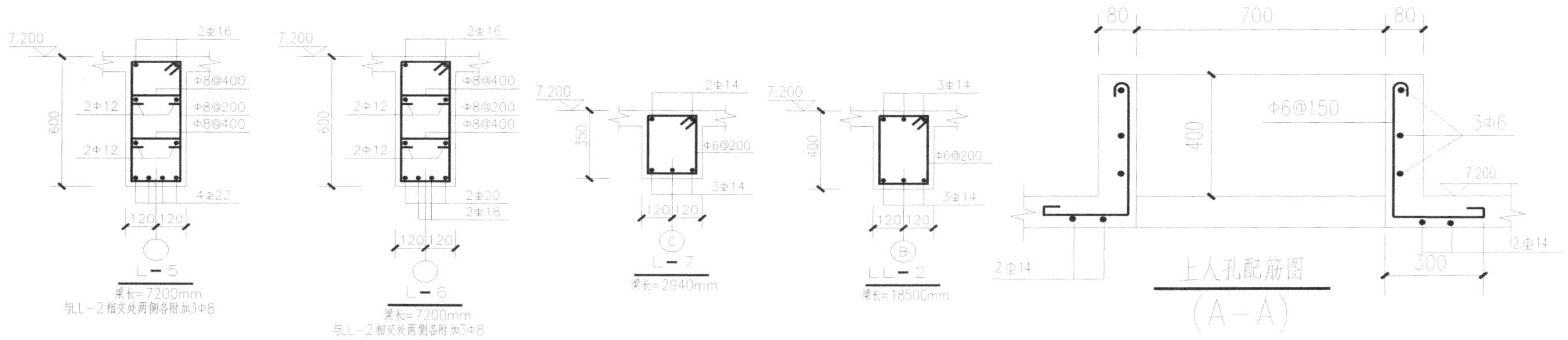

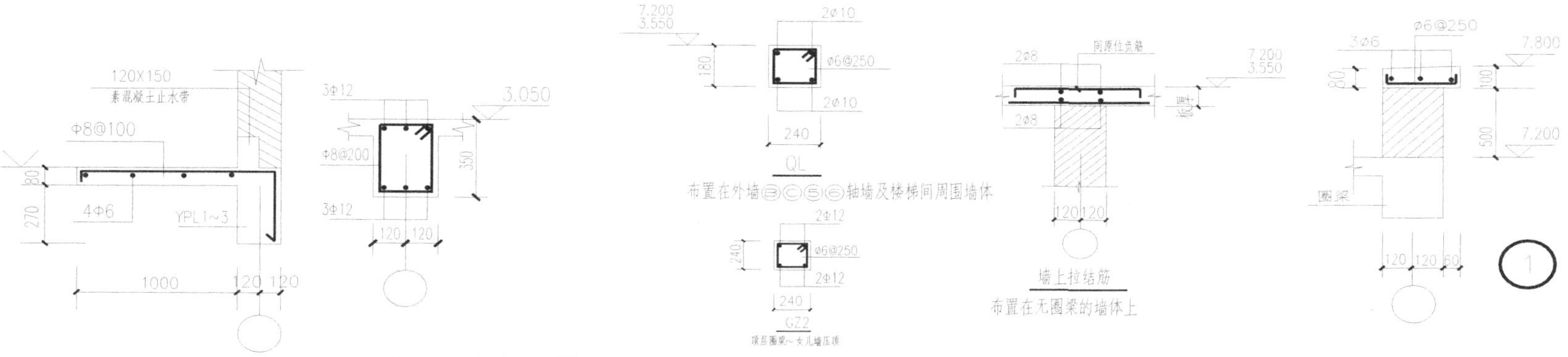

YP-1~3(防火挑檐)
YP-1宽=3540mm
YP-2宽=2040mm
YP-3宽=8320mm
(防火挑檐)宽=6600mm

YPL1~3(防火挑檐梁)
YPL1梁长=3540mm
YPL2梁长=2040mm
YPL3梁长=8320mm
(防火挑檐)梁长=6840mm

		审 定		专业负责人		设计编号	2009-07
	二层结构布置图 LL-2 L-5 L-6 QL YP-1~3	院 审		复 核		专 业	结 施
资质证书编号		室(所)审		设 计		日 期	2009.03
注册师印章编号		项目负责人		绘 图		第 4 张 共 5 张	

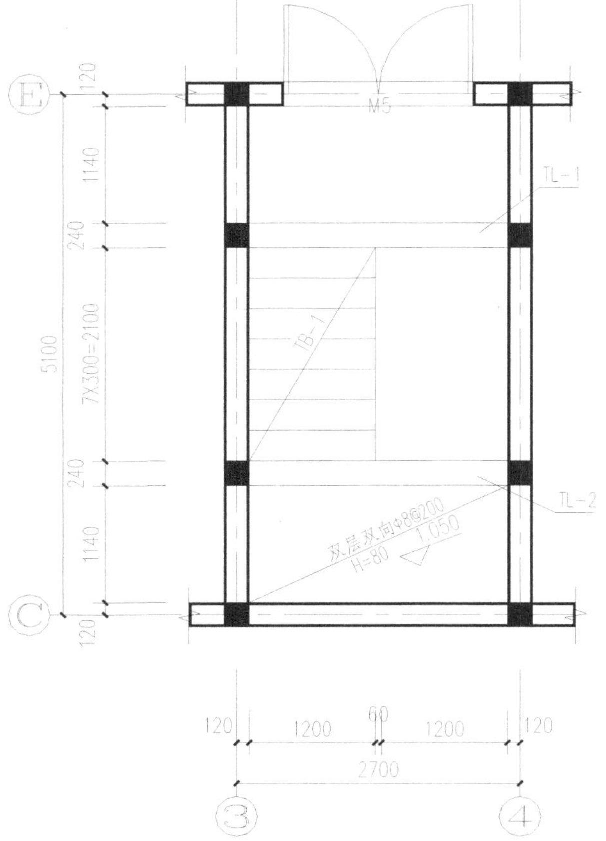

-0.050~1.150楼梯结构平面图 1:50

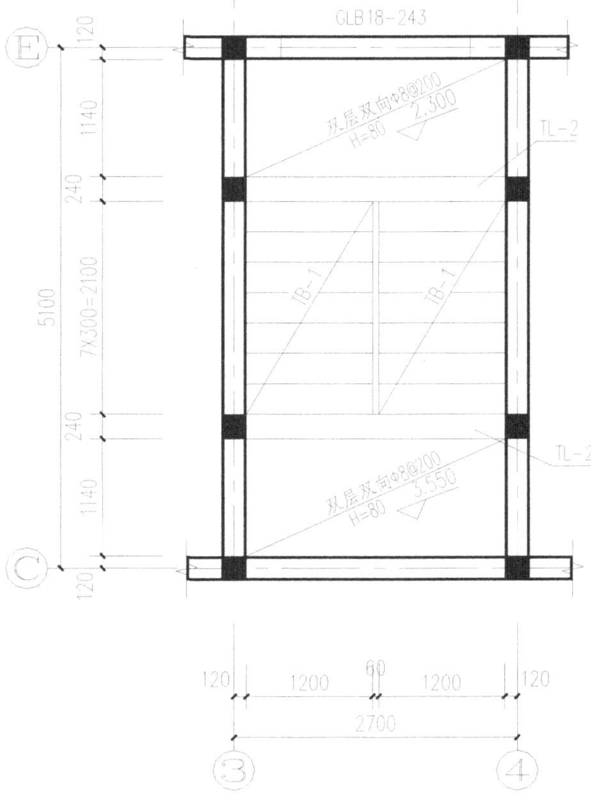

1.150~3.550楼梯结构平面图 1:50

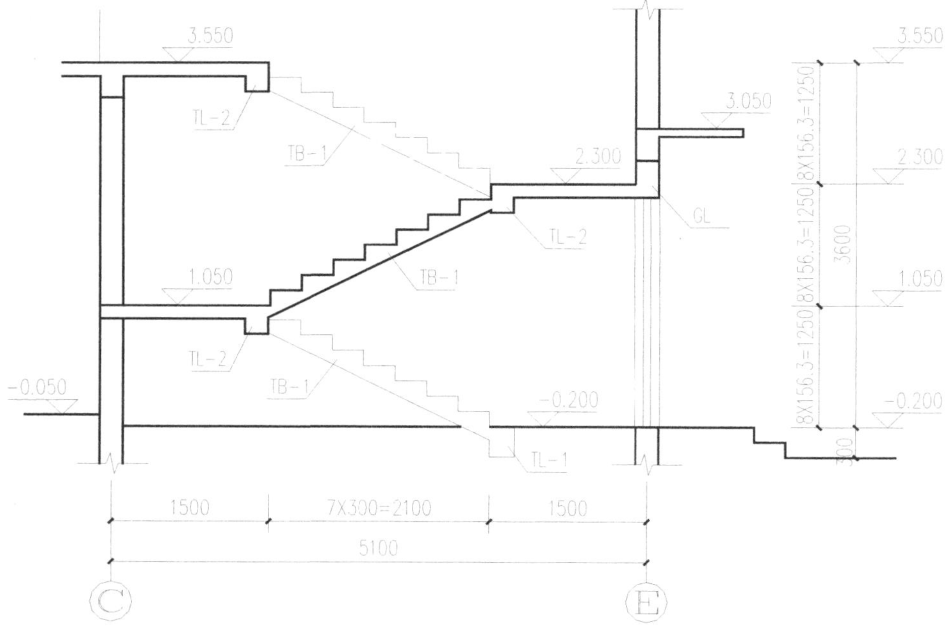

楼梯结构剖面图 1:50

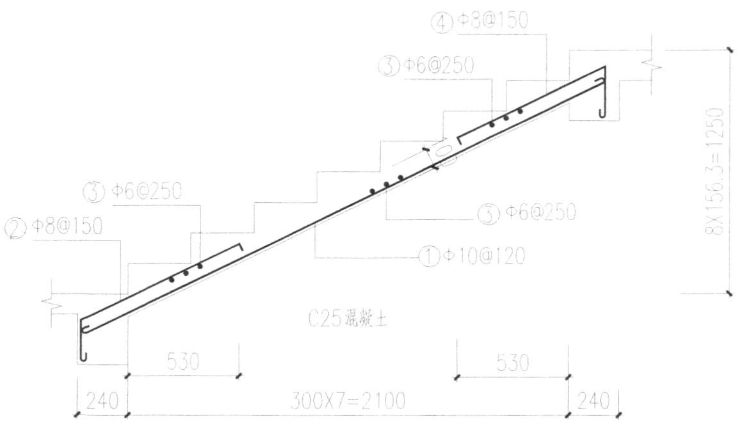

TB-1

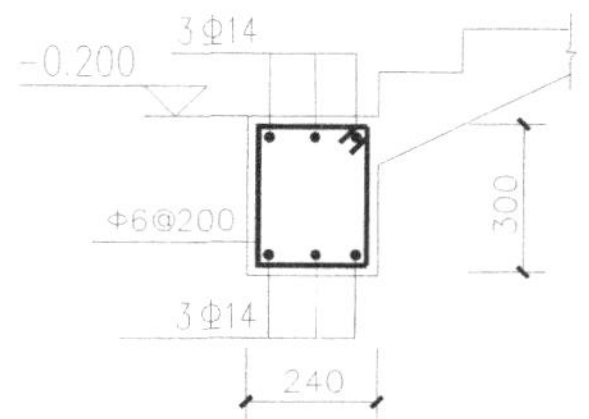

TL-1

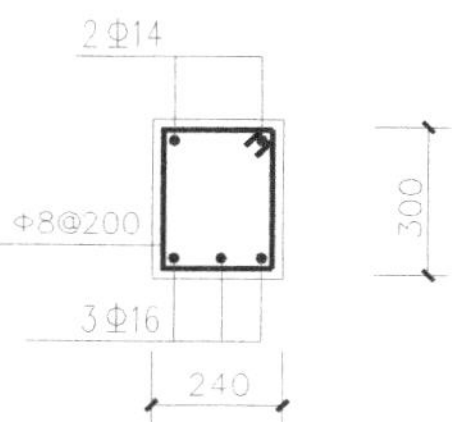

TL-2